失效分析——基础与应用

第 3 版

孙　智　任耀剑　康学勤　编著

机 械 工 业 出 版 社

本书应用失效分析工程学的观点和方法，系统地介绍了金属零件在使用过程中发生断裂、磨损、腐蚀失效的形貌特征、影响因素、预防措施及具体的分析方法。本书主要内容包括：概论、失效分析基础知识、失效分析基本方法、静载荷作用下的断裂失效分析、疲劳断裂失效分析、磨损与腐蚀失效分析、金属零件加工缺陷与失效、失效分析实例。本书强调断口分析在失效分析中的重要意义，分析了断口位置、特征与零件失效的关系。本书着重于各类失效特征的描述和失效分析思路及其方法的运用，强调理论与实践的结合，书中给出了较为丰富的典型失效分析实例，针对性和实用性强。

本书可供从事金属零件设计、制造、使用、失效分析及质量管理的工程技术人员使用，也可供高等院校材料科学与工程、机械设计与制造等专业师生参考，还可作为高等院校失效分析有关课程及各类培训班的教材或教学参考书。

图书在版编目（CIP）数据

失效分析：基础与应用／孙智，任耀剑，康学勤编著 . -- 3 版 . -- 北京：机械工业出版社，2025. 6.
ISBN 978-7-111-78263-6

Ⅰ. TB114. 2

中国国家版本馆 CIP 数据核字第 2025GA6705 号

机械工业出版社（北京市百万庄大街 22 号　邮政编码 100037）
策划编辑：陈保华　　　　　　　责任编辑：陈保华　卜旭东
责任校对：郑　婕　李　婷　　　封面设计：马精明
责任印制：张　博
固安县铭成印刷有限公司印刷
2025 年 6 月第 3 版第 1 次印刷
169mm×239mm · 19. 5 印张 · 377 千字
标准书号：ISBN 978-7-111-78263-6
定价：59. 00 元

电话服务　　　　　　　　　网络服务
客服电话：010-88361066　机 工 官 网：www.cmpbook.com
　　　　　 010-88379833　机 工 官 博：weibo.com/cmp1952
　　　　　 010-68326294　金 书 网：www.golden-book.com
封底无防伪标均为盗版　机工教育服务网：www.cmpedu.com

第3版前言

《失效分析——基础与应用》第2版于2017年修订出版，至今已经8年了。本书第2版累计印刷8次，其内容系统实用，深受读者欢迎，有更多的大学将这本书选作失效分析课程的教材或指定为教学参考书，一些培训机构还将此书作为培训用书。

近些年来，随着互联网远程诊断、数值模拟、机器学习和AI智能图像处理等技术的广泛应用，国内的失效分析工作取得了长足的进展。一些失效分析交流会议和大学生失效分析竞赛工作的开展，不仅提升了失效分析的技术水平，更在人才的储备方面取得了很好的效果。作者所在学院的老师们带领学生参加了历次的大学生失效分析竞赛，取得了很好的成绩。作者也参与了许多实际失效分析工作。需要指出的是，在实际工作中，一定要注重产品质量分析、设备事故分析、材料研究中的失效分析与工程失效分析的区别。进行深入的失效分析，确定零部件早期失效的原因，减少不必要的损失，帮助企业提高产品质量和寿命，不仅意义重大，而且任重道远。在这些活动中，作者的认识也有很大提高，也促使作者下决心对第2版进行修订，编写出版第3版，以满足读者需求。

本书共8章，主要内容包括：概论、失效分析基础知识、失效分析基本方法、静载荷作用下的断裂失效分析、疲劳断裂失效分析、磨损与腐蚀失效分析、金属零件加工缺陷与失效、失效分析实例。

此次修订工作中，全书的基本思路和基本框架保持不变；更正了上一版的不当之处，贯彻了现行技术标准；重点介绍了各类失效特征、失效分析思路及其方法的运用，增加了部分图片，使读者更容易理解；在第8章每个实例后面增加了该实例失效分析的点评，便于读者掌握失效分析思路。

本书第3版修订工作由中国矿业大学孙智、任耀剑和康学勤完成。感谢陈保华编审的支持和鼓励，从第1版成书到发行，直至本次修订，陈编审付出了大量精力，尤其是对作者的鼓励，使作者能够完成这次修订工作。如同第1版、第2版一样，感谢所在学校的教授们和研究生们的支持与协作！在本书编写过程中，参考了许多专家、学者的有关文献，在此谨向他们表示衷心的感谢！

由于作者水平有限和时间比较紧，书中不当之处在所难免，敬请读者指正。

孙　智

第 2 版前言

《失效分析——基础与应用》一书自 2005 年出版以来，承蒙广大读者垂爱，已经重印 12 次，有多所大学将其选作教材或指定为教学参考书。十多年来，书中所用的一些相关标准已经有了较大变动，金属零件的使用环境也越来越复杂，关于失效分析的技术和方法也有了一些发展，作者在这十多年间的工作也有了一定发展，对一些失效机理、失效分析方法的基本认识也有所提高，尤其是增加了更多的实践经验，也得到了一些使用该书的高校师生的建议。鉴于此，在机械工业出版社的支持下，对《失效分析——基础与应用》进行了修订。全书的基本思路和基本框架保持不变，在介绍失效分析基础知识的基础上重点突出应用；按照新的标准对相关内容进行修订；增加了近年来的科研成果和作者对实际分析工作的一些新的体会；调整、增加了新的十多年来的失效分析统计数据；调整了部分实例，使该书内容涉及面更宽一些。

值得一提的是，分析中国知网（CNKI）近十年出版的相关论文，导致金属零部件早期失效的诸多因素中，设计选材不当和加工质量不良依然是主要因素，与前一个十年的统计结果相比，不仅没有降低反而略有上升。这说明，进行深入的失效分析，确定零部件早期失效的原因，减少不必要的损失，不仅意义重大，而且任重道远。

本书修订工作由中国矿业大学孙智、任耀剑和隋艳伟完成，部分研究生参加了标准的核定和数据的统计工作。作者感谢所在学校的教授们和研究生们的支持与协作！

在本书的编写过程中，参考了国内外同行的大量文献和相关标准，在此谨向有关人员表示衷心的感谢！

由于作者水平有限和时间比较紧，书中的错误和纰漏之处在所难免，敬请广大读者批评指正。

孙　智

第 1 版前言

金属零件在使用过程中失去其原有的功能，就导致失效。金属零件的失效直接关系到设备与产品的使用寿命及工程安全，一些重大的失效事件还会导致人身伤亡和财产的巨大损失。人们在长期的生产科研实践中认识到，必须系统地研究各类金属零件的失效形式、影响因素、分析的方法和预防的措施，才能在创造优质产品、增加经济效益以及确保安全方面获得成功，从而在这些方面积累丰富的经验，逐步形成失效分析工程学的基本体系。

随着现代科学技术的迅猛发展，失效分析作为一门新兴的边缘学科在工程上正得到日益广泛的应用与发展。为了提高金属零件的质量和设备安全可靠性，国内外对金属零件的失效现象进行了大量的分析与研究，日益完善了失效分析的基本理论与技术方法。应用失效分析技术，可以指导各类产品的规划、设计、选材、加工、寿命评估、检验及质量管理等工作，同时，失效分析又是制定技术规范、科技发展规划以及法律仲裁的依据。由于产品复杂程度和工作能力的提高以及使用环境的苛刻，金属零件失效分析的工作正向着多因素非线性耦合交互作用的方向发展，失效分析越来越需要多学科、多方面的交叉与综合，需要失效分析知识更广泛的普及，需要更多的人来关注和从事这一方面的研究和工作。

本书是作者根据多年来从事失效分析工作的体会和积累的技术资料，并在多方面支持与协助下编写的。本书的初稿曾作为讲义印刷 2 次，在中国矿业大学使用 5 年。全书共 8 章，第 1 和第 2 章为失效分析的基础知识，第 3 章为失效分析的基本方法，第 4 和第 5 章为断裂失效分析，第 6 章简要介绍了磨损与腐蚀失效分析，第 7 章分析了金属零件加工制造缺陷对失效的影响，第 8 章为失效分析的实例。鉴于失效分析思路的重要性，以及失效分析工作实践性强的特点，在全书的编写过程中，作者着重于各类失效特征的描述和失效分析思路及其方法的运用，对失效的机理只做简单介绍。

本书由中国矿业大学孙智、江利、应鹏展编著。第 1 至第 5 章由孙智执笔，第 6 章由应鹏展执笔，第 7 章由江利执笔，第 8 章由孙智、江利、应鹏展执笔。唐大放、康学勤、任耀剑、丁海东、杨锋参加了部分章节和图片的整理工作，徐州美驰车桥有限公司邵承恩提供了部分实物图片。

作者特别感谢中国矿业大学教授朱敦伦先生，正是他的指导和他的著作把作者引领到失效分析这一专业。感谢机械工业出版社的陈保华编辑，是他的辛勤工作使得本书得以出版。本书引用和参考了许多专家、学者和单位的有关资料、论著，在此向他们致以诚挚的谢意！

本书的出版得到了江苏省、中国矿业大学博士后研究基金和江苏省自然科学基金（BK200403）的资助。

由于作者水平有限，书中缺点错误之处一定不少，敬请各位读者批评指正。

孙　智

目 录

第1章

概　　论

1.1　失效与失效分析

1.1.1　失效

各类机电产品的机械零部件、微电子元件和仪器仪表元件等，以及各种金属及其他材料形成的构件（工程上习惯地统称为零件，以下简称零件）都具有一定的功能，承担各种各样的工作任务，如承受载荷、传递能量、完成某种规定的动作等。当这些零件失去了它应有的功能时，则称该零件失效。

零件失效（即失去其原有功能）的含义包括三种情况：

1）零件由于断裂、腐蚀、磨损、变形等，从而完全丧失其功能。

2）零件在外部环境作用下，失去了其原有的部分功能，虽然能够工作，但不能完成规定功能，如由于磨损导致尺寸超差等。

3）零件虽然能够工作，也能完成规定功能，但继续使用时，不能确保安全可靠性。例如：经过长期高温运行的压力容器及其管道，其内部组织已经发生变化，当达到一定的运行时间时，继续使用就存在开裂的可能。

失效在英文中称为 failure，意指达不到预期的或需要的功能，或不足，按词义可译为失灵、失事、故障、不足等。在我国有时称为损坏、事故等。上述名词的含义有许多相似之处，常常混用。为防止混乱，在 1980 年 12 月召开的中国机械工程学会机械产品失效分析会议上，我国学者正式确定为失效。

应特别指出，失效与事故是两个不同的概念，必须加以区别。事故是指一种后果，它可以是由于失效引起的，也可能是其他原因造成的。

传统的零件失效多指金属零件的失效，即由名义上的各向同性金属材料制成零件的失效。随着材料科学的发展，复合材料的应用比重越来越大，在 21 世纪，复合材料将超过金属材料的使用量，从而在材料中占有主导地位，因此应加强对复合材料失效的研究。复合材料的失效，又称为复合材料破坏，指复合材料在经过某些物理、化学过程后（如载荷作用、材料老化、温度和湿度变化等）发生了形状、尺寸性能的变化而丧失了预定的功能。复合材料是一种各向异性的多相复合体，失效过程要比通常的各向同性材料复杂得多，它涉及组分材料的性能、复合的方式、工艺条件、界面性能、载荷的性质与环境因素等，不可能只用一种失效模式来描述复合材料失效，绝大多数情况下是几种失效模式同时存在和发生。国内外在复合材料失效行为与断裂机理方面进行了大量的工作，如美国编写了一套复合材料失效分析手册，详细介绍了复合材料的失效分析技术与方法。失效分析的结果将对复合材料制件的设计、制造提供很好的技术反馈。由于复合材料断裂的复杂性，研究人员很难将断口微观特征与应力状态相联系，主要在宏观范围寻找断裂的规律性。

微电子机械系统（MEMS）在近年来取得了飞速的发展。当前对于 MEMS 器件的研究已经取得了很多进展，但就整体而言，尚未能够实现 MEMS 产品的成功商品化。各种工况下失效问题是 MEMS 商品化的一大障碍。MEMS 是一门全新的技术，对于其失效物理机制的了解还很少，特别是对尺度效应和表面效应影响的认识还不深入。正确认识 MEMS 的失效模式是进行可靠性评估的前提条件。当前，对 MEMS 器件及系统的失效研究正逐渐引起人们的极大关注。对于 MEMS 失效的研究，不但包括宏观机械中所面临的一些问题，而且还有一些 MEMS 所特有的现象，需要进一步研究。

电子元器件是电子信息技术中不可或缺的一部分，其可靠性直接影响电子设备或产品的整体性能及安全水平。随着各种新的电子材料和复杂元器件的广泛开发及应用，对元器件的质量和可靠性要求变得更为严苛。电子系统的零件细小，结构复杂。电子元器件的失效包括常规的机械断裂和在单纯机械系统中遇不到的独特的电化学现象，例如起弧和电迁移。此外，很多电子零件的尺寸细小，由此产生的微观结构效应能在失效中起作用。电子元器件的失效通常是指其功能完全或者部分丧失、参数漂移或者间歇性出现等情况，包括开路、短路、时开时断、功能异常等。

在"碳达峰"和"碳中和"的"双碳"战略目标指引下，加快能源结构优化，推进能源供给端和消费端的绿色转型势在必行。锂离子电池具有能量密度高、环境影响小、循环寿命长、绿色低碳等优点，在 3C 数码电子产品、电动汽车和能源存储领域发挥了重要作用。然而，锂离子电池在生产、储存、运输、使用等过程中均有可能出现失效情况，包括容量衰减、内短路、析锂、产气等，导致电池出现性能衰减或性能异常，甚至引发热失控造成安全事故，严重影响了用户使用，甚至对用户的生命健康造成了威胁。此外，电芯失效会对储能系统造成严重影响。

1.1.2　失效分析

失效分析通常是指对失效产品为寻找失效原因和预防措施所进行的一切技术

活动，也就是研究失效现象的特征和规律，从而找出失效的模式和原因。失效分析是一门综合性的质量系统工程，是一门解决材料、工程结构、系统组元等质量问题的工程学。它的任务是既要揭示产品功能失效的模式和原因，弄清失效的机理和规律，又要找出纠正和预防失效的措施。

按照失效分析工作进行的时序（在失效的前后）和主要目的，失效分析可分为事前分析、事中分析和事后分析。

1）事前分析主要采用逻辑思维方法（如故障树分析法、事件时序树分析法和特征-因素图分析法等），其主要目的是预防失效事件的发生。

2）事中分析主要采用故障诊断与状态监测技术，用于防止运行中的设备发生故障。

3）事后分析主要采用试验检测技术与方法，找出某个系统或零件失效的原因。

通常所说的失效分析是指的事后分析，本书介绍的内容也侧重于此。实际上，事前分析和事中分析必须以事后分析积累的大量统计资料为前提。

失效分析学（失效学）是人类长期生产实践的总结，是研究失效的形式、机理、原因，并提出预测和预防的理念、理论、技术、方法和管理的新兴交叉综合的分支学科。与其他学科相比，失效分析学有两个显著的特点：一是实用性强，即它有很强的生产使用背景，与国民经济建设存在着密切关系；二是综合性强，即它涉及广泛的学科领域和技术部门，图 1-1 给出了失效分析学与其他学科的关系。

应该指出，失效分析与生产现场所进行的废品分析在所涉及的专业知识、采用的思想方法及分析手段等方面，有许多共同之处。但是，二者在分析的对象、分析的目的及判断是非的依据等方面是不同的。

失效分析的对象是在使用中发生失效的产品。这些产品通常是经过出厂检验合格的，即符合技术标准要求的产品（在个别情况下也有漏检的废品）。分析的主要目的是寻找失效的原因。漏检和技术标准不合理都可能是失效的原因，如果属于后者，则应对技术标准进行修改。

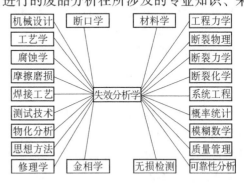

图 1-1　失效分析学与其他学科的关系

废品分析的对象是不符合技术标准的产品及半成品。它所讨论的问题是产品及半成品为什么不符合技术标准的要求。至于产品的技术标准是否正确则不属于废品分析要解决的问题。

在失效分析时应将二者区分开来。例如，在分析某零件发生断裂的原因时，不能简单地根据该产品的某项技术指标不符合标准要求，就作为判断失效原因的依据。这一结论可能正确，也可能完全不正确。

例 模数为 7mm 的传动齿轮，采用 20CrMnTi 钢制造，经渗碳淬火与低温回火处理。技术要求是：渗碳层的硬度为 58~63HRC，心部硬度为 32~48HRC，马氏体及残留奥氏体不大于 4 级，渗碳层深度为 1.3~1.5mm。该齿轮在使用中发生断齿失效，试分析断齿原因。

分析一 按技术要求对该齿轮进行常规检查，其结果是：渗碳层硬度为 62HRC，心部硬度为 42HRC，马氏体及残留奥氏体为 3 级，均符合要求，但渗碳层深度为 1.1mm，不符合技术要求。对于这个齿轮，如果在出厂前发现渗碳层深度低于技术要求而判为不合格品，这是无可非议的。但是，现在要处理的问题是齿轮为什么发生断齿，那就不能简单地认定是渗碳层深度不足而引起的。

分析二 按失效分析的观点，在进行上述常规检查后应做进一步分析。分析表明，断口为宏观脆性断裂（掉下的齿形呈凸透镜状），众多初裂纹源于表面加工缺陷处。经快速扩展后引起断裂，属过载类型的宏观脆性断裂。根据上述分析，该齿轮断齿失效是由于齿根加工质量不良产生的严重应力集中引起的。其改进措施应是提高齿根的加工质量、减少应力集中及防止过载。实践证明，这一分析结论是正确的。按照分析一的观点，如果增加渗碳层的深度至 1.3~1.5mm，虽然符合技术要求，但由于渗碳层的脆性进一步加大，不但解决不了此类断齿问题，而且会增加此类断齿的危险性。

同样，失效分析所进行的研究工作也不能等同于某一学科某一问题的试验研究和理论分析。失效分析研究工作侧重点在于一个零件所发生的具体失效原因和失效过程，具有很强的工程针对性和适时性；而一般的试验研究目的带有一定的普遍性。普遍性的研究可以作为失效分析的理论基础，而失效分析又可以成为理论研究的出发点，两者既有区别，又相互联系，相互促进。例如，一个零件发生脆性断裂，初步分析有回火脆性的可能。失效分析的过程就是确定该零件所用材料的回火脆性特点和零件的回火工艺，是否具备回火脆性断裂的特征和条件，同时要考察零件的加工、安装、使用历史，从而得出结论。而同一种材料的回火脆性特性的研究则可以不考虑加工、使用等因素，可以在实验室条件下揭示材料发生回火脆性的本质、条件及影响因素。

1.2 失效分析的意义与作用

1.2.1 失效分析的意义

装备失效带来直接及间接的经济损失，进行失效分析找出失效原因及防止措施，使同样的失效不再发生，这无疑就减少了损失，带来了经济效益，并可有助于我们提高产品质量和管理能力。

1. 失效造成巨大的社会经济损失

1998—2023 年我国锅炉、压力容器、压力管道和气瓶发生严重事故以上数据统计见表 1-1。

表 1-1　1998—2023 年我国锅炉、压力容器、压力管道和气瓶发生严重事故以上数据统计

年度	事故总数	锅炉事故（含土锅炉）	压力容器事故	压力管道事故	气瓶事故
1998	427	317	43	21	46
1999	288	192	47	15	34
2000	306	209	36	18	43
2001	186	95	40	10	41
2002	139	68	25	13	33
2003	159	66	43	17	33
2004	156	62	32	16	46
2005	133	43	43	13	34
2006	109	38	36	9	26
2007	109	38	29	9	33
2008	75	33	22	5	15
2009	90	34	21	9	26
2010	60	27	18	5	10
2011	95	41	21	6	27
2012	89	29	26	8	26
2013	69	26	18	9	16
2014	81	22	19	12	28
2015	77	18	27	3	29
2016	81	22	19	12	28
2017	33	11	11	4	7
2018	24	8	9	1	6
2019	12	8	1	1	2
2020	14	4	5	3	2
2021	5	3	1	—	1
2022	10	3	6	—	1
2023	6	3	1	0	2

产品发生失效后，往往造成整机的破坏，甚至整个企业的生产停顿，由此将造成更大的间接损失。举例如下：

根据欧洲天然气管道事故数据组（EGIG）在2020年发布的《第十一次天然气管道事件报告》，在过去的半个世纪中，一共发生1411起管道事故，其中外部干扰、腐蚀、施工缺陷和地面移动导致的事故分别占27%、27%、16%和16%。

腐蚀是导致油气管道失效的最常见原因之一。2021年发生的湖北十堰"6·13"重大燃气爆炸事故，造成了大量的人员伤亡与经济损失。事故发生的主要原因就是天然气管道腐蚀破裂使天然气泄漏，引发爆炸。

2013年发生的"11·22"青岛输油管道爆炸，事故导致62人死亡，136人受伤，造成直接经济损失超过7.51亿元。

2015年4月，由于管道焊接质量问题，腾龙芳烃（漳州）有限公司二甲苯装置发生爆炸着火重大事故，造成6人受伤，直接经济损失9457万元。

一台1000MW发电机组停机一天，其综合损失就达240万元，而这些停机往往是一根过热器管或导气管开裂引起的，其成本只有几百元。

油套管是在抽油机采油工艺技术中大量使用的管具，在使用过程中经常会在连接螺纹处发生疲劳断裂、漏失、挤毁、破损、偏磨、腐蚀等失效，如长庆油田截至1996年底已有500多口井发生了不同程度的损伤，且每年以7%~10%的损伤率增加，管体也会因腐蚀而减薄甚至穿孔，导致管柱强度降低、材料耐蚀性下降、套压急剧上升、环空出水等现象。这严重影响了抽油机井的正常生产，并造成巨大的经济损失。

除此之外，机械产品的失效除造成本企业的损失外，往往引起相关企业的停产或减产，其实际损失往往比估算的还要大。失效引起的人员伤亡事故，更是难以用经济数字来表示的。

2. 失效分析可预防失效发生并避免造成不必要的经济损失

一次重大的失效可能导致一场灾难性的事故。通过失效分析，可以预防类似失效发生，从而提高设备运行安全性。设备运行安全性问题是一个大问题，从航空航天器到电子仪表，从电站设备到旅游娱乐设施，从大型压力容器到家用液化气罐，都存在失效的可能性。2016年，我国某电厂发生的焊管爆裂导致20多人遇难的事故提醒我们，这方面的问题还必须继续重视。通过失效分析确定失效的可能因素和环节，从而有针对性地采取防范措施，则可起到事半功倍的效果。如对于一些高压气瓶，通过断裂力学分析知道，要保证气瓶不发生脆性断裂（突发性断裂），必须提高其断裂韧度，通常采用高安全设计来确定零件尺寸。这样即使发生开裂，在裂纹穿透瓶壁之前，也不会发生突然断裂。容器泄漏后，易于发现，不至于酿成灾难性事故。

从上述事例中可以看到，机械产品的失效不仅造成巨大的、直接的经济损失，而且会造成更大的、间接的经济损失及人员伤亡。重大的工程零件的失效是如此，许多量大面广的、往往不被人们注意的小型零件的失效也是如此。但是，无论是哪种类型的失效，通过失效分析，明确失效模式，找出失效原因，采取改正或预防措施，使同类失效不再发生，或者把产品的失效限制在预先规定的范围内，都可避免造成不必要的经济损失，并可获得巨大的社会效益。

1.2.2 失效分析的作用

1. 失效分析有助于提高管理水平和产品质量

有些产品在使用中之所以会失效，常常是由于产品本身有缺陷，而这些缺陷在大多数情况下在出厂前是可以通过相应的检查手段予以发现的。但是由于出厂时漏检而进入市场，这就表明工厂的检验制度不够完善或者检验的技术水平不够高。

产品在使用中发生的早期失效，有相当大的部分是因为产品的质量有问题。通过失效分析，将其失效原因反馈到生产厂并采取相应措施，将有助于产品质量的不断提高。这一工作是失效分析和预防技术研究的重要目的和内容。

有些产品在加工制造中留下了较大的加工刀痕，或热处理工艺控制不当形成了不良组织，在以后的服役过程中，断裂源就在较大的加工刀痕或不良组织处产生，从而导致早期断裂。例如：某发电厂使用的灰浆泵，在一年内连续出现灰浆泵主轴断裂，最严重时，一根主轴使用时间不到24h就断裂了。经分析，主轴均为疲劳断裂，是由于表面加工刀痕过大引起的。对20CrMo嘉陵摩托车连杆断裂的失效分析表明，热处理过程中在连杆表面形成粗大的马氏体针状组织是导致断裂的主要原因。

随着深层含CO_2油气藏的开发，应用于含CO_2油气水多相环境中的集输管道出现了越来越多的失效问题。针对多相混输管道失效问题的研究，在应用中存在着较大的局限性。例如：我国某高温高压凝析气田，由于缺乏相关系统理论指导，投产1年多以来，碳钢集输管线多次出现局部壁厚严重减薄现象（12mm/a），以及刺漏、穿孔等事故，平均3~5月就要更换1次，影响正常生产，并存在安全隐患。应用失效分析理论、流体动力学理论、数值模拟方法及现场试验，分析CO_2腐蚀的失效机理及其作用规律，使类似油气田的开发得以顺利进行。

通过失效分析，切实找出导致零件失效的原因，从而提出相应的有效措施，提高产品的质量和可靠性。例如：某坦克厂生产的扭力轴，长期存在着疲劳寿命不高的质量问题。该厂曾多次改进热处理工艺及滚压强化措施未能得到显著效果。后来利用失效分析技术，发现疲劳寿命不高的主要原因是钢中存在过量的非金属夹杂物，将此信息反馈到冶金厂，通过提高冶金质量，扭力轴的疲劳寿命由原来的10万次左右提高到50万次以上。某碱厂购进的40Cr钢活塞杆在试车时就发生断裂，经过对断裂活塞杆的失效分析，提出了改进热处理工艺的措施。经改进热处理工艺的活塞杆使用近一年没有出现任何问题。

在材料的研究过程中，由于钢材中过量氢的存在而引起的氢脆，促使真空冶炼和真空浇注技术的出现，从而大大提高了钢材的冶金质量。不锈钢的晶间腐蚀断裂，可以通过降低钢中的碳含量或利用加钛和铌来稳定碳的办法予以解决。这些措施的提出是由于失效分析发现，不锈钢的晶间腐蚀是由于碳化物沿晶界析出引起的。

目前，日本的某些产品在国际市场有很大的竞争力，比如日本的汽车冲击着整个世界市场，其实早在20世纪60年代初期，日本就对各国生产的汽车，特别是关键的零部件进行分析并加以比较，为改进本国的产品提供了科学的依据，从而使其产品很快地进入世界先进行列。早在20世纪70年代，德国拜尔轻金属厂（BLW）的精锻齿轮产量就达到了年产1000万件的水平，而我国在20世纪60年代就开始了精锻齿轮的研究，但至今生产水平不高，其主要原因之一是模具使用寿命低。统计表明，约有80%的模具属于磨损、塌陷等正常失效，而另外的20%则属于早期断裂，甚至加工几件至十几件就开裂。通过失效分析，采取合适的材料和工艺可以有效地提高模具寿命，在压铸模中也存在同样的问题。由于失效分析是对产品在实际使用中的质量与可靠性进行客观考察，由此得出的正确结论用以指导生产和质量管理，将产生改进和革新的效果，企业和管理组织应根据实际情况设立有效的失效分析组织和质量控制体系。图1-2所示为一种以工程为基础的可靠性组织形式。

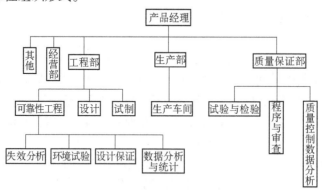

图1-2 以工程为基础的可靠性组织形式

随着科学技术水平的不断提高及生产的不断发展，要求对原有的技术规范及标准做出相应的修订。各种新产品的试制及新材料、新工艺、新技术的引入也必须及时制定相应的规范及标准。这些工作的正确进行，都须依据产品在使用条件下所表现的行为来确定。如果不了解产品服役中是如何失效的，不了解为避免此种失效应采取的相应措施，原有规范和标准的修定及新标准的制定将失去科学的依据，这对确保产品质量的不断提高是不利的。

机械装备设计的知识，能促进分析效率和水平的提高，而失效分析结果又是属于设计问题的，将相关失效分析结果反馈给设计人员，就能提高设计人员的可靠性设计水平，如 GB/T 150.3—2024《压力容器　第 3 部分：设计》中容器设计的开孔补强、封头折边就是经过多次的使用信息反馈，经优化设计才得出的。

2. 失效分析有助于分清责任和保护用户（或生产者）利益

对重大事故，必须分清责任。为了防止误判，必须依据失效分析的科学结论进行处理。例如：某军工厂一重要产品在锻造时发生成批开裂事故，开始主观地认为是操作工人有意进行破坏并进行了处分，后经分析表明，锻件开裂的原因是由铜脆引起的，并非人为的破坏，从而避免了错案。又如：某煤矿扒装机减速器上的行星齿轮采用 45 钢制造，齿轮在井下使用仅月余就因严重磨损而报废，为了更换该齿轮，须将减速器卸下送到机修厂检修，一般需停产 4~5 天，造成很大损失。失效分析发现，该齿轮并未按要求进行热处理。

对于进口产品存在的质量问题，及时地进行失效分析，则可向外商进行索赔，以维护国家的利益。例如：某磷肥厂由国外引进的价值几十万美元的设备，使用不到 9 个月，主机叶片发生撕裂。将此事故通知外商后，外商很快返回了处理意见，认为是操作者违章作业引起的应力腐蚀断裂。该厂在使用中的确存在着 pH 值控制不严的问题，而叶片的外缘部位也确实有应力腐蚀现象，看来事故的责任应在我方。但进一步分析表明，此叶片断裂的起裂点并不在应力腐蚀区，而发生在叶片的焊缝区，是由焊接质量不良（有虚焊点）引起的。依此分析与外商再次交涉，外商才承认产品质量有问题，同意赔偿损失。随着我国经济与世界经济的进一步接轨，相信这一工作的意义会更大，也会更加引起国内各企业和政府部门的关注和支持。

3. 失效分析对材料科学与工程的促进作用

失效分析在近代材料科学与工程的发展史上占有极为重要的地位。可以毫不夸张地说，材料科学的发展史实际上是一部失效分析史。材料是用来制造各种产品的，它的突破往往成为技术进步的先导，而产品的失效分析又回过来促进材料的发展，失效分析在整个材料"链"中的作用可用图 1-3 来表示。

失效分析对材料科学与工程的促进作用，具体表现在材料科学与工程的主要方面和各个学科分支及交叉领域，周惠久院士等在《失效分析对材料科学与工程的促进作用》一文中做了深入、详细的分析，这里只做简要介绍。

材料强度与断裂是材料研究与应用的重中之重。可以说，整个强度与断裂学科的发生与发展都是与失效分析紧密相连的。近代对材料学科的发展具有里程碑意义的"疲劳与疲劳极限""氢脆与应力腐蚀""断裂力学与断裂韧度"的提出

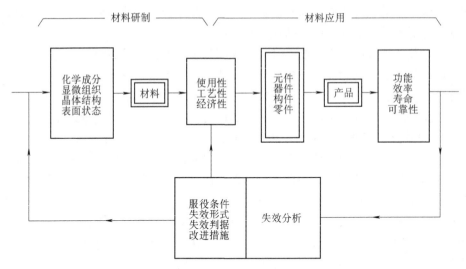

图 1-3 失效分析对材料的反馈

都是在失效分析的促进下完成的。

在 19 世纪初叶，频繁发生的火车断轴事故促使疲劳极限的概念的提出以及 S-N 曲线的绘制，极大地推动了由静强度到疲劳强度设计的进步。1954 年 1 月 10 日和 4 月 8 日，有两架英国彗星号喷气客机在爱尔巴和那不勒斯相继失事，以后进行了详尽的调查和周密的试验，最后得出结论，事故是由疲劳引起的。这次规模空前的失效分析揭开了疲劳研究的新篇章。

在第一次世界大战期间，高强度金属材料相继出现，并用于制造各类飞机重要构件，但随后发生的多次飞机坠毁事件影响了高强度材料的广泛应用。失效分析发现，飞机坠毁的原因是构件中含有过量氢而引起的脆性断裂。我国金属学家李薰等人首先提出了氢脆的概念。20 世纪 50 年代，美国发生多起电站设备断裂事故，也被证实是由氢脆引起的。

对于许多大型化工设备不锈钢件的断裂原因分析发现，具有一定成分和组织状态的合金，在一定的腐蚀介质和拉应力作用下，可能出现有别于单纯介质和单纯拉应力作用下引起的脆性断裂，此种断裂称为应力腐蚀断裂。此后，氢脆和应力腐蚀逐步发展成为材料断裂学科中另一重大领域而被广泛重视。

目前以断裂力学（损伤力学）和材料的断裂韧度为基础的裂纹体强度理论，被广泛应用于大型零件的结构设计、强韧性校核、材料选择与剩余寿命估算，因而成为当代材料科学发展中的重要组成部分。这一学科的建立和发展也与机械失效分析工作有着密切的关系。

对蠕变、弛豫和高温持久强度等的研究也是和各种热力机械，特别是高参数锅炉、汽轮机和燃气轮机的失效分析与防止紧密联系的。随着超临界、超超临界发电机组的投入使用，这一问题将越来越得到重视。

把失效分析所得到的信息反馈给冶金工业，就能促进现有材料的改进和新材料的研制，举例如下：

在严寒地区使用的工程机械和矿山机械，其金属零件常常会发生低温脆断，由此专门开发了一系列的耐寒钢。

海洋平台构件常在焊接热影响区发生层状撕裂，经过长期研究发现，这与钢中的硫化物夹杂物有关，后来研制了一类Z向钢。

在化工设备中经常使用的高铬铁素体不锈钢，对晶间腐蚀很敏感，特别在焊接后尤其严重，经分析，只要把碳、氮含量控制到极低水平，就可以克服这个缺点，由此发展了一类超低间隙元素（ELI）的铁素体不锈钢。

大量的失效分析表明，飞机起落架等零件，需要超高强度钢，又要保证具有足够的韧性，于是发展了改型的300M钢，即在4340钢（美国牌号，相当于我国的40CrNiMoA钢）中加入适量的Si以提高回火稳定性，从而提高了钢的韧性。

对于机械工业中最常用的齿轮类零件，麻点和剥落是主要的失效形式，于是发展了一系列的控制淬透性的渗碳钢，以保证齿轮合理的硬度分布。

对于矿山、煤炭等行业的破碎和采掘机械等，磨损是主要的失效形式，从而发展了一系列的耐磨钢和耐磨铸铁，开发了耐磨焊条和一系列表面耐磨技术。

失效分析极大地促进了铝合金的发展。20世纪60年代初期的7×××（Al-Zn-Mg-Cu系列）的高强度铝合金应用很广，如7075-T6、7079-T6等，以后在使用中发现这些铝合金易于产生剥落腐蚀，另外，在板厚方向对应力腐蚀敏感。后来陆续发展了7075-T76、7178-T76、7175-T736，它们既保持了较高强度水平，又有较高的抗应力腐蚀性能。

材料中的夹杂物、合金元素的分布不良等会导致材料失效，这极大地促进了冶金技术与铸造、焊接及热处理工艺的发展。

腐蚀、磨损失效的研究，促进了表面工程这一学科的形成与发展。现在，表面工程技术已经广泛应用于不同的零件和材料，保证了材料的有效使用。

1.3　失效分析的历史、现状与发展趋势

任何机械产品在使用中都有一定的失效概率，而失效的结果往往又是十分危险和严重的。有许多失效通过科学的分析，是可以减少或完全避免的。因此，世界各国，特别是工业发达国家，在这方面做了大量工作，培养了大批失效分析的专门人才，积累了丰富的分析经验。

1.3.1 失效分析的历史

一般把失效分析的发展历史分为三个阶段，即古代失效分析阶段、近代失效分析阶段及现代失效分析阶段。

1. 古代失效分析阶段

古巴比伦王国的国王汉谟拉比（约公元前 1792—前 1752 年）颁布的《汉谟拉比法典》是目前所能考证的有史料记载的最早有关产品质量的法律文件，它在人类历史上明确规定对制造缺陷产品的工匠进行严厉制裁。"如果一个建筑师为别人建造了一栋质量不坚固的房子，由于房子倒塌而导致房东死亡，那么建筑师将被处死。如果房子倒塌导致房东的儿子死亡，那么建筑师的儿子将被处死赔罪。如果房子因不坚固而被损坏，那么建筑师必须自己出资为房东修复或重建"。这在今天的文明社会是不能予以实施的。对产品质量的辨认只能靠零星、分散、宏观的经验世代相传。这一与简单手工生产基础相适应的古代失效分析阶段一直持续到两百多年前开始的工业革命。

断口形貌学作为研究断口技术的名词，尽管在 1944 年才由 Carl A. Zapffe 所定义，但在古代失效分析阶段，人们用断口特征来研究金属材料的质量仍然取得了很大的进展。

历史上最早用断口形貌来评价冶金质量的著作是 Vannoccio Biringccio 在 1540 年所著的 *De La Pirotechnia*，他描述了用断口形貌评定金属材料质量的方法。

1574 年，Lazarus Ercker 提出了通过断裂试验断口检查纯铜和黄铜质量的方法，并指出银的脆断是由于铅和锡的污染所致。

1627 年，Louis Savot 在控制大钟制造质量的过程中，把敲击断裂试验断口的晶粒度作为优化材料成分、提高抗冲击载荷的指标。Mathurin Jousse 同年提出了根据断口形貌来选择优质钢铁的方法。

古代失效分析阶段有关断口研究中最显著的就是 1722 年 De Reaumur 借助光学显微镜研究金属断口的方法。在他的经典著作中，给出了钢铁的低倍和高倍断口，并归纳了其中典型的钢铁断口特征。

德国的 Gellert 在 1750 年描述了金属和半金属的断口特征，以及断口试验在区分钢、熟铁和铸铁中的用途，并讨论了用检查断口的方法揭示金属脆化的原因。在同一时期，德国的 Karl Franz Achard 记录了所测试的 896 种合金的断口形貌，以分析改善合金的性能。

因此，古代涉及的断口分析，也基本上是围绕材料冶金质量与控制来进行的。

2. 近代失效分析阶段

以蒸汽动力和大机器生产为代表的工业革命给人类带来巨大的物质文明，金属制品向大型、复杂、多功能拓展，但当时人们尚未掌握材料在各种环境中使用的性态、设计、制造及使用中可能出现的失效现象。锅炉爆炸、桥梁倒塌、车轴断裂、船舶断裂等事故频繁出现，给人类带来了前所未有的灾难。失效的频繁出现引起了重视，促使失效分析技术的发展。英国于1862年建立了世界上第一个蒸汽锅炉监察局，把失效分析作为仲裁事故的法律手段和提高产品质量的技术手段。随后在工业国家中，对失效产品进行分析的机构相继出现。

19世纪末期以来，失效分析的需求和实践大大推动了相关学科，特别是强度理论和断裂力学学科的创立和发展。Charpy发明了摆锤冲击试验机，用以检验金属材料的韧性；Wöhler揭示出金属的疲劳现象，并成功地研制了疲劳试验机；20世纪20年代，Griffth通过对大量脆性断裂事故的研究，提出了金属材料的脆断理论；在1940—1950年间发生的北极星导弹爆炸事故、第二次世界大战期间的"自由轮"脆性断裂事故，推动了人们对带裂纹体在低应力下断裂的研究，从而在20世纪50年代中后期产生了断裂力学，以及随后发展起来的损伤力学。但限于当时的分析手段主要是材料的宏观检验及倍率不高的光学金相检测，缺乏微观物理检测分析的技术手段，因而不可能从宏观、微观上揭示产品失效的物理本质和化学本质。

3. 现代失效分析阶段

20世纪50年代以后，随着电子行业的兴起，微观观测仪器的出现，特别是分辨率高、放大倍率大、景深长的透射及扫描电子显微镜的问世，使失效分析扩大了视野，洞穿失效的微观机制。随后大量现代物理测试技术的应用，如电子探针X射线显微分析、X射线及紫外线电子能谱分析、俄歇电子能谱分析等，促使失效分析登上了新的台阶。同时，各种大型运载工具造成的事故越来越大，影响越来越严重，这大大促使了失效分析的迅猛发展。

断裂力学、损伤力学、产品可靠性及损伤容限设计思想的应用和发展，使得产品的可靠性越来越高。产品失效的原因很少是由于某一特定的因素所致，均呈现复杂的多因素特征，需要从设计、力学、材料、制造工艺及使用等方面进行系统的综合分析，也就需要从事设计、力学、材料等各方面的研究人员共同参与，失效分析逐渐形成一个分支学科。

这一时期失效分析领域发展的主要标志是失效分析专著的大量出现。《美国金属手册　第9卷　断口金相和断口图谱》和《美国金属手册　第10卷　失效分析与预防》分别于1974年和1975年正式出版。20世纪70年代末期，德国阿力安兹技术中心（AZT）成立，它是专门从事失效分析与预防的商业性研究机构，该中心还出版了《机械失效》期刊。失效分析的国际英文期刊 Engineering Failure Analysis 也于1994年创刊，失效分析学术组织相继成立。这一时期失效分析的主要特点就是集断裂特征分析、力学分析、结构分析、材料抗力分析以及可靠性分析为一体，逐渐发展成为一门专门的学科。2004 年，两年一届的国际工程失效分析系列会议（ICEFA）开始召开，该会议涉及国民经济的各个领域。2005 年，美国创刊了 *Journal of Failure Analysis and Prevention*。

1.3.2　国外失效分析工作状况

国外的失效分析工作有以下几方面的特点：

1. 建立了比较完整的失效分析机构

美国无论在国防高新技术部门，还是在工业部门均建立了完善的失效分析机构。在国防高新技术部门，如核能、宇航等，建立了橡树岭国家实验室、肯尼迪中心、约翰逊中心等国家科研机构。在民用工业部门，失效分析工作主要在一些公司进行，如福特汽车公司、通用汽车公司、西屋公司、波音公司等。许多大学也承担着各自的失效分析任务，如里海大学、加州大学、华盛顿大学承担着公路和桥梁方面的失效分析工作。有关学会，如美国金属学会（ASM）、美国机械工程师学会（ASME）和美国材料与试验学会（ASTM）均开展了大量的失效分析工作。

英国对重大事故的分析主要由国家的研究机构完成。英国的国立工程研究所、国立物理研究所、焊接研究所、中央电力局、英国煤气公司等部门都有失效分析机构。

日本的金属材料技术研究部是政府的机械失效分析工程管理及运作机构。日本的特色是企业对失效分析特别重视，认为失效分析是质量管理的一个组成部分。产品在使用中出现失效时，就根据"产品失效报告书"所填写的失效的具体情况，进行不同深度的失效分析，然后将得出的结论，通过不同的途径反馈到有关部门，采取必要的改进措施。

德国有西欧唯一专门从事失效分析及预防的商业性研究机构，即阿力安兹技术中心，每年完成失效分析任务 700 余项。各州建有约 500 个材料检验站，分别承担各自富有专长的失效分析任务。工科大学的材料检验中心，在失效分析技术上处于领先地位和权威单位。例如：斯图加特大学的材料检验中心，有技术人员300 人，面积 $12000m^2$，每年的经费 1 亿欧元，它的主要任务是负责电站，特别是核电站、压力容器及管道的安全可靠性问题。每个企业和公司均有专门从事失效分析的研究机构。例如：奔驰汽车公司，为了同日本汽车业相抗衡，建立了先进的疲劳试验台和振动台，对于重要零部件及整机进行破坏性试验。为了进行事故现场的侦察和分析，还备有流动车辆，以便及时判断事故原因。

2. 制定失效分析文件和建立事故档案及数据库

失效分析工作是一项复杂的技术工作，为了快速地、准确可靠地找出失效的原因及预防措施，应使失效分析工作建立在科学的基础上，以防误判和少走弯路。为此，在一些工业发达国家均制定了失效分析指导性文件，对于失效分析的基础知识、概念及定义，失效的分类及分析程序均做出了明确规定。各研究中心还建立了事故档案及数据库，以便有案可查，定期进行统计分析，并及时反馈到有关部门。例如：国外的一些管理机构和天然气运营企业已经建立了一些管道失效数据库。

3. 大力培养失效分析专门人才

经对世界级灾难事故（如阿尔法管道事故、哥伦比亚号航天飞船事故、福岛核事故等）分析，广泛地认为组织在设备失效过程中具有关键作用，美国国家原子能管理局（IAEA）最近的报告中指出，在核电站（NPPs）中，80%的重大事故是因为人的失误造成的，其中，70%的事故是组织不力造成的（如垂直管理责任缺失，自律不足，培训不力等），30%的事故可以归咎于个人的失误。因此，人的意识是十分重要的。国外各工科院校均开设了失效分析课程，使未来的工程师们具备独立从事失效分析工作的基本知识和技能。此外，国外还开展了对在职职工有计划地进行技术培训等工作。

4. 大力开展失效分析技术基础的研究工作

系统研究材料的成分、工艺、组织、几何结构对各个失效行为的影响，以期获得耐用性能的优化；研究失效的微观机制与宏观失效行为间的关系；系统研究材料及零件在机械力、热应力、磨损及腐蚀条件下的失效行为、原因及预防措施；开展特种材料（包括工程塑料）及特殊工况条件下失效行为的研究。

5. 大力开展失效分析及预防监测手段的研究工作

研究先进的测试技术，对运行中的设备及机件进行监测。例如：研制了大型轴承失效监测仪、轴承温度报警装置，开发了玻璃纤维端镜监控系统及各类无损检测手段等。利用多种先进的测试技术对锅炉、压力容器、防爆电机、发电设备、核能装置、车辆的操纵系统、行走部件等危及人身安全的产品定期地进行检查与监督，均收到了较好的结果。计算机、大数据、互联网技术的应用得到加强，而且取得了良好的效果。

1.3.3　我国失效分析工作状况

目前，我国的机械产品和工程结构日趋大型化、精密化和复杂化。这类产品发生的失效，比以往的失效将会造成更大的财产损失和人员伤亡。这就要求一切产品必须具有比以往更高的可靠性和安全性，从而对失效分析工作提出了更高的要求。

我国的失效分析工作近年来有很大的发展，主要表现在以下几个方面：

1. 积极开展交流活动

在中国机械工程学会的领导下，1980 年在北京召开了全国第一次机械装备失效分析经验交流会，收集了论文和分析案例 311 篇，从而揭开了我国失效分析工作的新篇章。1992 年 12 月，由中国科学技术协会指导和支持、中国机械工程学会承办、全国 22 个一级学会共同组织的全国机电装备失效分析预测预防战略研讨会在北京举行，这次会议以总结交流我国开展机电装备失效分析和预测预防的实践经验为主，起到了推动失效分析领域技术进步的作用。1998 年，在北京召开了第三次全国机电装备失效分析预测预防战略研讨会，这次会议以研讨失效分析和预测预防学科发展为主，起到了深化认识进而推动学科建设的作用，同时描绘了 21 世纪我国失效分析工作的蓝图，标志着我国的失效分析工作开始了一个新纪元。2016 年，中国体视学学会金相与显微分会开始主办全国失效分析大赛，至今已举办 9 届，该项赛事为全国高校与科研机构中从事失效分析人员，提供了相互交流的平台。

2. 健全组织机构和开展基础研究工作

在中国机械工程学会下设失效分析分会，统一组织和领导全国机械行业的失效分析工作。在工矿企业及大专院校也成立了失效分析研究中心、研究所，定期开展各自富有专长的技术活动与社会服务工作。

失效分析基础研究工作也取得了长足进展，在失效模式、失效方法等方面进行了大量工作，但还存在基础研究力量不足，还有许多问题不够清楚等问题。例如：对金属疲劳断口的物理数学模型及定量反推分析做了一些有益的探索，但是在总体上还处在定性分析的阶段。在失效模式诊断中，综合诊断技术和方法的应用，特别是应力分析和失效模拟技术和方法的综合应用，对重要的失效事故分析和预防十分重要，特别是对失效结论有争议的情况下。当前已有越来越多的失效分析工作者在具体的失效分析案例研究中，重视应用综合诊断技术和方法的问题，但是，这方面的实践和研究还不够系统和深入。只有在对失效机理正确认识的基础上，才能做出真正正确的工程失效分析。

3. 开展失效分析专门人才的培养工作

中国机械工程学会和一些大学派出专家学者出国考察访问，学习和借鉴国外在失效分析方面的工作经验，提出了在我国工科大学设立材料检验检测中心和培养专门人才的建议。自 1983 年起，将失效分析课程列为工科院校材料科学与工程类专业教学计划中的必修课程，在清华大学、浙江大学等著名高校还将失效分析列为机械类学生或工科类学生的选修课或研究生课程。随后许多大学还举办了各种类型的短训班及任职人员培训班，使我国的失效分析技术队伍逐步形成。国家特检院组织举办了全国失效分析技术培训班，培训人员和受训人员相互交流，取得了很大效果。

组织失效分析专门人才有计划地编写出版失效分析技术资料、丛书、文集等。由中国机械工程学会材料分会主编的机械产品失效分析丛书（1 套 11 册）、机械故障诊断丛书（1套10册）、机械失效分析手册与专著等相继出版。有关工科院校还编写了相应的失效分析教材、交流资料等，一些著名学者也出版了一批失效分析的专著，为失效分析专门人才的培养奠定了基础。例如：1979年，我国较为系统的断口学专著《金属断口分析》公开出版发行。1994年《机械失效的痕迹分析》公开出版发行，推动了痕迹分析学在失效分析中的广泛应用。1996年和2004年分别出版发行了《机械失效的实用分析》和《失效分析》。2006年，国内第一个专业的失效分析期刊《失效分析与预防》正式公开出版发行，该期刊也是继英国和美国之后在世界范围内出版的失效分析期刊。

4. 建立失效分析数据库和网络

我国已相继开发和建设了一些与失效分析工作相关的数据库，如1987年航空材料数据中心即开始建立的材料数据库，1991年以后上海材料研究所和郑州机械研究所相继建立的工程材料数据库和机械强度与疲劳设计数据库，1995年以后建立的金属材料疲劳断裂数据库、腐蚀数据库和燃气管道失效记录数据库等。随着石油化工装备制造业朝全球化、智能化、网络化与服务化的发展，为了满足石油化工装备安全可靠的运行提供失效分析技术服务与技术支持的要求，开发了基于互联网的石油化工装备计算机辅助失效分析系统，按失效形式、装备类型和材料类型建立了失效分析案例库子系统，实现了不同地域不同用户利用不同上网工具的访问和使用。

目前我国的失效分析工作，正密切配合产品的更新换代，确保产品的质量与可靠性等积极开展工作，这将为我国的经济建设及材料科学的发展做出贡献。

1.3.4 失效分析的发展趋势

1. 失效分析成为系统可靠性工程的基础技术

近代工业中，机械设备的重要特点是自动化程度越来越高，结构也越来越复杂，因而价值也越来越大。由此，对设备可靠性的要求会更高。这就要求必须将失效分析中所得到的信息及时而准确地反馈到产品的设计、制造及使用部门，使其成为系统可靠性的基础技术。

2. 失效分析继续成为提高产品质量的保证

产品要在市场上有竞争能力，必须首先保证质量，消除一切隐患。这就要求必须加强产品在使用和生产现场的分析工作及基础研究。可以预见，大量的、基本的失效分析工作，将在生产第一线大力开展，成为提高产品质量的可靠保证。

现在国外已经将失效分析引入产品设计的程序中，图1-4所示为某国海军船舶的设计流程，该设计流程已经将失效模式的分析和考虑列入设计程序。国内许多大型设计部门也已进行了这方面的工作，有的高校在设计类专业中也增加了失效分析的课程，但这方面的工作还应加强。

3. 失效分析学科的进一步完善

我国从事失效分析工作的技术队伍虽然已初步形成，但无论在专业化程度、组织形式方面，还是在技术水平及所采用的手段方面，都还有待于进一步提高。失效分析工作的普及问题，更需要一大批技术人员来解决。

失效分析的力学基础、物理学基础、化学基础、断口学基础及分析工作的程序化与现代化的技术手段等均须进一步加强。各类失效的机理、失效模式、失效的定量描述等将成为失效分析基础研究的重点。

除机械产品外，对电子产品的失效分析也日益引起人们的重视。例如：印制电路板铜-镍镀层的分离、断路和短路，以及元

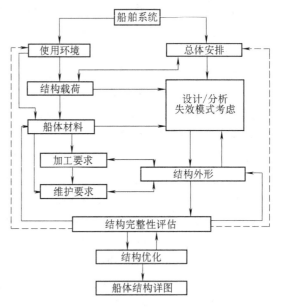

图 1-4　某国海军船舶的设计流程

件的劣化和老化等，也都涉及材料的失效分析问题。随着微机械电子技术的兴起与发展，一些特殊的失效问题需要进行大量的研究。

4. 失效分析的计算机模拟与安全评估

对于大型构件或系统，由于在设计、制造、装配、使用和维护等阶段存在诸多的不确定因素，实际构件所受的外力不仅随工况不同而改变，而且还受偶然性的影响；同时构件的抗力也由于材料组织的不均匀、内部缺陷的随机分布和加工制造的不一致，存在很大的分散性。因此，失效受偶然性和必然性两个因素的影响。然而，任何偶然性造成的随机性在子样大时总体上必然服从某些统计规律，这就为构建安全可靠性评估提供了条件。

构件的安全可靠性评估不仅要对过去同类产品的使用数据进行收集和统计分析，而且涉及表征构件的各种基本参数的分散概率及其对构件失效影响的研究。在此基础上，建立构件安全可靠性或失效概率的物理数学模型，并通过数值计算和试验或计算机模拟验证，从而达到产品和构件安全可靠性评估的目的，使产品在规定工作条件下，在完成规定功能下并在规定的寿命内因断裂等造成失效的可能性减小到最低程度。

由于材料或构件的失效过程很复杂，对于失效机理和失效过程的认识基本上仍是唯象的和定性的。用计算机模拟材料和构件失效的动力学过程，不仅可以证

实失效机理和失效原因的分析是否正确，而且为材料和构件的设计提供了科学依据。同时，计算机模拟技术还可以解决许多难以用试验进行模拟或表征的问题，如飞行器的空中解体，难以用试验模拟的方法来解决。此外，计算机模拟能够将更多的可变参数进行更多的组合而花费较小的代价。例如：美国早在 20 世纪 90 年代就研制成功了颗粒增强钛合金复合材料叶片，至今尚没有在工程上应用，就是因为应用计算机模拟技术，分析了颗粒增强钛合金叶片存在一定概率的破坏。近年来发展起来的用计算机模拟失效件断口和失效特征形貌技术，无疑为计算机辅助诊断和模拟损伤过程提供了必要条件。失效过程的计算机模拟与诊断包括失效库的建立、断口的三维重建与模拟、损伤过程的动力学模拟与再现等。

应用计算机进行失效分析工作，将大大提高分析工作的准确性和可靠性。用计算机分析失效，可以排除因分析人员的经验、素质和手段不足而带来的局限性和误判。计算机数据处理、图像处理和信号分析，为进行失效分析的定量研究提供了基础。数理统计分析方法为复杂系统的失效分析提供了有力的工具，尤其是计算技术的发展，使得这类工作发展很快。例如：运用层次分析法对超超临界锅炉的失效模式及导致失效的各因素进行分析。通过建立水冷壁、过热器、再热器的失效模型，对失效模型构造相对应的判断矩阵，进而求出各失效因素的权重，得出不同类型受热面的失效因素相对重要性，为后续有针对性地研究受热面失效原因提供依据。基于计算机的钻采管材失效宏观图像处理与识别，能够提高对管材失效模式识别的效率和精确度。

将深度学习融入失效图像智能识别领域还处于探究阶段，大多数初期研究工作集中在基于机器学习的失效断口图像诊断。例如：将灰度共生矩阵和基于统计的特征提取算法融合建立识别模型；采用局部线性嵌入的方法和相关性分析，建立基于灰度共生矩阵的识别模型对断口特征进行提取；构建基于模糊灰度共生矩阵的隐马尔可夫模型对断口特征提取；基于 Grouplet 变换提出的 Grouplet-RVM 和 GroupletKPCA 的断口图像识别方法；基于全局与局部纹理特征的多特征融合算法等。这些都进一步加强了图像特征的识别精度。

5. 失效分析在功能产品及其控制系统中的应用

现代技术不断发展，电子元器件以及功能产品的应用和精细程度越来越高，但电子产品和功能产品出现失效与故障的频率也一直很高，加之电子元器件及功能产品种类繁多，其功能各式各样，失效形式又常常具有随机性和偶然性，失效分析工作面临的领域更广，难度更大。控制系统功能繁多，失效模式复杂多样，分析检测的难度更大。

6. 失效分析在新材料领域中的应用

失效分析几乎均涉及对材料抗力和外力的分析。新材料在提高发动机推重比和功重比，以及降低飞机结构质量系数方面起着举足轻重的作用，在工程上获得广泛应用。像陶瓷、复合材料这些与传统金属材料在力学行为、化学特征及断裂本质等方面存在巨大差异的新材料的断裂特征需要预先进行一些基础性研究，即使是传统金属材料本身，由于现代材料制备技术的日益改进，如粉末冶金、定向凝固及单晶制备技术的大量采用，也使得损伤特征与原来发生了很大的改变。例如：定向凝固和单晶合金，疲劳源区附近的小平面类解理特征区就非常大，有人往往把该面积较大的小平面特征视为解理疲劳，是完全错误的。目前，国际上有报道的面心立方结构只有在特定条件下发生解理断裂。解理断裂的速率一般达到声速，如果单晶或定向凝固高温合金发生解理疲劳，那是难以想象的。因此，必须在材料研制和工程应用的同时，深入了解和掌握新材料的失效特征和损伤行为，这也是材料成熟应用的重要标志。

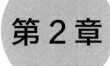

第2章

失效分析基础知识

2.1 机械零件失效形式与来源

2.1.1 机械零件失效形式及原因

机械零件的失效形式是多种多样的，为了便于对失效现象进行研究和处理有关产品失效的具体问题，人们从不同的角度对失效的类型进行了分类。

1. 按照产品失效的形态进行分类

在工程上，通常按照产品失效后的外部形态将失效分为过量变形、断裂及表面损伤三类，见表2-1。这种分类方法便于将失效的形式与失效的原因结合起来，也便于在工程上进行更进一步的分析研究，因此是工程上较常用的方法。在一般情况下，也习惯地将工程结构件的失效分为断裂、磨损与腐蚀三大类，这种分类方法便于从失效模式上对失效件进行更深入的分析和理解。

表2-1 失效形式分类及原因

序号	失效类型	失 效 形 式	直 接 原 因
1	过量变形	1）扭曲（如花键） 2）拉长（如紧固件） 3）胀大超限（如液压活塞缸体） 4）高低温下的蠕变（如动力机械） 5）弹性元件发生永久变形	由于在一定载荷条件下发生过量变形，零件失去应有功能不能正常使用
2	断裂	1）一次加载断裂（如拉伸、冲击、持久等）	由于载荷或应力强度超过当时材料的承载能力而引起
		2）环境介质引起的断裂（应力腐蚀、氢脆、液态金属脆化、辐照脆化和腐蚀疲劳等）	由于环境介质、应力共同作用引起的低应力脆断
		3）疲劳断裂：低周疲劳、高周疲劳、弯曲、扭转、接触、拉-拉、拉-压、复合载荷谱疲劳与热疲劳，高温疲劳等	由于周期（交变）作用力引起的低应力破坏
3	表面损伤	1）磨损：主要引起几何尺寸上的变化和表面损伤（发生在有相对运动的表面）。主要有黏着磨损和磨粒磨损	由于两物体接触表面在接触应力下有相对运动造成材料流失所引起的一种失效形式
		2）腐蚀：氧化腐蚀和电化学腐蚀、冲蚀、气蚀、磨蚀等。一般可分为局部腐蚀和均匀腐蚀	环境气氛的化学和电化学作用引起

断裂是机械零件失效最常见也是危害最大的一种形式。关于断裂失效的分类，又有许多不同的方式，且常常有交叉和混乱现象，这主要是因为人们基于不同的研究目的及区分的角度不同。常见的断裂分类有：

1）力学工作者常根据断裂时变形量的大小，将断裂失效分为两大类，即脆性断裂和韧性断裂（延性断裂）。

2）从事金相学研究的人员，通常按裂纹走向与金相组织（晶粒）的关系，将断裂失效分为穿晶断裂和沿晶断裂。

3）金属物理工作者通常着眼于断裂机制与形貌的研究，因此习惯上对断裂失效分类为：①按断裂机制进行分类，可分为微孔型断裂、解理型（准解理型）断裂、沿晶断裂及疲劳型断裂等；②按断口的宏观形貌分类，可分为纤维状、结晶状、细瓷状、贝壳状及木纹状、人字形、杯锥状等；③按断口的微观形貌分类，可分为微孔状、冰糖状、河流花样、台阶、舌状、扇形花样、蛇形花样、龟板状、泥瓦状及辉纹等。

该分类方法的优点是详细地揭示了断裂的微观过程，有助于断裂机制的研究。

4）工程技术人员习惯于按加工工艺或产品类别对断裂（裂纹）进行分类：①按加工工艺分类，有铸件断裂、锻件断裂、磨削裂纹、焊接裂纹及淬火裂纹等；②按产品类别分类，有轴件断裂、齿轮断裂、连接件断裂、压力容器断裂和弹簧断裂等。

这种分类方法的优点主要是便于生产管理，有利于分清技术责任。

5）失效分析工作者通常从致断原因（断裂机理或断裂模式）的角度出发，将机械零件的断裂失效分为：过载断裂失效、疲劳断裂失效、材料脆性断裂失效、环境诱发断裂失效、混合断裂失效等。

2. 根据失效的诱发因素对失效进行分类

失效的诱发因素包括力学因素、环境因素及时间因素（非独立因素）三个方面。根据失效的诱发因素对失效进行分类，可分为：

1）机械力引起的失效，包括弹性变形、塑性变形、断裂、疲劳及剥落等。

2）热应力引起的失效，包括蠕变、热松弛、热冲击、热疲劳、蠕变疲劳等。

3）摩擦力引起的失效，包括黏着磨损、磨粒磨损、表面疲劳磨损、冲击磨损、微动磨损及咬合等。

4）活性介质引起的失效，包括化学腐蚀、电化学腐蚀、应力腐蚀、腐蚀疲劳、生物腐蚀、辐照腐蚀及氢致损伤等。

3. 根据产品的使用过程对失效进行分类

一批相当数量的同一产品，在使用中可能会出现：一部分产品在短期内发生失效，另一部分产品要经过相当长的时间后才失效。如果将其失效率与使用时间做图，通常可以得到图 2-1 所示的规律。由图 2-1 可知，失效率按使用时间可分为三个阶段：早期失效期、偶然失效期和耗损失效期。

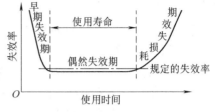

图 2-1　浴盆曲线

1）早期失效是产品使用初期的失效。这一时期出现的失效多系设计、制造或使用不当所致。

2）偶然失效是产品在正常使用状态下发生的失效。其特点是失效率低且稳定。偶然失效期是产品的最佳工作时期，又称使用寿命，它反映产品的质量水平。

3）耗损失效是产品进入老龄期的失效。在通常情况下，产品发生的耗损失效生产厂可以不承担责任。但如果生产厂规定使用寿命过短，产品过早地进入耗损失效期，则仍属产品质量问题，应由生产厂家负责。

4. 从经济法的观点对失效进行分类

在失效分析工作中，特别是对重大失效事故的处理上，往往涉及有关单位和有关人员的责任问题，此时将从经济法的观点对失效进行分类。通常可以分为以下几种类型：

1）产品缺陷失效，又称本质失效，是由于产品质量问题产生的早期失效。失效的责任自然应由产品的生产单位来负责。

2）误用失效，属于使用不当造成的失效，在通常的情况下应由用户及操作者负责。但如果产品的生产单位提供的技术资料中，没有明确规定有关的注意事项及防范措施，产品的制造者也应当承担部分责任。

3）受用性失效，属于它因失效，如火灾、水灾、地震等不可抗拒的原因导致的失效。

4）耗损失效，属于正常失效，生产厂一般不承担责任。但如果制造者没有明确规定其使用寿命并且过早地发生失效，制造者也要承担部分责任。

除此之外，对失效尚有许多其他的分类方法，如按照失效的模式（失效的物理化学过程）对失效进行分类，按失效零件的类型进行分类等。了解并正确运用失效的分类方法，对于研究失效的性质，分析失效的原因及确定相应的预防措施是十分重要的。上述分类方法在失效分析的实践中均得到广泛应用并予以互相补充。在运用上述知识进行失效分析时，将失效的模式、失效的诱发因素及失效后的表现形式联系起来考虑，对于获得正确的分析结果至关重要，这也是本书将要阐述的重点。

2.1.2 机械零件失效的来源

引起机械零件早期失效的原因是很多的，主要可以归纳为以下几方面：

1. 设计的问题

有些失效是由于设计引起的，例如：

1）在高应力部位存在沟槽、机械缺口，以及圆角半径过小等。

2）应力计算方面的错误。对于结构比较复杂的零件，所承受的载荷性质、大小等，缺少足够的资料，易引起计算方面的错误。

3）设计判据不正确。由于对产品的服役条件了解不够，设计判据的选用错误造成失效的事例也时有发生。例如：对于有脆性断裂危险的零件、可能承受冲击载荷的零件，以及在交变载荷及带有腐蚀介质环境下工作的零件，仅以材料的抗拉强度和屈服强度指标作为承载能力的计算判据就很不可靠，而且还会因为追求过高的材料强度而导致过早的失效。

2. 材料选择上的缺点

（1）选材的判据有误　对于每种失效模式来说，均存在着特定的材料判据，即材料的特定性能指标。除此之外，还应权衡材料的成本、工艺性及工作寿命等因素，在选材时要进行通盘考虑。目前并无通用的选材规则，多数情况下是凭经验进行选材。但对于特定的失效模式、载荷类型、应力状态及工作温度、介质等情况，有些规则是不能违背的，例如：

1）对于脆性断裂，其选材的通用判据应是材料的韧脆转变温度、缺口韧性及断裂韧度 K_{IC} 值。

2）对于韧性金属的韧性断裂，其通用判据应是抗拉强度及剪切屈服强度。

3）对于高周疲劳断裂，应以有典型应力集中源存在时的预期寿命的疲劳强度为其选材判据。

4）对于应力腐蚀开裂，选材的判据应是材料对介质的腐蚀抗力及应力腐蚀临界应力强度因子 K_{ISCC} 等。

5）对于蠕变，应以在对应的工作温度和设计寿命中的蠕变率或持久强度为其选材判据。

材料选择比较困难的原因之一，是材料的实验室数据要推广应用到长期工作的使用条件下，由于对使用条件的模拟不准确而产生早期失效。

（2）材料中的缺陷　许多失效都是由于材料本身存在缺陷引起的。内部的和外部的缺陷起到缺口的作用而显著降低材料的承载能力。例如：铸件中的冷隔、夹杂物、疏松、缩孔等，锻件中的折叠、接缝、空洞及锻造流线分布不合理等，裂纹在这些缺陷处易于产生和扩展，这些缺陷处也是易腐蚀的部位，焊接残余应力、烧伤等缺陷也如此。

由于材料选择是产品设计中的组成部分，并直接涉及产品的尺寸及形状，所以材料选择上的缺点也属于设计方面的问题。

3. 加工制造及装配中存在的问题

加工方法不正确、技术要求不合理及操作者失误也是引起设备过早失效的重要原因。例如：冷变形、机械加工、焊接等产生的残余应力、微裂纹及表面损伤等，常常是导致失效的内在原因。

热处理不当也是常见的失效原因之一，常见的有过热、回火不充分、加热速度过快及热处理方法选用不合理等。热处理过程中的氧化脱碳、变形开裂、晶粒粗大及材料的性能未达到规定要求等时有发生。

酸洗及电镀时引起对材料的充氢而导致的氢致损伤也是常见的失效形式。

不文明施工，不按要求安装等，容易造成零件表面损伤或导致产生残余应力、附加应力等，都会引起零件的早期失效。

4. 不合理的服役条件

不合理的起动和停机、超速、过载服役、温度超过允许值、流速波动超出规定范围，以及异常介质的引入等，都可能成为设备过早失效的根源。

据调查统计，在失效的原因中，设计和制造加工方面的问题占56%以上。这是一个重要方面，在失效分析和设计制造中都必须引起足够重视。

2.2 应力集中与零件失效

2.2.1 应力集中与应力集中系数

零件截面有急剧变化处，就会引起局部区域的应力高于受力体的平均应力，这一现象称为应力集中，表示应力集中程度大小的系数称为应力集中系数。图 2-2 所示为一受力为 P、截面面积为 A 的无限宽板上有椭圆孔后的应力分布情况。平均应力为 $\sigma_m = P/A$，在椭圆孔长轴两端出现应力集中。此时，应力集中系数 K_t 为

$$K_t = \frac{\sigma_{max}}{\sigma_m} = 1 + \frac{2a}{b} \tag{2-1}$$

椭圆孔长轴顶端的曲率半径为 ρ，大多数情况下，$a \gg \rho$，由此式（2-1）也可写为

$$K_t = \frac{\sigma_{max}}{\sigma_m} = 1 + 2\sqrt{a/\rho} \tag{2-2}$$

若图 2-2 中的椭圆孔的 b 趋于零，则该孔口退化为 x 方向、长度为 $2a$ 的裂隙，如图 2-3 所示。当零件承受图 2-3 所示的应力状态时，裂隙端点附近的应力分布为

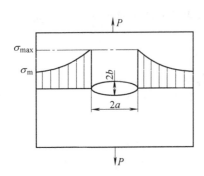

图 2-2 应力分布情况

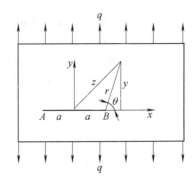

图 2-3 裂隙附近的应力集中

$$\begin{cases} \sigma_x = q\sqrt{\dfrac{a}{2r}}\cos\dfrac{\theta}{2}\left(1-\sin\dfrac{\theta}{2}\sin\dfrac{3\theta}{2}\right) \\[2mm] \sigma_y = q\sqrt{\dfrac{a}{2r}}\cos\dfrac{\theta}{2}\left(1+\sin\dfrac{\theta}{2}\sin\dfrac{3\theta}{2}\right) \\[2mm] \tau_{xy} = q\sqrt{\dfrac{a}{2r}}\sin\dfrac{\theta}{2}\cos\dfrac{\theta}{2}\cos\dfrac{3\theta}{2} \end{cases} \tag{2-3}$$

式中 σ_x、σ_y——沿 x、y 方向的正应力；

τ_{xy}——作用在 y 面上沿 x 方向的切应力。

当薄板或长柱在裂隙方向及其垂直方向受有均布剪力 q 时，其裂隙端点（裂隙形式和图 2-3 相同）附近的应力分布为

$$\begin{cases} \sigma_x = -q\sqrt{\dfrac{a}{2r}}\sin\dfrac{\theta}{2}\left(2+\cos\dfrac{\theta}{2}\cos\dfrac{3\theta}{2}\right) \\[2mm] \sigma_y = q\sqrt{\dfrac{a}{2r}}\sin\dfrac{\theta}{2}\cos\dfrac{\theta}{2}\cos\dfrac{3\theta}{2} \\[2mm] \tau_{xy} = q\sqrt{\dfrac{a}{2r}}\cos\dfrac{\theta}{2}\left(1-\sin\dfrac{\theta}{2}\sin\dfrac{3\theta}{2}\right) \end{cases} \tag{2-4}$$

如果在式（2-3）或式（2-4）中令 r 趋于零，则各个应力分量的数值趋于无限大。这就表示，在裂隙的端点，应力是无限大的。上述应力集中现象及应力集中系数的计算是在弹性力学基础上确定的。当最大应力超过材料的屈服强度（或满足屈服条件）就要发生局部塑性变形，此时就有可能起应力松弛作用，就不会发生无限大的应力。因此，上述的应力集中系数也称为理论应力集中系数。虽然如此，对于脆性材料，以及在塑性区范围很小的情况下，上述描述可以令人满意地表明裂隙附近的应力状态。

应力集中的程度首先是与缺口的形状有关。一般来说，圆孔孔边的应力集中程度最低。因此，如果有必要在零件上挖孔或留孔，应当尽可能地用圆孔代替其

他形状的孔，至少应采用椭圆孔，以代替具有尖角的孔。

影响应力集中系数的因素还有很多，如零件结构，缺口位置、大小，材料种类，载荷性质等，具体情况应具体分析。表2-2列出部分试样的应力集中系数。图2-4所示为典型结构的应力集中曲线，详细的数据可查阅相关技术手册。

表 2-2　部分试样的应力集中系数

形　状	应力集中类型	载 荷 类 型		应力集中系数 K_t	
				集中特性　t/r_H	
				5	10
板材	细小的单边或双边切口 $r_H \leqslant 0.1mm$	拉伸或压缩		5.5	7.5
棒材	细小的环形外部切口或内部小空腔 $r_H \leqslant 0.1mm$	拉伸		3.5~4.0	4.5~5.0
		弯曲		2.7~2.8	3.5
		扭转	外部切口	3.0	4.0
			内部切口	1.6	2.0
管材	内部或外部的细小环形切口 $r_H \leqslant 0.1mm$	拉伸或弯曲		3.5~4.0	4.5~5.0
		扭转		3.0	4.0

注：t—切口深度；r_H—切口尖端半径。

在机械零件发生疲劳破坏时，如果对一个缺口零件考虑应力集中，则缺口件的疲劳强度应按应力集中系数的倍数降下来。但试验表明这样处理有些过于保守。因此，工程中一般采用有效应力集中系数 K_f 来进行计算：

$$K_f = \frac{\text{光滑试件的疲劳极限}}{\text{缺口试件的疲劳极限}} = \frac{\sigma_{-1}}{\sigma_{-1N}} \qquad (2-5)$$

K_f 的大小与材料的缺口敏感程度及缺口根部情况有关，详见第5章。

有时，在零件的一种应力集中源上又叠加了另一种形式的应力集中源，如在缺口上刻有划痕，此时的应力集中程度应用复合理论应力集中系数 $(K_t)_{复合}$ 来表示：

$$(K_t)_{复合} = (K_t)_{缺口}(K_t)_{划痕} \qquad (2-6)$$

2.2.2　应力集中对零件失效的影响

实际的金属零件因其结构需要而具有各种孔、台阶、槽、缺口和几何尺寸变化等；同时，零件在加工及材料在冶炼过程中不可避免地会产生一些缺陷，如零件表面的加工刀痕，截面变化时的圆角过渡不光滑，螺纹根部尖角，材料中的夹杂物、裂纹等。实践证明，在这些部位，都会产生应力集中现象。当应力集中区的最大应力大于材料的强度极限时，就会导致机械零件首先在应力集中部位或附近发生断裂失效。有时发生的断裂，其名义应力（平均应力）远低于材料的设计强度。应力集中也是金属零件发生断裂失效的一个重要因素。

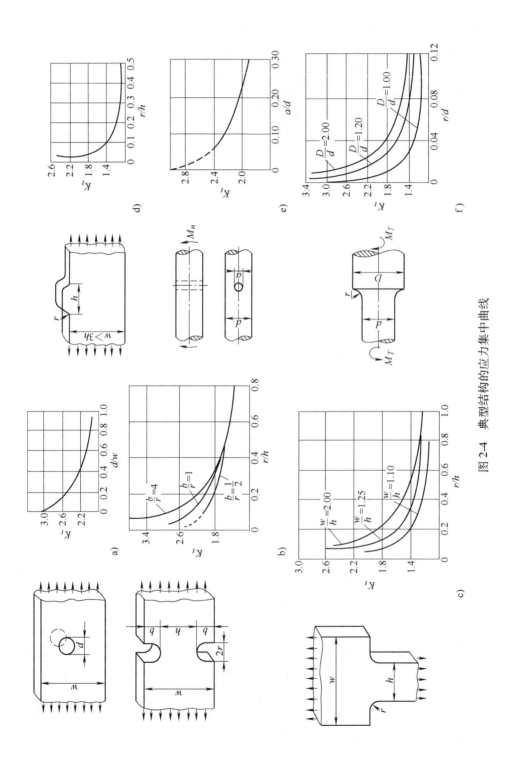

图 2-4 典型结构的应力集中曲线

1. 材料的缺口敏感性

应力集中对零件失效的影响，在一定程度上与材料的缺口敏感性有关。缺口导致应力状态的变化和应力集中，有使材料变脆的趋向。不同材料的缺口敏感性是不同的，一般用缺口试样的抗拉强度与光滑试样的抗拉强度的比值 y_{ns} 来表示材料的缺口敏感性，即

$$y_{ns} = \frac{R_{mn}}{R_m} \tag{2-7}$$

式中　R_{mn}——缺口试样的抗拉强度（缺口拉伸试样的几何形状应按有关标准执行）；

　　　　R_m——光滑试样的抗拉强度。

y_{ns} 越大，敏感性越小。$y_{ns} > 1$，说明缺口处发生了塑性变形的扩展，其值越大说明塑变扩展量越大，脆化倾向越小。塑性材料的 $y_{ns} > 1$，材料反而具有缺口强化效应，缺口敏感性小甚至不敏感。$y_{ns} < 1$，说明缺口处还未明显发生塑性变形扩展就脆断，表示缺口敏感。但在实际使用时，还要考虑尺寸因素（尺寸越大，缺陷出现的概率越大，y_{ns} 越低）及表面因素（表面越粗糙，y_{ns} 降低得越多）。

实际工作中的零件，有些不可避免地带有缺口，而且要承受偏斜载荷，如螺栓类零件。有时正向载荷的缺口敏感性并不大，但在斜拉伸时就表现得比较明显。例如：30CrMnSi 高强度螺栓经 200℃ 回火的抗拉强度比 500℃ 回火的高，缺口敏感性和冲击吸收能量也不算低，似应选择 200℃ 回火以发挥材料高强度的优越性。但从斜角 0°~8° 的拉伸结果来看，经 500℃ 回火的偏斜拉伸缺口敏感性均较 200℃ 回火的小，选用 500℃ 回火工艺可以提高零件的韧性，减少脆性断裂的概率。

2. 影响应力集中与断裂失效的因素

（1）材料力学性能的影响　通常，材料硬度越高，脆性越大，塑性、韧性越低，应力集中作用越强烈，其裂纹扩展速率也越大。

（2）零件几何形状的影响　许多零件由于结构上的需要或设计上的不合理，在结构上有尖锐的凸边、沟槽或缺口等，当其在加工或使用过程中，将在这些尖锐部位产生很大的应力集中而导致开裂，如图 2-5 和图 2-6 所示。

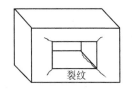 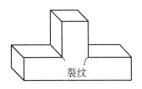 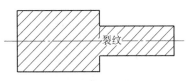

图 2-5　零件在应力集中处产生　　　图 2-6　零件在应力集中处产生
　　　　　淬火裂纹　　　　　　　　　　　　疲劳裂纹

（3）零件应力状态的影响 在材料质量合格、几何形状合理的情况下，裂纹起源的部位主要受零件应力状态的影响，此时，裂纹将在最大应力处形成。例如：在单向弯曲疲劳时，疲劳裂纹一般起源于受力一边的应力最大处；在双向弯曲疲劳时，疲劳裂纹一般起源于受力两边的应力最大处；在齿轮齿面上的裂纹，一般起源于节圆附近；具有台阶的轴，承受扭转、弯曲、切向应力的联合作用，裂纹一般起源于最大应力（危险）截面的台阶过渡处。在这些部位，应尽量避免人为地造成应力集中，如表面的加工缺陷、沟槽、台阶过渡处的不光滑等。

（4）加工缺陷的影响 由于零部件加工精度要求不高，或者没有按照图样要求加工，致使零件的实际应力集中系数比计算值高出许多，从而使实际应力加大，导致开裂失效。

由于加工刀痕等加工缺陷存在，在以后的服役过程中，由刀痕引起的应力集中，也往往导致裂纹的产生。

对于焊接或铸造缺陷，如焊接接头的咬边、铸件的错缝等，也易引起应力集中，从而导致使用中的开裂。

（5）装配、检验产生缺陷的影响 设备和零件在安装过程中，如果不严格要求，就会产生不应有的安装缺陷，如零件表面的划伤、锤击坑等。例如：某腐蚀防护工程需要铺设不锈钢钢板，工人在操作时，穿的是带钉的皮鞋，在不锈钢钢板表面造成了踩踏形成的坑。由于是腐蚀防护工程，钢板所受应力很低，经分析不足以引起过早的应力腐蚀开裂。但在踩踏坑周边，由于应力集中的作用，其应力增加，应力腐蚀裂纹可从这些地方萌生扩展。

在设备和零件的检验、维修中，也会造成应力集中，从而导致开裂。例如：某石油机械厂生产的采油机减速器发生二级轴断裂。该轴采用45钢进行调质处理。断裂部位在轴承与中间轴段的过渡段，中间轴段的轴径为$\phi500mm$，安装轴承的部分的轴径为$\phi410mm$。经分析，断裂为疲劳断裂，疲劳裂纹扩展区与最后瞬断区的比例高于80%。经查，材料化学成分没有问题，加工表面粗糙度也没有问题。最后分析确认，疲劳裂纹源于表面的一串小坑。经了解，这一串小坑是检验人员在检测硬度时留下的。他们在检测硬度时沿周向画了一条线，硬度坑沿这条线分布。由于7个硬度坑在一条线上且相距不远，最后形成应力集中，导致发生疲劳开裂。

2.2.3 降低应力集中的措施

应力集中现象是普遍存在的，它对失效的影响很大，应当加强技术监督，严格检查，消除一些不必要的应力集中因素（如加工缺陷）。同时，要采取一定的技术措施，在设计和加工中，尽力减小应力集中程度。

1. 从强化材料方面降低应力集中的作用

采取局部强化以提高应力集中处的疲劳强度，从而减少应力集中的危害。

（1）表面热处理强化　包括表面感应淬火、渗碳、渗氮和复合处理等，可得到软（高韧性）的心部、硬的表层，在表层还存在残余压应力，由此降低应力集中的影响。

（2）薄壳淬火　直径大且有截面变化的短轴类零件，如选用低淬透性钢，经强烈淬火后，可形成表面薄的淬硬层，其内存在残余压应力，可降低应力集中的影响。薄壳淬火与表面感应淬火相比有其较为有利的一面，即对于类似的零件，感应淬火容易使截面变化的过渡区（如轴肩）淬不上火而存在残余拉应力，反而促进了应力集中的有害作用。

（3）喷丸强化　喷丸使金属零件表层强化且产生大的残余压应力，从而降低应力集中的危害。高强度材料表面粗糙度值高或有缺陷时，喷丸处理对降低应力集中的作用更明显。应力喷丸处理比一般喷丸处理效果更好。

（4）滚压强化　滚压使金属零件表面产生形变强化，并产生残余压应力，从而降低应力集中的有害作用。其效果与滚压参数及材料本身的组织性能有关。

2. 从设计方面降低应力集中系数

（1）变截面部位的过渡　应尽可能地加大过渡部分的圆角，使过渡区接近于流线型，同时也要考虑到工艺性。有时可以改变过渡方式，事实上采用椭圆过渡比圆弧过渡更好，或者采用其他的过渡方式。

（2）根据零件的受力方向和位置选择适当的开孔部位　孔一般应开在低应力区，如必须开在高应力区，则应采取补强措施。椭圆形的长轴应与主应力方向平行，以降低应力集中系数。

（3）在应力集中区附近的低应力部位增开缺口和圆孔　这样可使应力的流线比较和缓，从而降低最大应力峰值，如图2-7a的应力集中系数 K_t 为3，而图2-7b的应力集中系数 K_t 则为2.63。同样，在应力集中区附近的低应力部位，加开卸载槽（见图2-8），也可改善应力集中情况。

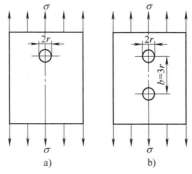

图 2-7　增开缺口（或圆孔）对
应力集中的影响

a）$K_t=3$　b）$K_t=2.63$

零件中应力集中现象几乎是不可避免的，而应力集中又往往是零件破坏，尤其是断裂时裂纹源的起始点。大量的失效分析表明，由于加工中的刀痕、焊接时的缺

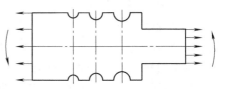

图 2-8　加开卸载槽对应力集中的影响

陷、危险截面部位的非金属夹杂物、圆弧过渡的不光滑等，往往成为零件失效的直接促发因素，故在进行失效分析时对应力集中问题不可忽视。

2.3 残余应力与零件失效

2.3.1 残余应力简介

物体在无外载荷时存在于其内部并保持平衡的一种应力称为内应力。

内应力通常分为三类：

第一类内应力是指存在于整个物体或在较大尺寸范围内保持平衡的应力，尺寸在 0.1mm 以上。

第二类内应力是指在晶粒大小尺寸范围内保持平衡的应力，尺寸为 10^{-2} ~ 10^{-1}mm。

第三类内应力是在原子尺度范围保持平衡的应力，如晶体内的不均匀残余应力、位错引起的不均匀变形应力，尺寸为 10^{-6} ~ 10^{-3}mm。

第二、第三类内应力统称为微观应力。第一类内应力为宏观应力，即所说的残余应力。

零件在工作时，残余应力将和载荷应力叠加。残余压应力能够提高零件的疲劳强度、抗应力腐蚀的能力等。残余拉应力总是有害的，将降低疲劳强度、抗应力腐蚀的能力等。另外，残余应力的存在有可能使得零件在使用过程中因残余应力的重新分布，使零件的形状尺寸发生变化，导致零件不能正常使用，过大的残余应力甚至能够直接造成零件的开裂。由此可见，有利的残余应力可提高疲劳强度等性能，而不利的残余应力则可能使零件发生早期破坏，故应给予足够重视。有许多失效问题就是由残余应力引发的，如对 18-8 型不锈钢制成的催化裂化装置膨胀节的失效分析表明，80%是由应力腐蚀引起的，而不规范的安装造成的残余拉应力是导致应力腐蚀发生的主要原因。发电厂冷凝器铜管的早期应力腐蚀，经分析也是由于铜管胀接时产生的残余应力与工作应力叠加造成的。

2.3.2 残余应力的产生

1. 热处理残余应力

热处理残余应力是由热应力和组织应力叠加的结果。热应力是由于不同温度处的膨胀量不同引起的，它在冷却初期和末期正好相反（见图 2-9）。组织应力是由于不同组织的比体积不同引起的。在淬火冷却过程中，表面发生相变与其后的心部发生相变时的组织应力也正好相反（见图 2-10）。零件整体淬火后的残余应力分布比较复杂，要视具体零件结构、材料的淬透性等具体分析。热处理淬火残余应力类型如图 2-11 所示。当零件处于整体淬透状态时，表面先发生马氏体相变，使表层变硬；随后的冷却中，心部发生马氏体相变使体积发生膨胀，导致表面形成残余拉应力，一般在这种情况下，零件的残余应力分布以组织应力的形式存在，如图 2-12 所示。而对于低淬透性材料制作的零件，淬火时由于心部不发生马氏体相变，因而零件的残余应力状态可以是组织应力形态也可以是热应力形态，应视淬硬层的相对厚度而定。对于表面淬火的零件，则形成以热应力为主的残余应力分布形式，表面为残余压应力（见图 2-13）。对于形状复杂的零件，其淬火后的残余应力的分布十分复杂，应仔细分析。

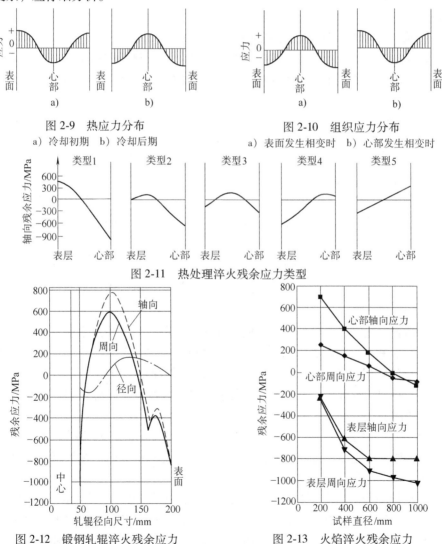

图 2-9 热应力分布
a）冷却初期 b）冷却后期

图 2-10 组织应力分布
a）表面发生相变时 b）心部发生相变时

图 2-11 热处理淬火残余应力类型

图 2-12 锻钢轧辊淬火残余应力
注：辊径为 $\phi405mm$，中心孔径为 $\phi75mm$。

图 2-13 火焰淬火残余应力
注：$w(C) = 0.97\%$，硬化层深度为 2.4~2.8mm。

对于含碳和其他合金元素的大多数钢而言，其过冷奥氏体的组织变化状态，可由其等温转变图（TTT 曲线）和连续冷却转变图（CCT 曲线）求得。因此，关于淬火残余应力的产生，用连续冷却转变图研究其产生过程是方便的。这里，材料成分的差别就表现在曲线位置上的差别，而试样的大小、冷却方法的不同，则会在冷却曲线上显现出各部分的差别。即使不是一般的全截面淬火的情况，也能用其进行研究。

分析淬火残余应力对零件失效的作用时，还应充分注意加热过程中脱碳层的影响。一般钢在淬火加热时会有氧化脱碳现象。脱碳层在随后的淬火过程中将形成残余拉应力。

2. 表面化学热处理引起的残余应力

表面化学热处理引起的残余应力分布形式与化学热处理的种类有关。一般渗碳、渗氮后表层的残余应力为压应力状态，如图 2-14 和图 2-15 所示。

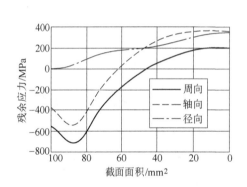

图 2-14　渗碳淬火后的残余应力分布

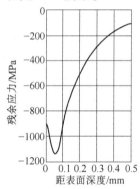

图 2-15　渗氮后的残余应力

影响表面化学热处理残余应力的因素比较复杂，实测的结果也不很多。归纳现有研究结果，一般影响渗碳淬火试样残余应力的因素有：

（1）渗碳层深度影响　对应于不同的渗碳层深度，其残余应力的产生状态将有各自不同的过程。典型研究显示随着渗碳层深度增加，外表层的残余应力有减小的倾向。

（2）试样大小的影响　试样大小对渗碳层淬火残余应力的影响比渗碳层深度还要明显，这是由于急冷时截面内冷却曲线的差别造成的。在渗碳层深度相同时，试样直径越大，则表层的残余压应力越高。

（3）钢种的影响　钢种不同，材料的高温屈服强度必然不同，因此相变进行过程中所产生的应力状态也就不同。对合金钢来说，其应力就较大。由于合金钢渗碳淬火时基体也会发生马氏体相变，因此对表面残余压应力有减轻的作用。

因为渗氮而产生残余应力时，并不伴随淬火时所看到的那种组织转变，因此其产生过程是单纯的。

3. 焊接残余应力

在一般的各种加工过程中，焊接是比较容易产生残余应力的加工方法，而且表现得更为明显。焊接时，很容易看出焊接过程的变形和残余应力。焊接残余应力是在焊缝及其附近由于焊接的热应力、组织应力和拘束应力共同作用而产生的。一般来说，在焊缝中心平行于焊缝方向上有较大的残余拉应力（大到接近于 R_{eL}），而有约束应力时，垂直焊缝方向上残余拉应力增大。焊缝在约束情况下的残余应力如图 2-16 所示。

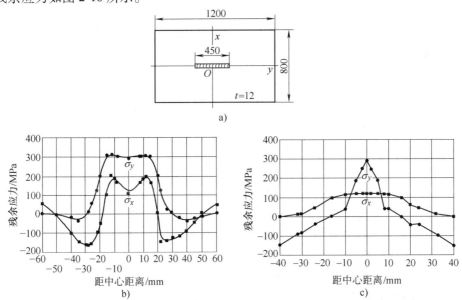

图 2-16　焊缝在约束情况下的残余应力
a）试样尺寸　b）x 轴上的应力分布　c）y 轴上的应力分布

对于焊接零件的强度而言，残余应力的影响是非常重要的，它的大小、分布状态对脆性破坏、疲劳破坏、应力腐蚀开裂及其他破坏都有很大的不良影响。

焊接残余应力的形成原因，大致可分为以下三种情况：

（1）直接应力　直接应力是进行不均匀加热的结果，是取决于加热和冷却时的温度梯度而表现出来的应力。这是形成焊接残余应力的主要原因。

（2）间接应力　间接应力是焊接前加工状况所造成的应力。零件若经过轧制或冷拔，都会形成残余应力。这种残余应力在某些情况下会叠加到焊接应力上去，而在焊后的变形过程中往往也具有附加性的影响。

（3）组织应力　组织应力是由于组织变化而产生的应力。由于焊接钢材一般都具有低的碳当量，因此这一作用的影响要比直接应力的作用小得多。但对于合金元素含量高的钢（即高淬透性钢），这一作用也是不能忽视的。在某些情况下，由于焊接后回火不足，也可以导致焊接接头的脆性开裂。同时要注意研究热影响区中发生相变部分的宽度与残余应力的产生有关的时候，就必须加以考虑。

4. 铸造残余应力

铸造残余应力的产生可归于受零件形状和铸造技术等影响的结构应力，以及由于组织和成分不同而产生的组织应力。

（1）零件截面内保持平衡的残余应力　由于内外温差的影响，表层冷却与内层冷却不同时产生的残余应力，如图 2-17 所示。该残余应力与淬火时的热应力相同。

（2）零件间相互保持平衡的残余应力　具有两个或两个以上截面的零件，截面面积小的外侧两个零件冷却比中心零件快，最后形成如图 2-18 所示的残余应力。

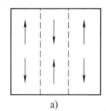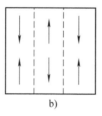
　　　　a)　　　　　　　　b)

图 2-17　零件截面内保持平衡
　　　　的残余应力
　　a）冷却时　b）冷却后

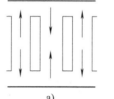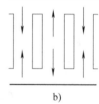
　　　　a)　　　　　　　　b)

图 2-18　零件间相互保持平衡
　　　　的残余应力
　　a）冷却时　b）冷却后

（3）由于型砂阻力而产生的残余应力　如图 2-19 所示，H 形零件的各部分同样冷却时，图中的 A 部分随着冷却而产生的收缩，就会受到铸型的束缚而产生残余拉应力。

铸型和型砂阻力对铸件残余应力的影响是复杂的，残余应力的大小与型砂的状态及高温时的强度等有关，一般与型砂强度近似成正比关系。

（4）铸件成分的影响　试验结果显示，铸件的成分及组织对铸件残余应力有一定的影响。碳含量比硅含量的影响更大。碳含量越多，石墨就越多，所产生的残余应力也就越小，而且铸造时对裂纹的发生也不敏感。

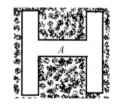

图 2-19　由于型砂阻力
而产生的残余应力

磷对残余应力的影响存在最大值，当磷含量为 0.6% ~ 0.8%（质量分数）时导致的残余应力最大。为了使铸件不产生开裂，对磷的影响也应予以充分的注意。

另外，由于铸件生产过程控制不严格，可能在铸件冷却过程中形成马氏体类组织转变，由此而产生的残余应力与淬火残余应力的分析相同。在进行失效分析时，铸件的这一残余应力严重时可导致铸件开裂，应引起足够的重视。

5. 涂镀层引起的残余应力

电镀时产生的残余应力，是指在基体金属上逐层电沉积上去的镀覆部分的残余应力。影响电镀层残余应力的因素有电镀层的特性、基体金属、电解液，以及电镀时的操作工艺。电镀层残余应力不仅影响镀层与基体的结合强度，降低耐蚀性，而且更主要的是影响零件的疲劳性能。电镀层的残余应力的测试比较困难。各种金属镀层的残余应力见表2-3。

表2-3　各种金属镀层的残余应力

金属	电镀溶液	残余应力/MPa
Cr	铬酸+硫酸,50℃	107
	铬酸+硫酸,65℃	255
	铬酸+硫酸,85℃	432
Ni	光亮镀镍用液纯净	107
	光亮镀镍用液+杂质	225
	光亮镀镍用液+糖精	19
Cu	酒石酸钾钠+氰化物	61
	酒石酸钾钠+氰化物+硫氰酸钾	−28
Co	硫酸盐	315~630
Zn	酸	−56~12
Zd	氰化物	−8
Pb	过氯酸盐	−31

钢铁材料在激光相变强化过程中，由于表层组织的变化和相对于材料内部的温差而产生的残余应力，其分布状态及其大小对材料的使用性能有很大的影响。残余拉应力加剧了材料内部的应力集中，促进裂纹的萌生或加速已存在裂纹的扩展，造成材料的早期破坏；而残余压应力松弛材料内部的应力集中，可以提高零件的疲劳性能。W18Cr4V 钢经 1500W、25mm/s 及 1000W、25mm/s 工艺条件处理后，激光强化层的残余应力沿层深方向的分布如图 2-20 所示。激光相变强化试样表面处于压应力状态，亚表层为拉应力，残余应力-层深曲线近似呈正弦函数分布，见图 2-20 中曲线 2，应力值随工艺参数的不同而改变。随激光功率的增加，试样表面熔化。这时强化层基本处于拉应力状态，也近似呈正弦函数分布，见图 2-20 中曲线 1。

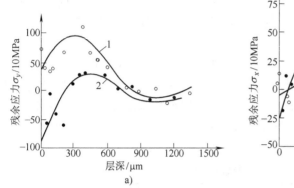
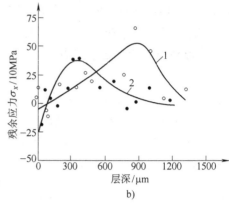

图 2-20 激光强化层的残余应力沿层深方向的分布

a）残余应力 σ_y-层深曲线　b）残余应力 σ_x-层深曲线

1—1500W、25mm/s　2—1000W、25mm/s

残余应力是热喷涂涂层固有的特性之一，其主要原因是涂层与基体有着较大的温度梯度和物理特性差异。由于残余应力对涂层的质量和使用性能有显著的影响，甚至会严重影响涂层的使用寿命，所以测试和评估热喷涂涂层的残余应力是非常重要和有价值的。但目前尚缺乏可靠的试验方法和标准，热喷涂涂层残余应力的测试和评估仍然是相当困难的。涂层的残余应力与喷涂方法、喷涂工艺、喷涂材料和喷涂涂层的厚度等因素有关，图 2-21 和图 2-22 所示为热喷涂涂层残余应力的实际测试结果。热喷涂工艺方法对涂层残余应力有着非常大的影响。对于同一材料的涂层，其残余拉应力随喷涂时颗粒温度的升高而增大，随颗粒飞行速度的增大而减小。然而颗粒温度对涂层的残余压应力影响不是很大，涂层的残余压应力主要取决于颗粒的飞行速度，颗粒的飞行速度越高，涂层的残余压应力越大。涂层的残余应力与其厚度呈线性关系，无论涂层残余应力是拉应力还是压应力，它都随着涂层

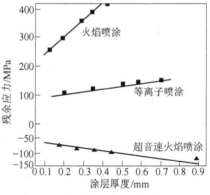

图 2-21　热喷涂工艺方法对 NiCrSi
涂层残余应力的影响

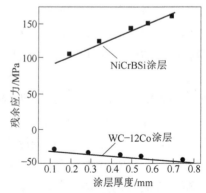

图 2-22　火焰喷涂涂层内残余
应力与涂层厚度的关系

厚度的增加而增加。

6. 切削加工残余应力

金属材料在进行切削（包括磨削）加工过程中，与工具相接触的部分附近要产生塑性变形。这种变形取决于加工方法和加工状态，是各种原因所造成变形的叠加，并要附加上材料和工具接触所产生的热影响。因此，在加工后的材料表面的薄层上，存在着相当大的残余应力。这些残余应力使零件尺寸稳定性下降，又影响其力学性能。当在外表产生残余拉应力时，零件的疲劳强度下降，而且在腐蚀环境中也处于不良状态。

切削加工残余应力与切削刀具、切削工艺参数、被切削材料及冷却条件有关。加工表面附近有较大的残余拉（压）应力，从表面往里逐渐减小，并趋于零。磨削时一般表面为残余拉应力，但对某些材料、某些工艺参数，可能为表面残余压应力。图 2-23 和图 2-24 所示分别为磨削和铣削加工时的残余应力分布情况。

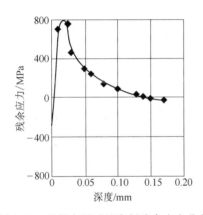

图 2-23 砂轮太硬时的磨削残余应力分布   图 2-24 铣削加工表面的残余应力分布

2.3.3 残余应力对零件失效的影响

残余应力对零件的影响是多方面的，这里只探讨与零件失效及其失效分析有关的因素。

1. 外加载荷时残余应力的变化和变形

如果对已存在残余应力的零件，再由外部施加载荷时，则由于作用应力与残余应力的交互作用而使整个零件的变形受到影响，并且随着载荷应力的去除，残余应力也要发生变化，这一过程最简单的例子如图 2-25 所示。在框架状零件的截面 a、b、c 上，存在着图 2-25a、b 所示的残余应力在其上施加拉力 P 时的变化情况。在此，中间的截面 a 上是残余拉应力。在铸造或焊接情况下，在工件之间有相互作用，或者是具有约束力时，都将呈现出这种状态的应力。

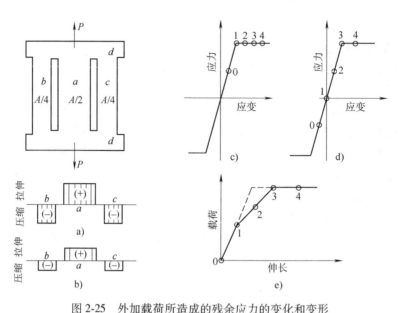

图 2-25　外加载荷所造成的残余应力的变化和变形
a）加载前的残余应力　b）加载后的残余应力　c）中央部分的应力-应变曲线
d）两侧部分的应力-应变曲线　e）整体部分的载荷-伸长曲线
注：A 为截面面积。

为此来研究一下施加拉力时各截面的变形。若把材料看成是理想弹塑性体时，则会表现出如图 2-25c、d 所示的应力与应变关系。图 2-25c 所示为截面 a 处的变形，图 2-25d 所示为截面 b、c 处的变形。所有的情况下，图中的点都表示载荷为零时的各自残余应力。图 2-25e 所示为在整体上其外部载荷与伸长之间的关系，1、2、3 点的状态将显示出如曲线 1—2—3 所示的变形行为。若从这样的状态去除载荷，残余应力就会减少乃至释放。

2. 残余应力对硬度的影响

硬度可分为压入硬度和回弹硬度。无论哪种硬度的测定值都在一定程度上受到残余应力的影响，从而使测得的硬度值有所变动。在压入硬度的情况，残余应力要影响到压入部分周围的塑性变形。理论分析和试验结果均表明，当有残余拉应力存在时，压头周围塑性变形开始较早，并使塑性变形区域变大，其结果是表现出硬度值下降，残余压应力的影响则较小，如图 2-26 所示。当残余应力是平面应力状态且 $\sigma_1 - \sigma_2 = 0$ 时，残余应力对硬度将没有影响。

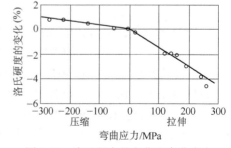

图 2-26　洛氏硬度的变化和弯曲应力

对于回弹硬度，残余应力要影响到回弹能量。当残余应力是拉应力时，这种效应更明显，其硬度的变化与残余应力的关系表现出与压入硬度相同的倾向。

按照上述结果，就可以在一定程度上用硬度试验来估计零件的残余应力。

3. 残余应力对疲劳强度的影响

对承受交变载荷的零件而言，残余应力对材料的疲劳强度的影响更为重要。一般情况下，当受到交变载荷的零件存在残余压应力时，其疲劳强度就会提高；而存在残余拉应力时，其疲劳强度就会下降。然而在实际上，残余应力对疲劳过程的影响是非常复杂的，它不仅影响零件疲劳强度的大小，而且影响零件疲劳发生后的断裂过程，同时，不同的残余应力对零件的疲劳断裂过程的影响是不一样的。这在失效分析工作中是值得特别注意的部分内容，具体问题将在本书第5章中详细论述。

4. 残余应力对脆性破坏和应力腐蚀开裂的影响

对低温脆性破坏和应力腐蚀开裂等突然性的失效形式，残余应力的作用是显著的。有大量的事例和分析表明，有许多类似失效的应力是由残余应力提供的或残余应力起到了至关重要的作用，详细的分析请参阅本书第4章和相关著作。

2.3.4　消除和调整残余应力的方法

消除和调整残余应力的方法主要有热作用法和机械作用法。根据不同的零件和残余应力产生的过程，正确选择消除和调整残余应力的方法，可有效地降低残余应力的危害作用。常用的方法主要有以下几种。

1. 去应力退火

去应力退火是消除焊接残余应力、铸造残余应力、机械加工残余应力最常用和最有效的方法之一。一般的去应力退火是把零件在较高的温度下保温一段时间，然后再进行缓冷的工艺方法。典型的去应力退火的温度和保温时间见表2-4。

表2-4　去应力退火的温度和保温时间

金　属　材　料　种　类	温度/℃	保温时间/h
灰铸铁	430~600	0.5~5
碳钢	600~680	1
Mo 钢[$w(C)<0.2\%$]	600~680	2
Mo 钢[$w(C)=0.2\%~0.35\%$]	680~760	2~3
Cr-Mo 钢[$w(Cr)=0.2\%,w(Mo)=0.5\%$]	720~750	2
Cr-Mo 钢[$w(Cr)=9\%,w(Mo)=1\%$]	750~780	3
Cr 不锈钢	780~800	2

(续)

金 属 材 料 种 类	温度/℃	保温时间/h
Cr-Ni 不锈钢(316)	820	2
Cr-Ni 不锈钢(310)	870	2
铜合金(Cu)	150	0.5
铜合金(80Cu-20Zn 或 70Cu-30Zn)	260	1
铜合金(60Cu-40Zn)	190	1
铜合金(64Cu-18Zn-18Ni)	250	1
镍和蒙乃尔合金[$w(Ni)=64\%\sim69\%$,$w(Cu)=26\%\sim32\%$,少量 Fe、Mn]	280~320	1~3

2. 回火或自然时效处理

回火是淬火后按照不同硬度要求进行的热处理工艺。在回火过程中，可有效消除淬火产生的残余应力。为了避免组织变化而又能使应力去除，在 100~200℃回火，也可消除相当大的一部分残余应力。随着回火温度提高，消除残余应力的效果显著提高。当回火温度达到 450℃ 及以上时，可以认为残余应力已完全消除。值得注意的是，有的合金钢试样在淬火后的表面为残余压应力，而经有相变的回火后反而变为残余拉应力。

对一些铸件一般可采用自然时效的方法消除残余应力，自然时效可降低残余应力 10%~30%。

3. 机械法（加静载或动载）

加静载可使有残余应力部位发生屈服，从而使残余应力松弛。加静载法包括反复弯曲法、旋转扭曲法、拉伸法等。加动载可消除残余应力。加动载法包括振动法、锤击法等。振动法主要用于铸件和焊接件；锤击法主要用于焊接件，在焊接过程中进行，可部分消除残余应力。

锤击处理很早就被引入焊接件残余应力的处理，以防止裂纹产生。锤击力、锤击的频次、锤击的温度范围等对不同材料的焊接结构残余应力的消除有较大影响。图 2-27 所示为白口铸铁焊补试件焊接后，不同锤击温度区间锤击时上表面残余应力的分布。不同温度下进行锤击对焊接接头残余应力有很大影响，在360~840℃区间进行锤击效果最好，增加锤击力可以提高残余应力的消除效果，使焊缝中心处产生较大的残余压应力。

振动时效是 20 世纪 70 年代发展起来的一种消除残余应力的方法。该方法具有能耗低、时间短、设备投资少、场地占用小、无环境污染等特点，在许多场合可以代替热时效，达到消除或部分消除焊接结构件等构件残余应力的目的，在欧美发达国家已得到广泛应用。振动时效是对零件施加交变应力，如果这种交变应力与零件某点的残余应力相叠加，达到材料的屈服强度，则该点将产生局部的塑性变形；如果这种应力能够使得材料中的某些点产生晶格滑移，即使应力远没有达到材料的屈服强度，这些点也会产生塑性变形。塑性变形往往发生在残余应力最大处，可使这些点的残余应力得以释放。对 S1-1250 压力机立柱大型焊接件的实测表明，对于大型焊接件，振动时效的处理效果与热时效是一致的，在合适的处理工艺条件下，残余应力主应力的最大绝对值下降了 40.96%，残余应力值域比振动前减小了 39.9%。

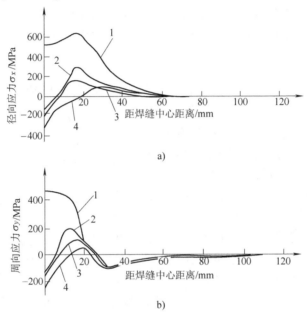

图 2-27 不同锤击温度区间锤击时上表面残余应力的分布

a）径向残余应力 b）周向残余应力

1—无锤击作用 2—600~1000℃ 3—300~650℃ 4—360~840℃

2.4 材料的韧性与断裂设计

2.4.1 低应力脆性断裂及材料的韧性

随着材料强度的提高和设备的大型化、复杂化，在工程实践中，出现了大量无法用传统的强度设计理论解释的低应力脆性断裂（简称脆断）的失效现象。从对各种脆断失效的分析中，人们找出了它们的一些共同点：

1）通常发生脆断时的宏观应力很低，按强度设计是安全的。

2）脆断通常发生在比较低的工作温度下。

3）脆断从应力集中处开始，裂纹源通常在结构或材料的缺陷处，如缺口、裂纹、夹杂物等。

4）厚截面、高应变速率促进脆断。

如前所述，在强度设计中已经考虑了应力集中现象，但是强度设计的安全判据不足以防止脆断的发生。这说明仅用强度、塑性、弹性这些性能指标不能反映材料抵抗脆断的能力，于是韧性便被提出作为材料的一个新的性能指标。从使脆性材料和韧性材料断裂所耗费的能量不同，人们归纳出韧性的定义：所谓韧性是材料从变形到断裂全过程中吸收能量的大小，是强度和塑性的综合表现。在图 2-28 所示的拉伸曲线上，可以用拉伸曲线下的面积来表示韧性 U_T，即

$$U_T = \int \sigma \, d\varepsilon \tag{2-8}$$

从图 2-28 可以看出，尽管球墨铸铁的抗拉强度高于低碳钢的抗拉强度，但其断裂时的塑性却远远低于低碳钢，二者综合的结果，低碳钢的韧性远大于球墨铸铁。

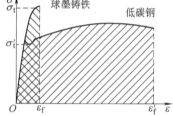

图 2-28　球墨铸铁和低碳钢拉伸曲线所表示的韧性

人们曾经试图用式（2-8）所表示的材料单位体积的断裂功作为材料的韧性指标，但由于测试和计算比较烦琐，因此在工程中使用得不多。Araki 等提出用简化的计算 $\sigma_t \times \varepsilon_f$ 的方式来描述材料的综合性能，这在材料性能对比分析中得到了应用，工程实践中可以作为参考。在材料测试和工程实践中应用比较广泛的是缺口冲击试验。为了统一和对比，人们对冲击试验的试样、冲击方法等规范化，形成了相关的标准文件。以前常用冲击试样的冲击吸收功 A_K(J) 或冲击韧度 a_K(J/cm^2) 作为材料的韧性指标。GB/T 229—2020，对金属夏比摆锤冲击试验采用的试样（见图 2-29）、摆锤及支座的尺寸，都做了严格的规定。若试样为 U 型缺口，则冲击吸收能量记为 KU；若采用 V 型缺口试样，则冲击吸收能量记为 KV。但由于规定了摆锤的刀刃半径，所以以往的 A_K 或 a_K(J/cm^2) 与 KU 或 KV 无可比性。

设计中材料的冲击吸收能量是一个参考数据，考核材料的韧性以及热加工过程对材料韧性的影响是很方便的，但不能直接作为设计中用于计算发生脆断的载荷。近年来，对冲击试验过程进行研究，用示波器记录了冲击过程的载荷-位移曲线，发现载荷-位移曲线下的积分面积计算值与实测的冲击吸收能量值符合得很好，这对进一步研究冲击试验数据在工程中的应用有较大的促进作用。

由于缺口试样冲击试验能比较准确地测定材料的韧性且简单易行，所以至今仍然广泛使用。

由于脆性断裂总是与零件使用温度有关，因此人们对温度对脆性断裂的影响

进行了研究。经研究发现，工程上常用的结构钢在一定的温度以下均会产生脆性断裂，即当试验温度低于某一温度 T_K 时，材料将转变为脆性状态，其冲击吸收能量明显下降，如图 2-30 所示。这种现象称为冷脆，温度 T_K 称为材料的韧脆转变温度，或称冷脆转变温度。用材料的韧脆转变温度 T_K 作为防止脆断发生的安全判据，设计时根据零件的工作温度来选取具有合适韧脆转变温度 T_K 的材料。

应当肯定，强度条件并辅之以塑性、冲击韧性和韧脆转变温度的设计方法，对于保证零件正常和可靠运行，确实能起重要作用。但是，对于各种具体工况条件下的零件，却无法计算所需的 A、Z、$KU(KV)$ 和 T_K 的值。往往会出现为保证零件安全而对上述指标要求过高的现象，使材料强度水平下降，造成材料浪费。中低强度材料的中小截面零件往往属于这种情况，而对高强度材料的零件及中低强度材料的重型和大型零件，这种方法并不能保证安全可靠。

为了在设计计算中能直接应用材料的韧性指标，人们一直在寻求能够反映脆性断裂发生和裂纹扩展的力学参量。20 世纪五六十年代，在 Griffith 断裂理论的基础上，用弹性力学研究裂纹体的断裂问题，发展成线弹性断裂力学，提出了应力场强度因子 K_I 的概念，并建立了如下关系：

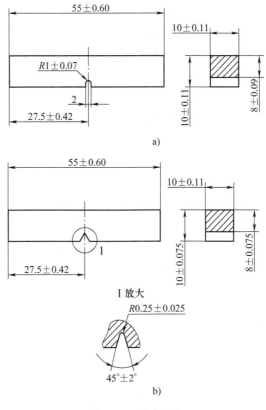

图 2-29　冲击试样

a）U 型缺口试样　b）V 型缺口试样

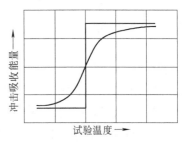

图 2-30　冲击吸收能量和试验温度的关系示意图

$$K_I = Y\sigma\sqrt{a} \tag{2-9}$$

式中　Y——裂纹体的几何因子函数，该函数是一个和裂纹形状、加载方式以及试样几何因素有关的量，是一个无量纲的系数，有中心穿透裂纹的无限宽板，$Y = \sqrt{\pi}$；

σ——名义应力；

a——裂纹长度的 1/2。

K_I 的单位是 $MPa \cdot m^{1/2}$，是个能量指标。当 K_I 达到某一临界值 K_{IC} 时，裂纹就失稳扩展而发生脆断。K_{IC} 与 R_{eL} 和 R_m 一样是材料常数，反映材料的性能，即断裂韧度。各种材料的断裂韧度 K_{IC} 值可以通过试验测定，由此便建立了定量的脆性断裂的安全判据：

$$K_I = Y\sigma\sqrt{a} \leqslant K_{IC} \tag{2-10}$$

从而可以根据材料的性能指标 K_{IC} 在设计中进行定量计算。

近几十年来，断裂力学得到了迅速发展。线弹性断裂力学已成功地应用于高强钢零件及大截面零件等的断裂设计和失效分析中。对于中低强材料，由于断裂过程中伴随较大的塑性变形，线弹性断裂力学的应用受到限制，因而又发展了弹塑性断裂力学，提出了临界 J 积分（J_C）及临界张开位移（COD）等韧性指标。

2.4.2 断裂韧度在失效分析中的应用

由式（2-10）建立的防止脆断的安全判据是结构断裂设计的依据。K_{IC} 是材料常数，对选定的材料可以根据允许存在的裂纹长度计算临界工作应力，也可由设计的工作应力计算允许的裂纹长度，或者由工作条件选择材料及确定合理的热处理工艺。在疲劳或应力腐蚀条件下，还可由裂纹生长的速度估算零部件的寿命。因此，像强度设计中的 R_{eL} 或 R_{eH} 一样，K_{IC} 是断裂设计的基本性能指标。

对于因脆断破坏的零件的失效分析中，应用断裂韧度可以指导分析失效原因及提出解决措施。

例 一厚板零件，使用 0.45C-Ni-Cr-Mo 钢制造。此钢的断裂韧度与强度的关系如图 2-31 所示。制造厂无损检测能检验的裂纹长度在 4mm 以上，设计工作应力 $\sigma_d = R_m/2$。讨论：

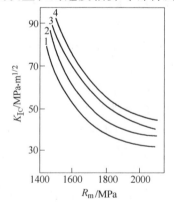

图 2-31 断裂韧度与强度的关系

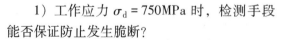
1—$w(S) = 0.049\%$ 2—$w(S) = 0.025\%$
3—$w(S) = 0.016\%$ 4—$w(S) = 0.008\%$

1）工作应力 $\sigma_d = 750MPa$ 时，检测手段能否保证防止发生脆断？

2）企图通过提高强度以减轻零件质量，若 R_m 提高到 1900MPa 是否合适？

3）如果 R_m 提高到 1900MPa，则零件的允许工作应力是多少？

解　设厚板内部有与 σ_d 垂直的半径为 a 的圆形裂纹，则 $K_I = \dfrac{2}{\pi}\sigma\sqrt{\pi a}$。

1）选用钢材 1$[w(S) = 0.049\%]$ 时，$R_m = 2\sigma_d = 1500\text{MPa}$，由图 2-31 得

$$K_{IC} \approx 66\text{MPa} \cdot \text{m}^{1/2} = \frac{2}{\pi}\sigma_d\sqrt{\pi a}$$

则可计算出裂纹临界长度：$2a \approx 12.1\text{mm} > 4\text{mm}$。即裂纹在达到临界尺寸前就可以检测出来，因此现有检测手段可以防止发生脆断。

2）仍选用钢材 1，通过热处理提高材料强度。

$R_m = 1900\text{MPa}$，相应 $K_{IC} \approx 34.5\text{MPa} \cdot \text{m}^{1/2}$，$\sigma_d = R_m/2 = 950\text{MPa}$，则裂纹临界长度：$2a = 2.1\text{mm} < 4\text{mm}$。即临界裂纹长度小于检测范围，因而不能保证不发生脆断。

若改用最优的钢材 4$[w(S) = 0.008\%]$，对应于 $R_m = 1900\text{MPa}$，其 $K_{IC} \approx 50\text{MPa} \cdot \text{m}^{1/2}$，则其裂纹临界长度 $2a$ 约为 $4.35\text{mm} > 4\text{mm}$，则可避免发生脆断。

3）在 $R_m = 1900\text{MPa}$ 时，对钢材 1，在临界裂纹 $2a = 4\text{mm}$ 时，其工作应力 $\sigma_d \leqslant 685\text{MPa}$；对钢材 4，在临界裂纹 $2a = 4\text{mm}$ 时，其工作应力 $\sigma_d \leqslant 990\text{MPa}$。

由上例的分析可知，不考虑韧性而片面提高材料强度是不行的，有时还适得其反，降低了零件的断裂抗力。同时也应该注意到检测手段对防止脆断的发生是很关键的。设计、选材时，必须考虑临界裂纹尺寸一定要大于检测设备探伤极限尺寸，否则，不能防止脆断发生。

其他有关的应用详见本章 2.5 的内容。

2.5　应力分析与失效分析

2.5.1　应力状态分析与强度理论

零件的应力状态分析和力的计算，是力学和机械设计学的主要研究内容，这里只对涉及零件失效的几个主要问题进行简要讨论，详细的理论分析和计算请参阅有关专著。

1. 材料的失效形式和应力状态

应用应力状态的概念，可以分析材料破坏的原因。

材料的失效形式大致可分为三种：

1）脆断：断裂前无宏观塑性变形，例如铸铁拉伸时，几乎没有塑性变形就被拉断。

2）切断：沿最大切应力方向发生的断裂，例如铸铁在压缩和硬铝在拉伸时，大约沿 45° 方向切断。

3）屈服：经过一定的塑性变形后才发生的断裂，例如低碳钢拉伸、扭转和压缩时，都有很大的塑性变形。

不同的材料在受力相同的情况下可能出现不同的失效形式，塑性材料一般会出现塑性变形，而脆性材料一般会出现脆性断裂。同一种材料在不同的受力状况下也会有不同的失效形式，这一点在失效分析中应引起足够重视。例如铸铁，在拉伸、扭转时都是脆断，但受压时却表现出一定的塑性。光滑试样与缺口试样的拉伸行为也各不相同。由此可见，材料的失效形式不是一成不变的，但这个变化是有条件的，即应力状态的变化或影响，另外还有温度、加载速率等也起作用。

一般来说，在受力零件的同一截面上，不同点的应力并不相同；而且在通过同一点的不同截面上，应力的大小和方向也随截面的方向不同而变化。在零件上的任一点的三个主应力中只有一个不为零，称为单向应力状态；两个或三个主应力不为零，则称为两向和三向应力状态。

图 2-32 所示为圆轴扭转时的应力状态及铸铁试样受扭时的断裂现象。圆轴在扭转时，在横截面的边缘处切应力最大，其数值为

$$\tau = \frac{M_n}{W_p} \tag{2-11}$$

式中　M_n——扭矩；

　　　　W_p——抗扭截面系数。

在圆轴的最外层，按图 2-32a 所示方式取出单元体 ABCD，单元体各面上的应力如图 2-32b 所示。在这种情况下，$\sigma_x = \sigma_y = 0$，$\tau_x = \tau$，这就是纯切应力状态。可求出纯切应力状态的主应力为

$$\left.\begin{array}{r}\sigma_1 \\ \sigma_3\end{array}\right\} = \frac{\sigma_x + \sigma_y}{2} \pm \sqrt{\left(\frac{\sigma_x - \sigma_y}{2}\right)^2 + \tau_x^2} = \pm \tau \tag{2-12}$$

在这里，$\sigma_2 = 0$。这是一个两向应力状态，两个主应力的方向（主平面）与圆轴的轴向呈 45°（见图 2-32b）。铸铁试样扭转时，表面各点的主平面（主应力）连成倾角为 45°的螺旋面。由于铸铁抗拉强度很低，试样将沿这一螺旋面因拉伸而发生断裂破坏，如图 2-32c 所示。脆性材料扭转时的断裂形式与此类似。

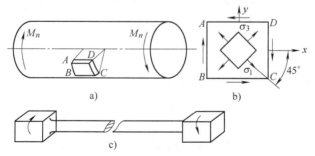

图 2-32　圆轴扭转时的应力状态及铸铁试样受扭时的断裂现象
a）单元体 ABCD 的位置　b）单元体 ABCD 的应力状态
c）铸铁试样受扭时的断裂现象

2. 强度理论

材料在不同的应力状态下表现出不同的失效形式，这与材料在对应状态下表现出来的抗力有关。在工程实际中，大多数受力零件的危险点都处于复杂应力状态下。显然，在复杂应力状态下，不能再仿照在简单应力状态下的试验方法来确定强度条件。对于在不同的应力状态下如何表示材料的抗力，人们提出了种种假说，推测材料在复杂受力状态下破坏的原因，这就是强度理论，常见的强度理论有五种，见表 2-5。

表 2-5　强度理论及其应用范围

名　称	基本假设	相当应力表达式	强度条件	应用范围
第一强度理论（最大拉应力理论）	最大拉应力 σ_{max} 是引起材料破坏的原因	$\sigma_{\mathrm{I}} = \sigma_1$	$\sigma_{\mathrm{I}} \leqslant [\sigma]$	极脆材料（淬火钢、铸铁、陶瓷等）。任何材料在三向拉应力状态
第二强度理论（最大拉应变理论）	最大拉应变 ε_{max} 是引起材料破坏的原因	$\sigma_{\mathrm{II}} = \sigma_1 - \gamma(\sigma_2 + \sigma_3)$	$\sigma_{\mathrm{II}} \leqslant [\sigma]$	压、扭联合作用下的脆性材料
第三强度理论（最大切应力理论）	最大切应力 τ_{max} 是引起材料破坏的原因	$\sigma_{\mathrm{III}} = \sigma_1 - \sigma_3$	$\sigma_{\mathrm{III}} \leqslant [\sigma]$	塑性材料（低碳钢、非淬硬中碳钢、退火球墨铸铁、铜、铝等）的单向或两向应力状态
第四强度理论（统计平均切应力理论）	最大切应力无疑是材料屈服的主要原因，但其他斜面上的切应力也有影响，所以应用统计平均切应力	$\sigma_{\mathrm{IV}} = \left\{ \dfrac{1}{2} \left[(\sigma_1 - \sigma_2)^2 + (\sigma_2 - \sigma_3)^2 + (\sigma_3 - \sigma_1)^2 \right] \right\}^{\frac{1}{2}}$	$\sigma_{\mathrm{IV}} \leqslant [\sigma]$	任何材料在两向或三向压应力状态
莫尔理论（修正后的第三强度理论）	在最大切应力的基础上，应加正应力的影响	$\sigma_M = \sigma_1 - \gamma\sigma_3$ 式中 $\gamma = \dfrac{抗拉强度}{抗压强度}$	$\sigma_M \leqslant [\sigma]$	拉压强度不等的脆性或低塑性材料在两向应力状态（两向压缩除外）的精确计算

有了这些理论，便可根据简单试验（如拉伸试验）所测得的材料抗力，分析计算其他复杂应力状态下材料的强度。例如：按强度理论可以建立纯切应力状态的强度条件，并可以由此确立塑性材料许用切应力 $[\tau]$ 与许用拉应力 $[\sigma]$ 之间的关系。

如前所述，纯切应力状态是一拉一压两向应力状态，且 $\sigma_1 = \tau$，$\sigma_2 = 0$，$\sigma_3 = -\tau$。对塑性材料应采用第三或第四强度理论。按第三强度理论得出的强度条件为

$$\sigma_1 - \sigma_3 = \tau - (-\tau) = 2\tau \leqslant [\sigma]$$

$$\tau \leqslant \frac{[\sigma]}{2} \qquad (2\text{-}13)$$

另一方面，剪切的强度条件为

$$\tau \leqslant [\tau] \qquad (2\text{-}14)$$

比较式（2-13）和式（2-14），可得

$$[\tau] = 0.5[\sigma] \qquad (2\text{-}15)$$

按第四强度理论可得

$$[\tau] \leqslant \frac{[\sigma]}{\sqrt{3}} = 0.577[\sigma] \qquad (2\text{-}16)$$

对于同一种材料，采用不同的强度理论进行分析，有时会得出不同的结果。例如：铸铁在两向拉伸一向压缩且压力较大的情况下，试验结果与按第二强度理论的计算结果相近；而按照这一理论，铸铁在两向拉伸时应比单向拉伸安全，这显然与试验结果不相符，在这种情况下用第一理论计算的结果就比较接近试验数据。因此，在进行实际分析时应按表2-5给出的各种强度理论的适用范围选用。

2.5.2 单向拉（压）应力

在生产实际中，受拉（压）应力的零件是多种多样的，如连杆、螺栓、钢丝绳等。

1. 评定单向应力的指标

（1）数学表达式 评定单向应力的数学表达式如下：

对于脆性材料

$$\sigma \leqslant [\sigma] = \frac{\sigma_0}{n} = \frac{R_m}{n_m} \qquad (2\text{-}17)$$

对于塑性材料

$$\sigma \leqslant [\sigma] = \frac{\sigma_0}{n} = \frac{R_{eL}}{n_e} \qquad (2\text{-}18)$$

式中 $[\sigma]$——许用应力；

σ_0——危险应力，对于脆性材料，$\sigma_0 = R_m$，对于塑性材料，$\sigma_0 = R_{eL}$；

n——强度储备系数，又称安全系数；

n_m——以抗拉强度为基础的安全系数；

n_e——以屈服强度为基础的安全系数。

（2）许用应力 所谓许用应力就是允许达到的应力。对机械零件最基本的要求就是具备足够的强度，为了保证零件在外力作用下，能够安全可靠地工作，应使它的工作应力低于材料的承受能力，使零件的强度留有必要的储备。因此，常把材料的强度指标除以大于1的系数n，作为设计时应力的最高限度，称为许

用应力，用 $[\sigma]$ 表示。

静载情况下，拉伸和压缩时常用材料的许用应力 $[\sigma]$ 见表2-6。

表2-6 拉伸和压缩时常用材料的许用应力 $[\sigma]$

材 料 名 称	许用应力[σ]/MPa	
	拉 伸	压 缩
灰铸铁	280~800	1200~1500
碳素结构钢（机器制造用）	600~2500	600~2500
合金结构钢（机器制造用）	1000~4000	1000~4000
铜	300~1200	300~1200
黄铜	700~1400	700~1400
青铜	600~1200	600~1200
铝	300~800	300~800
铝青铜	800~1200	800~1200
铝合金	800~1500	800~1500
胶木	300~400	300~400
松木（顺纹）	70~100	100~120
松木（横纹）	—	15~20
混凝土	1~7	10~90

（3）安全系数及影响安全系数的因素

1）安全系数是一个大于1的数值。工程上使用的安全系数有：①对于重型机械，$n = 3.5 \sim 4.0$；②对于一般机械（承受静载时），$n_e = 1.5 \sim 2.0$，$n_m = 2.0 \sim 5.0$；③对于万吨轮轴系，$n_e = 2.5 \sim 5.5$；④对于起重设备中的吊钩，$n = 5$。

2）影响安全系数的因素很多，主要有：①材料化学成分的波动及冶金缺陷；②加工制造过程中带来的损伤、热处理缺陷（如氧化、脱碳、组织不合格、残余应力等）；③使用过程中的负荷偏差（瞬时过载）。

因此，并不是说设计时取的安全系数越大，设备就越安全。材料的许用应力值一般是按照材料试验的平均性能或统计数据提供的。当材料或加工因素导致材料性能发生较大的波动时，其安全可靠性就发生变化，有些过载断裂失效就是由此引起的。因此，在分析断裂问题时，不能简单地校核安全系数或许用应力大小。

2. 提高材料强韧性的措施

为了充分发挥材料的潜力，提高材料的许用应力，使零件安全可靠地服役，其基本出发点是如何提高材料的强韧性，在生产实践中采取的主要措施有：

1）对于零件承受拉应力，并且在整个截面上的分布是均匀的情况，在选材和确定热处理工艺时，应当根据零件的截面大小，确保零件内部完全淬透。

2）对于零件承受弯曲、扭转或弯扭复合应力的情况，如一般的轴类零件、齿轮类零件，为了保证零件具有足够的硬度和强度，同时又具有高的韧性，在选材和热处理时应保证一定厚度的淬硬层，而保留心部较高的韧性，如一般轴类零件要求其淬硬层为轴半径的 $1/3 \sim 1/2$。

3）防止氧化、脱碳、过热、过烧等一切降低材料性能的缺陷发生。

3. 失效分析

此类零件的断裂应首先区分是韧性断裂还是脆性断裂。

（1）韧性断裂　对于韧性断裂，应分析以下方面：

1）首先按传统的强度理论进行强度校核，检查一下载荷是否估计不足，即安全系数是否太小或者未予以考虑。

2）分析材料的组织状态，检查硬度，检查是否有氧化脱碳、淬火裂纹，以及心部是否淬硬等。

3）如果上述问题不存在，应做化学成分分析。

（2）脆性断裂　除做上述考虑外，尚须进行断裂韧度检查，主要分析微观裂纹的存在对韧性的影响。

例　国产 45Si2Mn 高强度螺栓，在加工制造过程中，不可避免地存在着深为 $a = 0.5$mm，半宽 $c = 2.0$mm 的表面裂纹，其工作应力 $\sigma = 960$MPa。淬火并低温回火后材料的抗拉强度 $R_m = 2110$MPa，下屈服强度 $R_{eL} = 1920$MPa，断裂韧度 $K_{IC} = 39.50$MPa $\cdot$ m$^{1/2}$，在使用中发生脆断，试分析原因。

分析一　按传统强度理论校核如下：

$$n_m = \frac{R_m}{\sigma} = \frac{2110}{960} = 2.2, \quad n_e = \frac{R_{eL}}{\sigma} = \frac{1920}{960} = 2.0$$

应是安全的。

分析二　因为是高强度材料，还应进行断裂力学方面的校核。作为近似计算，该裂纹认为是一个张开型的表面裂纹，其应力强度因子按式（2-9）计算，在临界条件下，式（2-9）可写成

$$K_{IC} = Y\sigma_c \sqrt{\pi a} \tag{2-19}$$

式中　σ_c——垂直于裂纹所在平面的最大拉应力。

由式（2-19）可得

$$\sigma_c = \frac{K_{IC}}{Y\sqrt{\pi a}} \tag{2-20}$$

根据裂纹形状和应力状态，查有关手册后可得与此有关的裂纹形状因子数

据，将有关数据代入后得 $\sigma_c = 948.5\text{MPa}$。

由此可见，零件最大承载能力为 948.5MPa，低于实际的工作应力 960MPa，故发生断裂失效，又因其断裂时的应力小于材料的屈服强度，所以必然是脆性断裂。

若将淬火并低温回火处理改为调质处理（淬火并高温回火），则得 $R_m = 1540\text{MPa}$，$R_{eL} = 1440\text{MPa}$，$K_{IC} = 66.36\text{MPa} \cdot \text{m}^{1/2}$，其结果为

$$n_m = \frac{R_m}{\sigma} = \frac{1540}{960} = 1.6, \quad n_e = \frac{R_{eL}}{\sigma} = \frac{1440}{960} = 1.5$$

也是安全的。

同样，在有裂纹存在情况下，由断裂韧度求得 $\sigma_c = 1564.5\text{MPa} > \sigma$（工作应力，960MPa）。

上述情况表明，减小强度的安全系数，即降低材料的 R_{eL} 和 R_m 值，零件的安全性能反而提高了，这是传统的强度理论无法解释的。也就是说，在具有脆性断裂倾向的零件中，决定零件断裂与否的关键因素是材料的韧性，而不是传统的强度指标，片面地追求高强度和较大的强度安全系数，往往导致韧性的降低，反而容易促使宏观脆性的、危险的低应力断裂。因此，在强度设计、材料选择及制订热处理工艺时，应以韧性为主，并全面考虑材料的常规力学性能指标，使强度和韧性具有良好的配合，才能确保零件的安全使用。

在上述例子中，将原来的淬火并低温回火处理，改为调质处理（淬火并高温回火）后，允许的工作应力由原来的 948.5MPa 提高到 1564.5MPa，且这一指标大于材料的下屈服强度 $R_{eL} = 1440\text{MPa}$。这表明，该零件如果由于其他原因而发生断裂，也将是宏观塑性的，其危险性较小。

2.5.3　平面拉应力

受平面拉应力的典型零件是各式各样的薄壁压力容器。

1. 应力状态

设薄壁容器的内部压强为 p，壁厚为 t，内径为 d，在 $t \ll d$ 的情况下，轴向应力 σ_e 和切向应力 σ_t 分别为

$$\begin{cases} \sigma_e = \dfrac{pd}{4t} \\[2mm] \sigma_t = \dfrac{pd}{2t} \end{cases} \tag{2-21}$$

由此可见，$\sigma_t = 2\sigma_e$。

2. 制造时应注意的问题

根据薄壁容器应力状态的特点可知，薄壁容器易产生纵向裂纹。用钢板（热

轧态）制作这类容器时，要注意使钢板的轧制方向去承受较大的应力，因为轧制方向的性能比横向的性能好。

在拼焊压力容器时，则要特别注意沿轴向的焊缝质量，因为：

1）切向应力 $\sigma_t = 2\sigma_e$，并与轴向焊缝垂直。

2）焊缝处有热影响区，该处的强度通常比母材的强度低20%。

3）焊缝处存在由于截面变化引起的应力集中现象。

以上几种因素均易产生轴向裂纹。

3. 失效分析

失效的形式有两种：一是泄漏，二是爆炸。前者是韧性断裂，后者为脆性断裂。下面仅对防止脆性断裂事故的发生进行强度校核。

例 某厂生产的高压气瓶，内径 $d = 435$mm，壁厚 $t = 14.5$mm，额定工作压强 $p = 20$MPa，钢材的 $R_{eL} = 750$MPa，$K_{IC} = 126.4$MPa·m$^{1/2}$，气瓶常在纵向焊缝处出现 $a = 0.5$mm，$c = 1.5$mm 的表面裂纹。设计要求是，在使用中气瓶的裂纹即使扩展，也保证不会发生低应力断裂（爆炸），试问能否实现？

对于一些高压气瓶，为了避免发生低应力断裂而造成爆炸事故，在设计时，通常采用高安全设计来确定零件的尺寸。基本原理是：使容器的表面裂纹的临界尺寸 $a_c > t$，这样即使在使用中裂纹得以扩展，并且穿透壁厚，也不会发生脆性断裂。因为此时裂纹由最不利的平面应变状态（三向拉应力状态），转变为有利的平面应力状态，或混合状态，使材料的断裂韧度得以提高；另一方面，容器内压由于泄漏而降低，所以一般不会发生失稳扩展，因而得以止裂，危险性就不那么严重。再者，容器泄漏后易为人们所察觉，可及时采取措施，则可避免事故或减少损失。

断裂力学分析 纵向裂纹可简化为一个椭圆的片状表面裂纹，且为张开型，其临界应力强度因子按式（2-9）计算，临界应力 $\sigma_c = \sigma_t = \dfrac{pd}{2t} = 300$MPa。由裂纹的形状、应力状态可求得裂纹的临界尺寸为 $a_c = 0.057$m $= 57$mm。

因为 $a_c = 57$mm $> t = 14.5$mm，所以不会发生低应力断裂。

2.5.4 弯曲应力

工程上受弯曲应力作用的零件很多，如轴类零件及各种形式的梁等。

1. 应力状态

弯曲应力状态与拉伸状态不同的是，在弯曲状态下，截面上的正应力呈线性分布，最大应力都在零件的最外层。对于三点弯曲试件，中间截面下部受拉应力，上部受压应力，其最大拉应力为

$$\sigma = \frac{M}{W_y} \tag{2-22}$$

式中　M——最大弯矩（N·m），对于三点弯曲，$M = \frac{Pl}{4}$ [P 为试件所承受的最

大载荷（N），l 为试件标距长度（m）]，对于四点弯曲，$M = \frac{Pl}{2}$；

　　　W_y——抗弯截面系数（m³），与截面几何形状有关，各种形状抗弯截面系
数可由材料力学手册中查得，或按材料力学计算，对于直径为

d(m) 的圆形截面，$W_y = \frac{\pi d^3}{32}$。

2. 选材及热处理特点

由于受弯曲零件内部应力的分布是表面大，中间小，因此，对这类零件在选
材和制订热处理工艺时，应使零件从表层至 $3R/4$（R 为轴件半径）处的金属层
通过淬硬强化，以承受表面层较大的应力。

心部不必淬硬，因为此处应力小。要做到这一点，对于整体淬火零件在选材
时，要根据零件的直径来选择淬透性合适的钢材。此外，也可以采用表面淬火等
措施，只使表层硬化，心部仍保持一定的韧性。

由前述淬火残余应力分析可知，全淬透的零件表面受拉应力，心部受压应
力，而表层到 $3R/4$ 处淬硬而内部不淬硬的零件则相反，其表层受压应力，心部
受拉应力（这种情况和表面热处理的零件相似）。对于全淬硬的零件来说，在工
作时，就会出现弯曲应力和淬火应力的叠加。而且，通常材料的抗拉强度比抗压
强度要低。因此，全淬透零件的表面层出现拉应力，很容易在受拉表面出现裂
纹，有时全淬透零件淬火后未及时回火，或回火不充分即行开裂，就是这个原
因。由此可见，选择高淬透性的钢材制作这类零件，特别是在回火温度较低的情
况下，未必有利。

3. 失效分析

此类零件在使用中，除因硬度不足而发生磨损失效外（在轴颈处），主要有
断裂及轴向裂纹两种情况。

（1）断裂　一般为脆性断裂和疲劳断裂两种。起始裂纹一般在应力集中、
表面缺陷及次表层夹杂物处。

引起断裂的微裂纹多为横向裂纹，通常是由工作应力（弯曲应力）为主引
起的。正如上面所说，全淬透的零件，因为表层为拉应力，该应力与工作应力相
叠加，将促使断裂的产生。因此，防止这类失效，除减少应力集中，消除微观缺
陷外，重要的措施是防止零件完全淬透。

（2）轴向裂纹　轴向裂纹也是轴类零件常见的失效形式，此种裂纹除材质

不良外，主要是热处理不当引起的——淬透性过大引起表面拉应力，由于表面拉应力的分布在圆周方向大于轴向，且材料的横向性能低于纵向（轴向）性能，所以裂纹为轴向。防止此类失效，也应从热处理工艺方面解决，即控制零件的淬硬层深度，并及时进行回火。

2.5.5 扭转应力

在实际生产中，承受扭转应力的零件，主要有传动轴、弹簧、凸轮轴、机床丝杠等。

1. 应力状态

此类零件垂直轴线的截面上只有切应力的作用，其最外层的最大切应力为

$$\tau_{\max}=\frac{M_n}{W_p} \tag{2-23}$$

式中　M_n——扭矩（N·m），其值 $M_n = 9550\frac{P}{n}$［P 为功率（kW），n 为转速（r/min）］；

　　　W_p——抗扭截面系数（m³），对于直径为 $d(\mathrm{m})$ 的圆形截面，$W_p=\frac{\pi d^3}{16}$。

$\tau_{\max}$ 的方向与轴线呈 90°角（垂直轴线方向）。

最大正应力与轴线呈 45°角，并且在数值上与 $\tau_{\max}$ 相等，即 $\sigma_{\max}=\tau_{\max}=\frac{M_n}{W_p}$。

2. 选材与热处理

从上面的应力分析中可知，由于 $\sigma_{\max}=\tau_{\max}$，所以在选材和确定热处理工艺时，就要兼顾强度和韧性两个方面。

（1）选材　通常选用中碳钢或中碳合金钢。碳含量过高容易造成热处理后韧性不足，碳含量过低则易造成热处理后的强度不够，合金元素（淬透性的要求）应按零件尺寸的大小适当选用。

（2）热处理　淬火时不要淬透，并采用中温回火，以便获得回火屈氏体组织，该组织具有适合 $\sigma_{\max}=\tau_{\max}$ 的应力作用特点。

此类零件也可采用中碳钢的无缝钢管制造，如利用 45 钢无缝钢管制造汽车的传动轴等。

3. 失效分析

失效形式主要有韧性断裂、脆性断裂及扭转角过大（扭转残余变形过大）。

（1）韧性断裂　断口齐平并与轴线垂直。韧性断裂是零件的最大切应力超过材料的抗剪强度引起的，解决办法是降低回火温度。如果降低回火温度后使断裂形式由韧性断裂变为脆性断裂，则需更换为强度级别更高的材料，这说明设计

时材料的选用不当。

例 在汽车变速器的传动系统中，变速器的输入轴与发动机相连接，其转速为2100r/min，输出轴与传动轮相连，输入轴、输出轴间的传动比为2.81：1，传动轴的传递功率为50kW，材料的许用切应力 $[\tau_c]=60$MPa，该轴的直径为35mm，在使用中发生韧性断裂，试分析原因。

强度校核 根据题意，传动轴的转速 $n=(2100/2.81)\,r/min=747.3r/min$，传动轴的传递功率 $P=50$kW。

传动轴的扭矩 M_n：

$$M_n=9550\times\frac{50}{747.3}\text{N}\cdot\text{m}=638.967\text{N}\cdot\text{m}=638967\text{N}\cdot\text{mm}$$

传动轴的抗扭截面系数 W_p：

$$W_p=\frac{\pi d^3}{16}=\frac{\pi\times35^3\text{mm}^3}{16}=8414\text{mm}^3$$

代入式（2-23）得传动轴的最大切应力 $\tau_{\max}$：

$$\tau_{\max}=\frac{M_n}{W_p}=75.9\text{MPa}>[\tau_c]=60\text{MPa}$$

结论 设计选择材料不当。

（2）脆性断裂 断口与轴线呈45°螺旋状。脆性断裂是零件的最大正应力超过材料的正断强度引起的。解决办法是适当提高回火温度。若提高回火温度后，使轴的断裂形式转变为韧性断裂，则需要更换材料，这也是由于设计者选材不当造成的。当然，在分析正断失效时，还应当特别注意，该轴是否存在有宏观缺陷的问题，如有则应消除或减少之。

（3）扭转角过大 扭转角过大是由于轴件的刚度不够引起的。例如：内燃机的凸轮轴因扭转角过大，会影响进气门的启闭时间；车床的丝杠因扭转角过大，将影响机床的工作精度。

通常对于淬火并进行高、中温回火的轴类零件，由于其韧性、塑性一般较好，不必进行断裂韧度校核，除非材料搞错或出现工艺不当，如热处理引起的回火脆性现象才有可能发生脆性断裂，一般情况下，多为韧性断裂。但是对于像汽轮机机组中的大型转子轴，当发现其上有较大裂纹存在时，则必须进行断裂韧度方面的校核。

例 一台125MW的汽轮机组，转子轴的外径为464mm，中心孔径为70mm，无损检测发现距内孔表面82mm处，存在一个半径为6mm的圆片缺陷（大块非金属夹杂物）。转子用钢为CrMoV钢，其 $R_{eL}=672$MPa，$K_{IC}=1100$MPa·$m^{1/2}$，此处的工作应力 $\sigma=375$MPa。试问该转子轴是否有脆性断裂的危险（能否继续使用）？

分析 首先要看一看此处的问题适不适合用断裂力学方法来解决，即应计算

一下裂纹顶端塑性区的大小，若太大，则不能采用此法。塑性区的尺寸为

$$x_s = \frac{1}{\pi}\left(\frac{K_{IC}}{R_{eL}}\right)^2 = \frac{1}{\pi}\left(\frac{1100}{672}\right)^2 \text{mm} = 0.85\text{mm}$$

此问题满足于小范围屈服的条件，故可以用断裂力学的方法来进行轴的断裂韧度校核。

对于上述裂纹是否会发生失稳扩展，只要通过断裂准则，由 K_{IC} 和 σ 求出临界裂纹尺寸，使之与实际裂纹尺寸相比较，即可确定。

计算过程与上例相同。按照无限宽板中深埋椭圆形裂纹应力强度因子的计算公式和形状因子系数，可计算得临界条件下有

$$a_c = \frac{\pi}{4}\left(\frac{K_{IC}}{\sigma}\right)^2 = \frac{\pi}{4}\left(\frac{1100}{375}\right)^2 \text{mm} = 6.75\text{mm}$$

结论 实际裂纹半径尺寸 $a = 6\text{mm}$，而临界裂纹尺寸为 6.75mm，故此轴有脆性断裂的危险。

如果轴件在使用中发生韧性断裂或塑性变形过大，则应进行相应的强度和刚度校核，并检查材料及热处理方面是否有问题。

2.5.6 交变应力

所谓交变应力是指应力的大小或应力的方向随时间变化而做周期变化的应力。很多零件都是在交变应力状态下工作的。在交变应力作用下，金属材料发生损伤的现象称为疲劳。

1. 交变应力的类型及特点

工程上，承受交变应力作用的典型零件的应力循环特征见表2-7。

表 2-7 承受交变应力作用的典型零件的应力循环特征

零件名称	轴	齿轮齿根	轴承	连杆	螺栓
应力变化					
应力性质	对称循环	脉动循环	脉动循环	大压小拉	大拉小压
循环特征 $r=\frac{\sigma_{min}}{\sigma_{max}}$	$r=-1$	$r=0$	$r=-\varphi$	$-\varphi<r<-1$	$0<r<1$
应力状态	对称弯曲	脉动弯曲	脉动压缩	不对称	不对称

注：σ_{max} 为循环中的最大应力，σ_{min} 为循环中的最小应力。φ 表示一个脉动，其取值范围为 0~1。

2. 交变应力下材料的抗力指标及性质

（1）疲劳抗力 材料抵抗交变应力作用的能力称为疲劳抗力。

（2）疲劳抗力指标及性质

1）疲劳极限。应力循环变化无限次，材料不发生疲劳破坏的最大应力 σ_r 称为该材料的疲劳极限。

2）条件疲劳极限（疲劳强度）。对于铝合金等有色金属及在高温和腐蚀条件下工作的钢铁材料，无疲劳极限，其疲劳抗力指标常用条件疲劳极限表示。一般规定，承受大于 $5 \times 10^7 \sim 5 \times 10^8$ 次应力循环而不破坏的最大应力称该材料的条件疲劳极限（疲劳强度）。

3）疲劳破坏的持久值。在一定的应力水平下（$>\sigma_r$），破坏前的应力循环次数称为疲劳破坏的持久值。

4）裂纹扩展速率。疲劳裂纹扩展速率计算公式如下：

$$\frac{da}{dN} = C(\Delta K)^n \tag{2-24}$$

式中　C——与材料有关的常数；

　　　ΔK——应力强度因子范围（$\Delta K = K_{max} - K_{min}$）；

　　　n——与材料有关的指数，对于大多数金属材料 $n = 2 \sim 8$，对于常用的结构钢和铝合金 $n = 2 \sim 4$。

大量试验结果证实了式（2-24）所表达的指数关系：

对于大多数马氏体钢：

$$\frac{da}{dN} = 6.6 \times 10^{-9} (\Delta K)^{2.25}$$

对于铁素体-珠光体钢：

$$\frac{da}{dN} = 3.6 \times 10^{-10} (\Delta K)^3$$

对于铝合金：

$$\frac{da}{dN} = 2.07 \times 10^{-10} (\Delta K)^{3.9}$$

根据大量的试验结果，材料的疲劳极限与静强度之间有一定的关系，见表2-8。必须注意，对于同一种材料，在不同的应力状态下，其疲劳极限是不同的。

表2-8　疲劳极限与静强度

材　　料	变形形式	对称循环下疲劳极限	脉冲循环下疲劳极限
结构钢	弯曲	$\sigma_{-1} = 0.27(R_{eL} + R_m)$	$\sigma_0 = 1.33\sigma_{-1}$
	拉伸	$\sigma_{-11} = 0.23(R_{eL} + R_m)$	$\sigma_0 = 1.42\sigma_{-1}$
	扭转	$\sigma_{-1n} = 0.15(R_{eL} + R_m)$	$\sigma_0 = 1.50\sigma_{-1}$
铸铁	弯曲	$\sigma_{-1} = 0.45R_m$	$\sigma_0 = 1.33\sigma_{-1}$
	拉伸	$\sigma_{-11} = 0.40R_m$	$\sigma_0 = 1.42\sigma_{-1}$
	扭转	$\sigma_{-1n} = 0.36R_m$	$\sigma_0 = 1.35\sigma_{-1}$

(续)

材　料	变形形式	对称循环下疲劳极限	脉冲循环下疲劳极限
铝合金	弯曲拉伸	$\sigma_{-1} = \sigma_{-11} = 0.167R_m + 75\text{MPa}$	$\sigma_0 = \sigma_{-01} = 1.50\sigma_{-11}$
黄铜	弯曲	$\sigma_{-1} = 0.21R_m$	

当钢的抗拉强度高于 1250MPa 左右时，其疲劳极限就不会再随抗拉强度提高而不断提高，即使有所提高，也是微不足道的。这是因为在这些钢的表面上或表面下的夹杂物处产生了裂纹。有许多疲劳断裂的事例可以说明这个问题。图 2-33 所示为轴承疲劳试验中夹杂物的数量与疲劳寿命的关系。更多的试验和分析结果表明，夹杂物的数量、类型对高强钢疲劳寿命的影响是非常显著的，这在失效分析中必须切实注意。

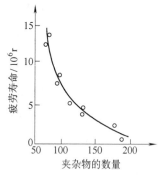

图 2-33　夹杂物的数量与疲劳寿命的关系

3. 交变应力下的安全系数

交变应力下的安全系数取值比较复杂，因为它受许多因素的影响，即疲劳极限是对多种因素都很敏感的性能指标。

（1）应力集中和应变集中的影响　在疲劳极限的计算中，对于应力集中的影响，常用有效应力集中系数 K_f 来表示［见式（2-5）］，即

$$K_f = \frac{\text{光滑试件的疲劳极限}}{\text{缺口试件的疲劳极限}} = \frac{\sigma_{-1}}{\sigma_{-1N}}$$

通常　　　　　　　　　　$K_f > 1$，$\sigma_{-1N} = \dfrac{\sigma_{-1}}{K_f} < \sigma_{-1}$

零件在受载过程中，一般是大部分材料仍保持弹性变形，只有缺口处的部分材料为塑性变形。卸载后，整个零件接近恢复原状。缺口（孔）附近的材料由于加载时进入塑性状态，所以产生不可逆的拉伸残余变形。但是，在整个零件的弹性力的作用下，迫使这个局部塑性区复原，从而使孔边材料从卸载初期尚有少量的残余拉应变，随着卸载过程的继续逐步过渡进入压缩状态。当整体的弹性恢复力达到一定值时，会使压缩变形进入屈服阶段，其结果使孔附近的局部应力集中区产生了接近于对称的拉压应变循环，由此产生了低周疲劳现象。因此，低周疲劳在缺口处主要是应变集中，而高周疲劳在缺口处主要是应力集中。

（2）尺寸的影响　一般当尺寸增大时，疲劳极限降低。尺寸的影响可用尺寸系数 ε 来表示。

$$\varepsilon = \frac{\sigma_{-1d}}{\sigma_{-1d_0}} < 1 \tag{2-25}$$

式中　σ_{-1d}——直径为 d 时的疲劳极限；

　　　σ_{-1d_0}——直径为 d_0 时标准试样的疲劳极限，一般 $d_0 = 6 \sim 10\text{mm}$。

图 2-34 所示为锻钢的尺寸系数曲线。对于低合金结构钢，建议用碳素钢的曲线；对于尺寸不大的中低强度钢锻件和轧件，其尺寸系数可以乘以修正系数 1.2。

（3）表面加工状态的影响　表面状态对疲劳极限的影响可用表面加工系数 β_1 来表示。

$$\beta_1 = \frac{\sigma_{-1\beta}}{\sigma_{-1}} \tag{2-26}$$

式中　σ_{-1}——磨光试样的疲劳极限；

　　　$\sigma_{-1\beta}$——同一材料在不同表面加工状态下的疲劳极限。

图 2-35 为钢件的表面加工系数曲线。

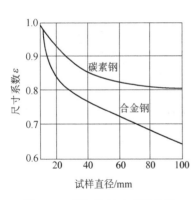

图 2-34　锻钢的尺寸系数曲线

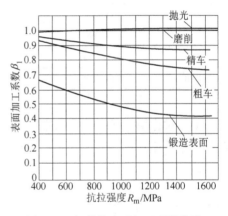

图 2-35　钢件的表面加工系数曲线

（4）表面腐蚀的影响　腐蚀环境对材料疲劳极限的影响，可用腐蚀系数 β_2 来表示。

$$\beta_2 = \frac{\sigma_{-1c}}{\sigma_{-1}} < 1 \tag{2-27}$$

式中　σ_{-1}——空气中光滑试样的疲劳极限；

　　　σ_{-1c}——腐蚀环境中材料的疲劳极限。

（5）表面强化的影响　一般来说，材料强化能提高材料的疲劳极限，特别是存在应力集中时，效果更显著。表面强化对材料疲劳极限的影响可用表面强化

系数 β_3 来表示。

$$\beta_3 = \frac{\sigma_{-1j}}{\sigma_{-1}} > 1 \qquad (2\text{-}28)$$

式中　σ_{-1}——未经表面强化处理试样的疲劳极限；

　　　σ_{-1j}——经过表面强化处理试样的疲劳极限。

各种强化工艺的表面强化系数 β_3 见表 2-9。

表 2-9　各种强化工艺的表面强化系数 β_3

强化方法	心部抗拉强度 R_m/MPa	钢试样的表面强化系数 β_3		
		光滑试样	有应力集中试样	
			$K_f \leqslant 1.5$	$K_f \geqslant 2.0$
高频感应淬火	600~900	1.3~1.5	1.4~1.5	1.8~2.2
	800~1000	1.2~1.4	1.5~2.0	—
渗氮	900~1200	1.1~1.3	1.5~1.7	1.7~2.1
	400~600	1.8~2.0	3	—
渗碳	700~800	1.4~1.5	—	—
	1000~1200	1.2~1.3	2	—
辊压	600~1500	1.1~1.4	1.4~1.6	1.6~2.0
喷丸	600~1500	1.1~1.4	1.1~1.4	1.6~2.0

（6）对称循环下的安全系数　考虑了上述各种因素后，材料的疲劳极限有效值 σ_{-1e} 可表示为

$$\sigma_{-1e} = \frac{\varepsilon\beta}{K_f} \times \sigma_{-1} \qquad (2\text{-}29)$$

式中　ε——尺寸系数；

　　　K_f——应力集中系数；

　　　β——表面系数（β_1、β_2 或 β_3），在计算时应根据具体情况选取相应的 β 值，一般不必将各 β 值相乘；

　　　σ_{-1}——对称循环条件下的疲劳极限。

当零件的工作应力振幅为 σ_α 时，对称循环的安全系数 n 为

$$n = \frac{\sigma_{-1e}}{\sigma_\alpha} \qquad (2\text{-}30)$$

失效分析时，要考虑到上述诸因素对疲劳极限的影响，有时上述某个因素即构成疲劳断裂失效的直接原因。总之，应力集中、尺寸效应、表面状态、腐蚀条件及加工硬化状态等因素对交变应力状态下零件疲劳性能的影响，较之其他状态

下，对零件有关性能的影响要大得多。

2.5.7　接触应力

齿轮与轴承等零件在工作中，均承受着较大的接触应力。如果材料的强度不足，则会在接触处发生接触疲劳破坏。为了对接触疲劳破坏的原因进行分析并提出预防措施，对接触区附近的应力场及其特点应掌握以下几点。

1. 接触面间的赫兹应力

两物体接触表面附近的应力场理论是根据赫兹（Hertz）的弹性理论提出的。该理论认为，接触表面的接触应力按椭圆规律分布，其中心达最大值。两平行圆柱体相互接触时的应力分布如图 2-36 所示。

如图 2-36 所示，半径分别为 R_1 和 R_2 的两个平行圆柱体相接触时，当其上受到法向力 P_N 的作用后，由于弹性变形，在接触处将发生宽度为 $2b$ 的接触带（或变形带）。接触带的半宽度 b 的计算式为

$$b = 1.52\sqrt{\frac{P_N R}{LE}} \qquad (2\text{-}31)$$

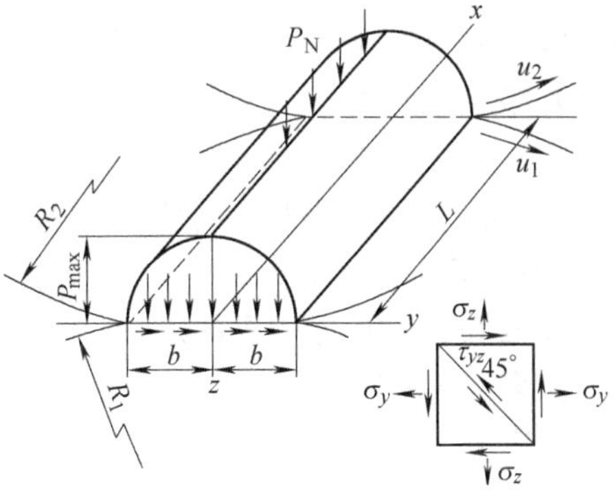

图 2-36　两平行圆柱体相互
接触时的应力分布

式中　　P_N——接触带长度上的法向力；

$\quad\quad R$——两个圆柱体的当量曲率半径；

$\quad\quad E$——当量弹性模量；

$\quad\quad L$——圆柱体的长度。

接触压应力在 $2b$ 上的分布为半椭圆形，最大接触应力在接触面的中心，称为赫兹应力，用 σ_j 表示，其值为

$$\sigma_j = 0.418\sqrt{\frac{P_N E}{LR}} \qquad (2\text{-}32)$$

2. 沿圆柱体接触面的对称平面（$y = 0$）**上各点的应力分量**（σ_{xn}、σ_{yn} 和 σ_{zn}）

$$\sigma_{xn} = \frac{4P_N \mu}{\pi b^2}(\sqrt{b^2 + z^2} - z) = \frac{2\mu\sigma_j}{b}(\sqrt{b^2 + z^2} - z) \qquad (2\text{-}33)$$

$$\sigma_{yn} = \frac{2P_N(\sqrt{z^2 + b^2} - z)^2}{\pi b\sqrt{z^2 + b^2}} = -\sigma_j\frac{(\sqrt{z^2 + b^2} - z)^2}{b\sqrt{z^2 + b^2}} \qquad (2\text{-}34)$$

$$\sigma_{zn} = \frac{2P_N}{\pi} \times \frac{1}{\sqrt{z^2 + b^2}} = -\sigma_j\frac{b}{\sqrt{z^2 + b^2}} \qquad (2\text{-}35)$$

式中 μ ——泊松比，对于钢，$\mu = 0.25 \sim 0.33$，对于渗碳层，$\mu \approx 0.28$；

   z ——距接触面的深度。

由此可知，随 z 值的加大，各应力分量均降低。

3. 最大切应力

最大切应力 $\tau_{yzmax}^{45°}$ 的数值计算式为

$$\tau_{yzmax}^{45°} = \frac{\sigma_{yn} - \sigma_{xn}}{2} = 0.30\sigma_j \tag{2-36}$$

所在位置为

$$z_{yz}^{45°} = 0.786b \tag{2-37}$$

即切应力在 $z = 0.786b$ 处达最大值。

4. 交变切应力

实际运转的轴承或齿轮，其接触点是不断变化的，因此，对零件上某一固定点而言，各应力分量也是周期变化的。在只考虑法向力的情况下，交变切应力 τ_{yzn} 的最大值在 $z_0 = 0.5b$ 处，其值 $\tau_{yznmax} = 0.25\sigma_j$。

5. 摩擦力对接触应力的影响

大多数的滚动元件是在滚动兼有滑动的条件下进行工作的。由于塑性变形引起附加应力，完全纯滚动的情况是极少见的，因此，在接触面间，除了接触应力外，尚存在摩擦力的作用，表面摩擦力对接触区的应力场将产生影响。表面粗糙度值较大时，将使最大综合切应力移向表面。当摩擦因数为 1/3 时，最大主应力分量将增加 39%，最大切应力分量将增加 43%，最大交变应力分量将增加 36%；最大切应力所在位置，由距表面 0.786b 处，移至表面，并向 y 方向偏离 0.3b。

试验分析表明，当摩擦因数大于 1/9 时，最大切应力已移至表面。对微合金化细片状珠光体钢轨钢 PD3 钢研究表明，光滑表面的试样的裂纹萌生位置与 $\tau_{yzmax}^{45°}$ 和 τ_{0max} 所在的位置基本相符；表面粗糙度值较大时，裂纹在表面萌生。

裂纹萌生位置越深，扩展倾角越小，裂纹从亚表面扩展到表面所要经历的路径就越长，在相同的扩展速率下，产生剥落所需的循环次数就越多，接触疲劳寿命则越高。

在分析接触疲劳裂纹的萌生位置时，应力场的这一变化应当注意。

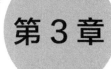

第 3 章

失效分析基本方法

3.1　失效分析的思路及方法

3.1.1　失效分析的原则

在对具体的失效问题进行分析时，除要求失效分析工作者具有必要的专业知识外，掌握正确的思想方法也是十分重要的。失效分析的理论、技术和方法的核心是其思维学、推理法则和方法论。许多失效分析专家对此进行了深入的研究，总结了一些在工作中应该遵循的基本原则和方法。在实际工作中，应遵守并能正确运用以下基本原则。

1. 整体观念原则

失效分析工作者在分析失效问题时，始终要树立整体观念。因为一套设备在运转中某个部件失效引起停车，往往有这样一些联系：它与相邻的其他部件有关；它与周围环境的条件或状态有关；它与操作人员的使用情况以及管理与维护有关。因此，一旦失效就要把设备—环境—人（管理）当作一个整体（系统）来考虑。尽可能地设想设备能出哪些问题，环境能造成哪些问题，人为因素能造成哪些问题，然后根据调查资料及检验结果，采用排除法把不成为问题的问题逐个审查排除。如果孤立地对待失效部件，或局限于某一个小环境，往往使问题得不到解决。

对于大型零件失效的分析必须遵从整体观念的原则，即使对于不大的、个体的零件失效，也应遵循这一原则。实际上，任何一个失效分析活动都是一次系统工程的实践。例如：某工厂生产的继电器，春天存放在仓库里，到秋天就发现大批继电器的弹簧片发生沿晶界断裂，经失效分析判定是氨引起的应力腐蚀开裂。但仓库里从来没有存放过能释放氨气的化学物质，因此，分析结论中的腐蚀介质还得不到证实。问题就出在把系统局限于仓库这个小环境。后来查明，在仓库大门南面附近的田野里有一个大鸡粪堆，是鸡粪放出的氨气经春、夏的南风送进仓库，提供了应力腐蚀必要的介质，引起了损坏。由此可见，如果不和更广的环境联系起来，就得不到正确的结论。

2. 从现象到本质的原则

从现象分析问题导入，进而找到产生现象的原因，即失效的本质问题，才能解决失效问题。例如：分析一个断裂件，它承受的是交变载荷，并且在断口上发现有清晰的贝壳花样，很容易得出疲劳断裂的结论。但是，这仅仅是一个现象的论断，而不是失效本质的结论。一个零件失效的表象是由其内在的本质因素决定的。对于一个疲劳断裂的零件，仅仅判断它是疲劳失效是不够的，而更难、也更关键的问题，是要确定为什么会发生疲劳断裂。导致疲劳失效的原因很多，常见的不下 40 个。因此，在失效分析中，不应只满足于找到断裂或其他失效机制，更重要的是要找到导致断裂或失效的原因，才有助于问题解决。

3. 动态原则

所谓动态原则，是指机械产品对周围的环境、条件或位置，总在那里做相对运动。产品在服役中是如此，就是存放在仓库里也是如此。一个部件的受力条件，环境的温度、湿度和介质等外部条件的变化，产品本身的某些元素随时间发生的偏聚及亚稳组织状态的转变等内在变化，甚至操作人员的变化，都应包括在这一原则中。在失效分析时，应将这些变化条件考虑进去。例如：某电厂一电调油管运行使用两年，发现有油渗漏现象。油管材料为 07Cr19Ni11Ti，规格为 $\phi 32mm \times 3.5mm$，管内油压力为 13.7MPa。经分析，电调油管发生了应力腐蚀开裂，在裂纹内检测到 Cl^-。对电调油管使用环境和外包覆保温材料进行分析和检验，没有找到的 Cl^- 来源。后经过对电调油管制造运输和安装过程的调查分析，确认电调油管在运输过程中有与 Cl^- 接触的机会，当表面黏附微量 Cl^- 后，在以后的高温过程中会发生 Cl^- 的凝聚，使局部区域的含量急剧升高，从而增加不锈钢应力腐蚀开裂的可能性。

4. 一分为二原则（两分法原则）

这个认识论的原则用于失效分析时，常指对进口产品、名牌产品等不要盲目地以为没有缺点。大量的事实表明，我国引进的设备不少失效是由于设计、用材、制造工艺不当或漏检引起的。例如：对某进口离心机叶片的断裂分析中，开始时有几家单位认为是使用问题，有的人认为这样的设备对于制造方而言是不会出现加工缺陷的；而经过深入分析，确定该失效是焊接缺陷引起的失效。

5. 纵横交汇原则（立体性原则）

既然客观事物总是在不同的时空范围内变化，那么同一设备在不同的服役阶段、不同环境，就具有不同性质或特点。所有机电设备的失效率与时间的关系都服从"浴盆曲线"，但这是从设备本身来看的特点；另外，同一温度、介质或外界强迫振动，在服役不同阶段的介入所起的作用也是不同的。这就使产品的失效问题变得更加复杂化。例如：同一产品在不同的工况条件下可能产生不同的失效模式。不同工况条件下产生的同一失效模式，又可能是由不同的因素引起的。即使是同一零件，在相同的工况条件下，在零件的不同部位也会产生不同的失效模式，典型的如在腐蚀性环境中服役的奥氏体不锈钢结构件，会同时产生点蚀、应力腐蚀或者腐蚀疲劳失效等。

6. 其他方面

除上述基本原则外，在分析方法上还应当注意以下几方面：

1）尽可能采用比较方法。选择一个没有失效的而且整个系统能与失效系统一一对比的系统，将其与失效系统进行比较，从中找出差异。这样将有利于尽快地找出失效的原因。

2）历史方法。历史方法的客观依据，是物质世界的运动变化和因果制约性，也就是根据设备在同样的服役条件下过去表现的情况和变化规律，来推断现在失效的可能原因。这主要依赖过去失效资料的积累，运用归纳法和演绎法来分析失效原因。

3）逻辑方法。就是根据背景资料（设计、材料、制造的情况等）和失效现场调查材料，以及分析、测试获得的信息，进行分析、比较、综合、归纳，做出判断和推论，进而得出可能的失效原因。

另外，在实际分析中，还要注意抓关键问题。在众多的影响因素和失效模式中，要抓住导致零件失效的关键因素。一个零件的失效，表观上可能有多种表象，一定要排除次要因素。并不是说这些因素不能导致零件失效，但针对一个具体零件的具体失效，这些因素可能不是关键。但同时要注意，关键问题解决了，原来不是关键的问题变成了关键问题，这就要遵循动态原则，提出防止失效的措施。

上述基本原则和方法的掌握与运用的水平，决定着失效分析的速度和结论正确的程度。掌握这些原则和方法，可以防止失效分析人员在认识上的主观片面性和技术运用上的局限性。

在判断和推论上应实事求是，不能做无事实根据的推论。

3.1.2　相关性分析的思路及方法

所谓相关性分析思路，是从失效现象寻找失效原因或"顺藤摸瓜"的分析思路，一般用于具体零部件及不太复杂的设备系统的失效分析中。常用的有以下几种具体的分析方法。

1. 按照失效件制造的全过程及使用条件的分析方法

一个具体零部件发生失效，比如一个轴件在使用中发生断裂，为了分析断裂原因通常依次进行如下的分析工作。

（1）审查设计　如对使用条件估计不足进行的设计，标准选用不当，设计判据不足，高应力区有缺口，截面变化太陡，缺口或倒角半径过小，以及表面加工质量要求过低等，均可能是致断因素。

（2）材料分析　如材料选用不正确，热处理工艺不合理，材料成分不合格，夹杂物超标，显微组织不符合要求，材料各向异性严重，冶金缺陷等，均可能是致断因素。

（3）加工制造缺陷分析　如铸、锻、焊、热处理缺陷，冷加工缺陷，酸洗、电镀缺陷，碰伤，工序间锈蚀严重，装配不当，异物混入及漏检等，均可能是致断因素。

（4）使用及维护情况分析　如超载、超温、超速、启动与停车频繁或过于突然，润滑制度不正确，润滑剂不合格，冷却介质中混有硬质点，未按时维修保养，意外灾害预防措施不完善等，均可能是致断因素。

2. 根据产品的失效形式及失效模式的分析方法

这也是较为常用的分析方法。一个具体的零件失效后，其表现形式一般不外乎是过量变形、表面损伤和断裂三种。根据其表现形式进一步分析失效模式，然后分析导致这种失效模式的内部因素和外部因素，最后找出失效的原因，这是本书的重点，请参见以后的各章节。

3. "五M"分析方法

所谓"五M"分析方法，是指将 Man（人）、Material（材料）、Machine（机器设备）、Media（环境介质）和 Management（管理）作为一个统一的系统进行分析的方法。对于一个比较复杂的系统常采用此种方法。依此分别进行如下四方面的分析工作。

（1）操作人员情况的分析　主要指的是分析操作人员是否存在工作态度不好、责任心不强、玩忽职守、主观臆断和违章作业等不安全行为，以及缺乏经验、反应迟钝和技术低劣等局限性。

（2）材料与设备情况的分析　主要指的是分析材料的选择，设备结构设计、加工制造水平及安装、运输保护措施等。

（3）环境情况的分析　主要指的是分析产品在使用状态下所处的环境条件，如载荷状态、大小、方向的变化，温度，湿度，尘埃，是否存在腐蚀介质等。

（4）管理情况的分析　主要指的是分析管理情况是否存在缺乏适当的作业程序，保护措施不健全，辅助工作太差，使用的工具与设施不当，没有按规定的作业程序操作，缺乏严格的维修保养制度等。

"五M"分析方法又称撒大网式的逐个因素分析法。该方法分析的思路较宽，不易丢失可能的因素，但工作量较大。在国外，一些重要失效事故的分析和军事部门应用该方法较多，在一般实际应用时应有所侧重。随着计算机技术的发展，尤其是大数据的运用、图像识别及其学习，复杂条件下多因素多条件的综合分析运用得到极大重视。

3.1.3　系统工程的分析思路及方法

对于一个复杂的设备系统，其失效因素除众多的物的因素外，通常还可能包括人的许多因素及软件方面的因素（如计算机程序错误等）。对于这类失效问题，如果仅限于相关性思路的分析方法，利用物理检测技术是无法解决问题的，而必须采用系统工程的分析思路及相应的分析方法。

系统工程（system engineering）是一门综合技术，它综合运用多种现代科学技术，并与各领域的具体问题相结合，进而应用于各个领域。

失效系统工程是把复杂的设备或系统和人的因素当作一个统一体，运用数学方法和计算机等现代化工具，来研究设备或系统失效的原因与结果之间的逻辑联系，并计算出设备或系统失效与部件之间的定量关系。

1. 失效系统工程分析法的类型

失效系统工程分析法主要有以下几种类型：

1）故障树分析法（简称 FTA 法）。

2）特征-因素图分析法。

3）事件时序树分析法（简称 ETA 法）。

4）故障率预测法。

5）失效模式及后果分析法（简称 FMEA 法）。

6）模糊数学分析法。

7）层次分析法（AHP）。

鉴于本书的目的及篇幅所限，这里仅简单介绍故障树分析法和模糊数学在故障树分析法中的应用。

2. 故障树分析法

（1）基本概念　故障树分析法是美国贝尔电话实验室的 H. A. Waston 于 1961 年首先提出来的。故障树分析的概念来自数学图论中树的概率和计算机算法符号。在分析中把分析的设备叫作系统，把组成该设备的零件叫作组元。零件的工作状态用一些参数（压力、温度、流量）来描述。每种零件都处于两种状态（完好与失效）中的一种。因此，设备也处于两种状态中的一种：正常或失效。所谓故障树分析就是分析各种事件（系统组元的状态变化）之间的逻辑关系，分清正常事件和异常事件（失效事件），再找出失效原因。

故障树分析法的特点是：它可以查明与失效事件有关的所有原因；作为一种手段，利用树形图可把分析过程和结果表示出来，并可以很方便地计算出系统失效的概率。因此，故障树分析法是对一个复杂的设备系统进行失效分析的重要工具。

（2）工作程序　采用故障树分析法时，通常按照以下的程序进行。

1）确定不希望发生的事件（上端事件）。

2）对设备的设计、制造、维修、使用等技术资料进行分析。

3）采用手工或计算机合成故障树。

4）求出能使上端事件发生的必要且充分的最小数目基本事件的集合。

5）收集计算时必需的故障率数据。

6）计算上端事件发生的概率。

7）对基本事件的重要度做评价。

8）分析计算结果，提出改进措施。

（3）所用符号　故障树是一种逻辑图，是根据一定的逻辑方式把一些特殊符号连接起来的树形图。通常在故障树中出现的符号大体上可分为逻辑门符号、事件符号和其他符号三类，见表3-1。

表 3-1　故障树常用符号

类　型		符　号	含　义
逻辑门符号	"与"门符号		表示只有当所有输入事件同时发生时，输出事件才能发生
	"或"门符号		表示在所有输入事件中，只要有一个发生，输出事件就能发生
	"异-或"门符号		该门有两个输入事件。只有当这两个输入事件的状态不相同（一个发生，另一个不发生）时，输出事件才能发生；反之，当两个输入事件的状态相同时（同时发生或同时不发生），输出事件不发生
	制约逻辑门符号		除输入事件之外，如还能满足制约条件时，则输出事件发生
事件符号	上端事件符号		表示不希望出现的或待分析的故障结果事件。双长方形表示它位于故障树的最上端

（续）

类　型		符　号	含　义
事件符号	中间事件符号		中间事件是各种原因事件之一，它位于上端事件与基本事件之间。它是上端事件输入的事件，又是其他中间事件或基本事件的输出事件。中间事件是可展开的事件
	基本（底）事件符号		表示故障（事故）的基本原因之一，不能进一步展开。用圆表示
	未展开事件符号		表示的事件类似于基本事件，不同的是，对于这类事件，虽然继续展开是可能的，但却没有必要。用菱形表示
	初始事件符号		表示的是正常现象，不是故障事件，但却是经常发生的
其他符号	子树符号		表示原因事件已知，因而在树上不表示出来的"结果"
	转移符号	输入　输出	表示与故障树其他部分的关系，即表示由其他部分转移而来，或转移到其他部分去
	分析方法符号		上下通道间要采取的分析方法

（4）故障树的合成　根据系统及其故障的已知数据和资料，绘制故障树。在采用手工合成故障树时，一边反复提出问题，一边对树进行展开。对各个门事件提出的问题是：该事件是由于单一组元的故障引起的，还是由另外什么组元的故障引起的？引起该事件的必要且充分故障是什么？将图展开到基本事件（原因）或没有必要再发展的事件为止。

图3-1所示摆动活齿传动系统。摆动活齿传动采用了对称布置的双排结构，每个柱销上安装有两个活齿。激波器 H_i（$i=1$，2）通过转臂轴承 A_i 偏心地安装柱销 C 上并与激波器 H_i 和内齿圈 K_i 分别啮合，柱销 C 固定在与输出轴 Ⅱ 固连的活齿架 G 上。轴 Ⅰ、Ⅱ 上各有两个轴承 A_3、A_4、A_5、A_6。

当内齿圈固定时，传动系统功率有轴 Ⅰ 输入，经激波器、活齿、柱销 C 到输出轴 Ⅱ 输出。摆动活齿传动系统功能框图如图3-2所示。

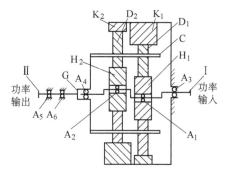

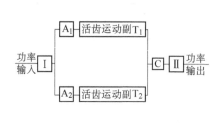

图 3-1 摆动活齿传动系统　　　　图 3-2 摆动活齿传动系统功能框图

在图 3-2 中，活齿运动副 T_i（$i = 1$，2）包括三个副：①活齿 D_i 与激波器 H_i；②活齿 D_i 与内齿圈 K_i；③活齿 D_i 与柱销 C。

构造故障树之前，先做出如下假设：①传递系统的键连接、联轴器连接、活齿架与输出轴的螺栓连接十分可靠，不考虑失效；②活齿架强度、刚度足够，不考虑失效；③活齿与柱销组成的摆动副容易磨损，其余啮合处的磨损小，故不考虑。由此，根据故障树顶事件应为已发生的失效状态或最不希望发生的故障状态，选取"输出轴Ⅱ不能传递转矩"作为顶事件。从顶事件开始向下寻找顶事件发生的直接原因为：①系统无功率输入；②轴断裂；③转臂轴承至活齿柱销部分（包括 A_1 至活齿柱销和 A_2 至活齿柱销两种情况）失效；④活齿柱销 C 弯曲折断（x_6）。将这三个中间事件和一个底事件用"或门"与顶事件相连即形成故障树的第一级。再对这三个中间事件分别跟踪分析其发生的直接原因，如系统无功率输入的原因可能有：①未开电源；②电源开关失效；③系统熔丝烧断。这是导致系统无功率输入的基本事件，无须再展开。其他中间事件依次展开，如此向下逐级推溯事件的直接原因，直到基本事件（失效原因）或没有必要再发展的事件为止，最后构成故障树，如图 3-3 所示。

由此可见，故障树分析法可以清楚地反映整个分析过程和分析结果，是复杂设备失效分析的重要手段。

（5）故障树分析法的应用　故障树分析法可以用于事后分析，即分析某项故障（失效）产生的原因，也可以用于事前分析，即进行系统故障预测和诊断，找出系统的薄弱环节，实现系统设计的最优化。前面所举的例子就是事后分析，即分析失效的原因。现在这一分析法已广泛应用于设计、加工制造以及管理和安全生产等方面，其目的是要找出设计和制造方面存在的错误和缺陷可能引起哪些故障，以及定量计算某种故障出现的概率，从而达到改进设计方案、减少缺陷发生率等目的。一个大型设备或复杂系统投产以前，必须对其进行安全性评价，这一工作的重要内容之一就是对故障树的评价分析。对于大型事故，在分析其导致事故发生原因的同时，还必须经过分析以确定或分清事故责任，故障树分析在此也发挥了很好的作用。随着系统工程、可靠性工程和计算机技术的发展，故障树分析应用更加广泛，目前和将来一段时间的研究重点应在故障诊断专家系统，计算机辅助快速建树，更简捷、更方便的概率算法，模糊故障树诊断及其应用等方面。

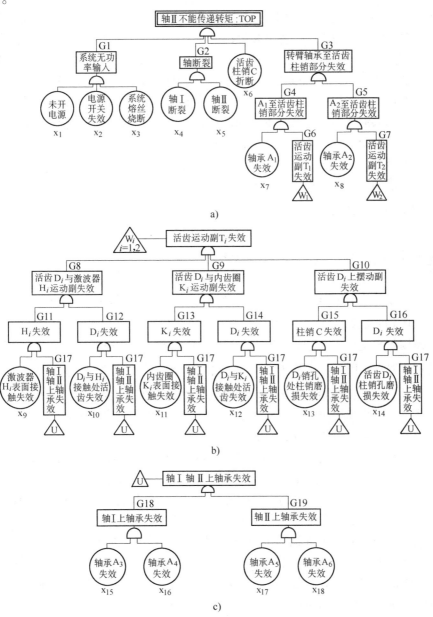

图 3-3 摆动活齿传动系统故障树

a) 故障树1 b) 故障树2 c) 故障树3

3. 模糊故障树分析及其应用

基于故障树分析的故障分析在实际系统故障诊断中有着广泛的应用，是一种简单可靠而又行之有效的系统故障分析方法，然而故障树分析方法的应用也因其固有的应用条件而受到很大限制。提出的故障树分析方法都要求系统的顶事件和底事件是一个确定的事件，即要么正常，要么发生故障（失效）。对于非确定性的模糊事件构成的故障树，显然传统的分析方法是无能为力的。一般来说，模糊事件在实际中是大量存在的，不确定性才是事件的本质。在故障树分析系统中，顶事件的概率是由若干底事件的概率按照一定的规律求得的，而确切地求出底事件的概率也不那么容易。另外，故障树的构成是依照一定的人的认识和经验来构造的，如果人的认识不完全或不准确，对故障系统的诊断就往往会造成漏诊。为此，将模糊理论引入故障树分析法，从而构成了模糊故障分析系统。

（1）模糊数学基本概念　模糊数学分析法基于模糊集理论，用来处理现象不精确和模糊的问题。设 U 是一个对象组成的论域，则在论域 U 上的一个模糊集 $\tilde{A}$ 定义为一个隶属函数，即

$$\mu_{\tilde{A}}(x):U\to[0,1],x\in U \tag{3-1}$$

它把 U 中的元素映射到 $[0，1]$ 中的实数，记为 $\tilde{A}=\int\limits_{x\in U}\mu_{\tilde{A}}(x)/x$，其中 $\tilde{A}(x)$ 称为论域 U 中元素隶属于模糊集 $\tilde{A}$ 的程度，简称 x 对 $\tilde{A}$ 的隶属度。$\mu_{\tilde{A}}(x)$ 越大，x 隶属于 $\tilde{A}$ 的程度越强。

模糊数学是用于处理如"接近 0.7""高可靠度""低故障率"等不精确信息的重要概念。因为故障率为 $[0，1]$ 中的实数，故取论域 U 为 $[0，1]$，$\tilde{q}$ 表示"大约为 m"的模糊数。$\mu_{\tilde{q}}(x)$ 为 $\tilde{q}$ 的隶属函数。模糊数 $\tilde{q}$ 的隶属函数有多种形式，如三角模糊数、梯形模糊数、LR 型模糊数和正态模糊数等，它们的隶属函数形式请参阅有关文献，在此不再叙述。

（2）模糊故障树分析原理及步骤　不同的研究者采用的模糊故障树分析原理及步骤有很大差别，这里只简要引用两个实例加以说明。

一种基本方法是将故障树中的所有故障树节点模糊化。先确定故障树的顶事件和底事件，并根据理论知识和专业经验构成系统故障树，将所有的故障树节点模糊化，并设出由底事件构成的特征向量。在求得特征向量的结构函数表达式后，将向量中所有模糊节点相对于节点的故障状态这一模糊集模糊化，并根据节点的故障征兆实测值对节点模糊集的隶属度来表示节点的故障概率，同时对故障树的结构函数的运算也要做一些相应的改变。

模糊故障树分析的主要步骤如下：

步骤 1　选择顶事件，使用逻辑门构造故障树，为便于后续分析，将不是

"与""或"门的逻辑门转化为"与""或"门。

步骤 2　将故障树中的各故障事件分为有统计数据的故障事件、没有统计数据的故障事件及其他模糊事件。

步骤 3　通过可靠性手册、经验数据等途径获得有统计数据的故障事件的故障率，并根据故障率、概率分布函数参数和其他参数获得故障事件的精确故障率。

步骤 4　通过专家的主观判断获得没有统计数据的故障事件及其他模糊事件的模糊发生概率，可采用各种模糊数及语言值评价。

步骤 5　按照一定的规则，将步骤 3 和步骤 4 获得的精确故障概率、非梯形模糊数和语言值转化为统一的梯形模糊数。

步骤 6　获得故障树的最小割集（MCS），并利用"与""或"模糊算子获得顶事件的发生概率。

步骤 7　分析模糊故障树结果，提出分析意见。

应该说，步骤 5 中的模糊数可以采用前述的不同模糊数，如三角模糊数，而并非一定用梯形模糊数。

对图 3-1 所示的摆动活齿传动系统，按图 3-3 所示故障树求其模糊概率的计算结果，各底事件发生概率的均值 m 及左右分布 α、β，以及部分中间事件和顶事件的计算值列于表 3-2。

表 3-2　图 3-3 中各底事件发生概率的均值及其左右分布

事件	均值 m	分布 α、β	事件	均值 m	分布 α、β	事件	均值 m	分布 α、β
x_1	0.0002	5.034×10^{-5}	x_7	0.0002	5.034×10^{-5}	x_{13}	0.00001	2.517×10^{-6}
x_2	0.0010	2.517×10^{-4}	x_8	0.0002	5.034×10^{-5}	x_{14}	0.00001	2.517×10^{-6}
x_3	0.0030	7.551×10^{-4}	x_9	0.0010	2.517×10^{-4}	x_{15}	0.0001	2.517×10^{-5}
x_4	0.0004	1.007×10^{-4}	x_{10}	0.0009	2.265×10^{-4}	x_{16}	0.0001	2.517×10^{-5}
x_5	0.0007	1.762×10^{-4}	x_{11}	0.0020	5.034×10^{-4}	x_{17}	0.0001	2.517×10^{-5}
x_6	0.0006	1.510×10^{-4}	x_{12}	0.0010	2.517×10^{-4}	x_{18}	0.0001	2.517×10^{-5}
G18	0.0002	5.033×10^{-5}	G17	0.0004	1.006×10^{-4}	TOP	0.0060	1.506×10^{-3}
G6	0.0075	1.881×10^{-3}	G4	0.0075	1.881×10^{-3}			

计算结果表明：中间 G4 发生的概率 PG4 比系统中其他事件（包括顶事件）发生的概率都大。

3.1.4　数理统计的分析思路及方法

1. 基本概念

数理统计方法在失效分析中也得到广泛应用。与上述分析方法不同之处在于，数理统计方法所研究的失效问题通常不是某个具体的失效事件，而是某类产品的一批在某一段时间内的失效规律。图 2-1 给出了一批产品的失效率和使用时间的关系曲线，就是利用统计方法获得的。以失效模式、失效方法或失效部位等为横坐标，而以失效率或经济损失为纵坐标绘制的曲线称为巴特雷曲线，如图 3-4 所示。该图可以清楚地告诉我们哪个失效模式、失效方式和失效部位是应该优先考虑的问题。

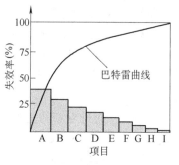

图 3-4　巴特雷曲线

在失效分析中往往遇到这种情况，即找出的某种失效模式与多种因素有关，此时应进一步确定是哪种因素起主导作用，只有针对主要影响因素所采取的改进措施才是行之有效的。为了解决这类问题，也常常用数理统计的方法。

2. 分析实例——履带车辆扭力轴断裂原因分析

扭力轴是履带车辆悬挂系统中的弹性结构件。在工作中，承受扭转切应力、弯曲应力和冲击载荷的综合作用。某履带车辆扭力轴的主要几何尺寸如图 3-5 所示，材料为 45CrNiMoVA。该轴的疲劳寿命极不稳定，且大部分低于设计要求。在生产现场随机抽样进行扭转疲劳试验和硬度试验，其试验结果见表 3-3。

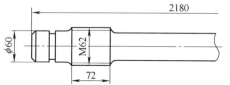

图 3-5　扭力轴的主要几何尺寸

表 3-3　扭力轴的疲劳寿命和硬度

试件号	1	2	3	4	5	6	7	8	9	10	11	12	13	14	15
寿命/万次	78.51	56.21	13.78	11.69	11.63	11.04	9.58	6.77	14.57	10.14	9.90	3.33	3.80	8.80	1.23
硬度　HRC	46.8	46.6	47.5	45.8	47.8	46.6	46.0	46.0	44.1	45.3	46.1	47.0	—	47.0	47.1

为了分析扭力轴疲劳寿命普遍较低的原因，首先对上述 15 件试验产品进行了化学成分、硬度及金相组织分析。除 3 号及 5 号试件硬度略高外，其他指标均符合设计要求。

经断口宏观分析，确认断裂为疲劳断裂性质，断裂源起于齿根部。根据分析，初步确定齿根的加工质量及热处理不良是轴件疲劳寿命不高的原因。为了进一步确定几个因素中的主要因素，利用数理统计学中的多重秩和显著性检验法对试验结果进行了分析，结果这几个因素都不显著。进一步分析认为材料中的夹杂物有很大影响，因此对此做深入分析。在此将几个分析合并到一起进行计算，将轴件的疲劳寿命从大到小依次排列（见表 3-4），并按顺序排秩号，再对应排入待查因素（齿根圆角半径 r、齿根硬度 HRC、脱碳层深度 h），将因素的均值分组后，按下式计算各因素的相关系数：

$$H = \frac{12}{N(N+1)} \sum \frac{R_i^2}{n_i} - 3(N+1) \tag{3-2}$$

式中 H——相关系数；

       N——试验数据的个数，在本例中，$N=13$；

       R_i——秩和；

       n_i——每组数据的个数，$N = \sum n_i$。

对表3-4中各因素求和，按式（3-2）计算相关系数，其结果列于表3-5。

表3-4 齿根质量的检查结果及分组情况

试件号	疲劳寿命 /万次	硬度 HRC	组别	圆角半径 r/mm	组别	脱碳层深度 h/mm	组别	塑性夹杂物级别 级别	组别	秩号
1	78.51	36.0	−	0.49	+	0.183	+	1	−	1
2	56.21	33.0	−	0.48	+	0.175	+	2	−	2
9	14.58	38.5	+	0.38	−	0.158	+	3	−	3
3	13.78	39.0	+	0.49	+	0.142	−	4.5	+	4
4	11.69	39.5	+	0.47	+	0.125	−	3.5	+	5
5	11.63	31.5	−	0.34	−	0.175	+	3.5	+	6
10	10.14	38.5	+	0.47	+	0.183	+	4.5	+	7
11	9.90	41.5	+	0.40	−	0.158	+	3.5	+	8
7	9.58	31.5	−	0.48	+	0.125	−	3	−	9
14	8.80	36.5	−	0.50	+	0.133	−	3.5	+	10
8	6.77	41.5	+	0.34	−	0.142	−	3.5	+	11
12	3.33	39.2	+	0.36	−	0.192	+	3.5	+	12
15	1.23	36.0	−	0.40	−	0.160	+	3.5	+	13

注："+"表示高于对应组别的平均值；"−"表示低于对应组别的平均值。

表3-5 相关系数计算结果

因素	组别	n_i	R_i	相关系数
r	+	7	28	$H_r = 1.319$
	−	6	40	
HRC	+	7	50	$H_{HRC} = 0.020$
	−	6	28	
h	+	8	52	$H_h = 0.343$
	−	5	39	
夹杂物	+	9	80	$H_{夹杂物} = 4.700$
	−	4	15	

注："+"表示高于对应组别的平均值；"−"表示低于对应组别的平均值。

由表 3-5 中的计算结果可知，$H_r > H_h > H_{\text{HRC}}$，表明反映齿根质量的三个因素对轴件寿命的影响程度，从大到小依次为齿根圆角半径、脱碳层深度和齿根硬度。但即使最大的 H_r 也低于 $x^2(1) = 1.642$ [$x^2(1)$ 为多重秩检验分布函数]，即认为齿根圆角半径过小是导致轴件疲劳寿命偏低的根本原因的可信度不足 80%。而塑性夹杂物满足 $H_{\text{夹杂物}} = 4.700 > x_{0.05}^2(1)$，即认为粗大不均的塑性夹杂物（MnS）是降低扭力轴疲劳寿命的主要因素，其可信度大于 95%。

值得指出的是，在我国大量的失效分析工作中，失效原因的理化诊断方法采用得较多，而系统工程诊断方法采用得较少；因果关系的逻辑推理诊断方法采用得较多，而非因果关系的故障起因链模型方法采用得少，这可能与我国失效分析工作者知识结构有关。近年来，随着国家以及各行各业对失效分析问题的重视，有很多计算机、系统工程、检测技术、可靠性工程等领域的专家已经关注这一问题，并进行了大量卓有成效的工作，极大地促进了我国失效分析及相关研究工作的进展。

陶春虎等人在总结归纳了现代失效分析的特点后，提出了在失效分析中应用"并行工程"的可行性和实施要素，为现代失效分析提供了新的思维模式与分析方法。并行工程（concurrent engineering，CE）是美国在 20 世纪 80 年代末提出、在 20 世纪 90 年代重点发展的武器研制工程技术，是一种用来综合、协调产品的设计及其相关过程（包括制造和保障工程）的系统方法，它要求研制人员从一开始就考虑从方案设计直到废弃的产品寿命周期的所有要素，包括质量、费用、进度和用户要求。其特点是：

1）在前一阶段工作中考虑后续阶段及总体结果。

2）后续阶段中的双向信息流，即在两个阶段或两个子工程人员之间有信息交流。

3）不同阶段或不同子工程之间随时解决矛盾和不协调问题。

在现代失效分析中采用并行工程的实施要素是：

1）提出明确具体的失效分析总体要求和目标。

2）交互作用的、相互协调的并行分析过程。

3）多学科（专业）人员参与的综合分析机构。

4）综合的辅助诊断或模拟系统（包括必要时有关专家的会诊）。

3.1.5 机器学习技术的应用

机器学习是一门多学科交叉专业，涵盖了计算机科学、概率论、统计学、近似理论和复杂算法等知识。它的本质是基于大量的数据和一定的算法规则，使计算机可以自主模拟人类的学习过程，并能够通过不断的数据"学习"，提高性能并做出智能决策的行为。机器学习的不断发展使其广泛应用于图像分类领域中，为解决图像高准确性、高效率分类提供了更多可能。许多研究人员提出了"机器学习+失效形态分类"的方法，该方法已逐步应用于制件表面失效形态的分类，且取得了令人满意的结果。例如：图像分类中取得很好效果的卷积神经网络应用到冷轧薄板表面失效形态分类，即一种基于迁移学习的 AlexNet 模型，并对不锈钢的焊缝失效形态进行识别分类。下面以分析实例——基于机器学习的腐蚀管道剩余强度预测说明机器学习在失效分析中的应用。

石油天然气作为重要的战略资源，与国民经济以及社会发展有着紧密的联系，关系到国家能源安全。管道作为石油天然气最重要的运输手段，其工作环境较为恶劣，腐蚀是管道失效的重要原因，腐蚀管道一旦发生破坏，不仅会严重污染环境，还会威胁到人身财产安全，同时维修善后成本也会大幅度提高。

为了对腐蚀管道剩余强度进行预测，将机器学习与传统理论强度相结合，提出了用于内腐蚀管道的剩余强度预测模型-动态参数法，然后将预测得到的参数带回到公式中求出其爆破压力。

Chen 在 Tresca 准则的基础上，引入屈强比提出了 Chen-Chu 失效准则，该准则表达式如下：

$$\tau_{max} = \frac{\sigma_1 - hk\sigma_3}{2} \tag{3-3}$$

式中　　τ_{max}——最大切应力；

σ_1 和 σ_3——主应力，$\sigma_1 > \sigma_3$；

k——屈强比；

h——经验参数，对于钢铁管道 h 取值为-1。

该准则认为当材料的最大切应力达到抗拉强度时，材料将发生失效。此时 Chen-Chu 等效应力 σ_{cc} 表达式为

$$\sigma_{cc} = \sigma_1 - hk\sigma_3 \tag{3-4}$$

根据数值模拟和理论计算，基于应力函数法以及边界条件，可以得到腐蚀管道爆破压力方程，危险点处的应力表达式为

$$\begin{cases} \sigma_1 = \sigma_\beta \\ \sigma_2 = \sigma_z \\ \sigma_3 = \sigma_\alpha \end{cases} \tag{3-5}$$

其中，$\sigma_\beta = \dfrac{p_i[4\varepsilon^2(-1+\lambda) + 4\varepsilon(2-3\lambda+\lambda^2) - (2-2\lambda+\lambda^2)^2]}{2(-1+\varepsilon)(-1+\varepsilon+\lambda)(2-2\lambda+\lambda^2)}$，$\sigma_\alpha = -p_i(p_i$ 为危险点处的压力值)，$\sigma_z = \mu(\sigma_1 + \sigma_3)$。

可以得到基于 Chen-Chu 失效准则的腐蚀管道爆破压力 p_b 预测方程：

$$p_b = \frac{u_0 + u_1\varepsilon + u_2\varepsilon^2}{\nu_0 + \nu_1\varepsilon + \nu_2\varepsilon^2} R_m \tag{3-6}$$

式中 ε——管道的腐蚀率；

R_m——抗拉强度。

其余参数表达式（各式中的 λ 为管道的厚径比）如下：

$$u_0 = 2\lambda - 6\lambda^2 + 8\lambda^3 - 4\lambda^4$$

$$u_1 = -2\lambda + 8\lambda^2 - 12\lambda^3 + 8\lambda^4$$

$$u_2 = -2\lambda^2 + 4\lambda^3 - 4\lambda^4$$

$$\nu_0 = 1 - 4\lambda - 2hk\lambda + 8\lambda^2 + 6hk\lambda^2 - 8\lambda^3 - 8hk\lambda^3 + 4\lambda^4 + 4hk\lambda^4$$

$$\nu_1 = 2hk\lambda - 4\lambda^2 - 8hk\lambda^2 + 12\lambda^3 + 12hk\lambda^3 - 8\lambda^4 - 8hk\lambda^4$$

$$\nu_2 = 2hk\lambda^2 - 4\lambda^3 - 4hk\lambda^3 + 4\lambda^4 + 4hk\lambda^4$$

当 $\varepsilon=0$ 时，完整管道的爆破压力方程表达式为

$$p_b = \frac{u_0}{\nu_0}R_m = \frac{2\lambda - 6\lambda^2 + 8\lambda^3 - 4\lambda^4}{k - 2k\lambda + 2k\lambda^2}R_m \tag{3-7}$$

采用有限元分析（finite element analysis，FEA），将腐蚀管道剩余强度设置为动态变化的参数。在机器学习预测之前，需要通过失效准则计算各自的参数。根据有限元模拟结果及 Chen-Chu 等效应力表达式，得到部分内腐蚀管道目标经验参数值，见表3-6。

表3-6 部分内腐蚀管道目标经验参数值

管径/mm	厚径比 λ	腐蚀率[①]	钢级	经验参数 h
252	0.01	0.2	X60	3.70
	0.02	0.4		4.10
	0.03	0.2		1.75
	0.04	0.6		3.90
	0.05	0.4		1.80
342	0.01	0	X70-1	3.40
	0.02	0.4		3.40
	0.03	0.2		1.65
	0.04	0.4		1.65
	0.05	0.6		2.05
912	0.01	0.4	X70-2	3.60
	0.02	0.4		3.50
	0.03	0.2		1.70
	0.04	0.8		6.80
	0.05	0.4		0.85

（续）

管径/mm	厚径比 λ	腐蚀率①	钢级	经验参数 h
1219	0.01	0.6	X80	3.40
	0.02	0.2		2.90
	0.03	0.6		3.20
	0.04	0.8		5.50
	0.05	0.4		0.70
1320	0.01	0.6	X100	6.40
	0.02	0.4		3.10
	0.03	0.2		0.75
	0.04	0.8		6.30
	0.05	0.6		1.60

① 腐蚀率是腐蚀深度与壁厚之比，反映腐蚀深度与壁厚之间的关系。

图 3-6 所示为 Chen-Chu 准则与有限元分析模拟对比。从图 3-6 中可以看出，Chen-Chu 准则的计算结果过于保守，会增加维修和设计成本。如图 3-6a 所示，当目标经验参数为-1 时，爆破压力计算结果与有限元结果比值的平均值为 0.92；如图 3-6b 所示，当参数变成动态后，爆破压力计算结果与有限元结果比值的平均值为 0.97，与原始相比精度有所提高。

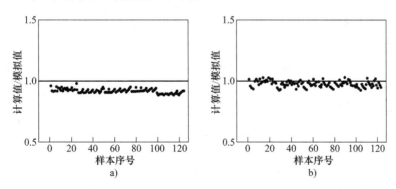

图 3-6　Chen-Chu 准则与有限元分析模拟对比

a）目标经验参数为-1　b）目标经验参数变化

3.2　失效分析的程序

失效分析是一项复杂的技术工作，它不仅要求失效分析工作人员具备多方面的专业知识，而且要求相关工程技术人员、操作者及科学工作者相互配合，才能圆满地解决问题。因此，如果在分析前没有制定一个科学的分析程序和实施步骤，往往就会出现工作忙乱、漏取数据、工作缓慢或走弯路，甚至把分析时步骤搞颠倒，使某些应得的信息被另一提前的步骤给毁掉了。例如：在腐蚀环境条件下发生断裂的零件，其断口上的产物对于分析断裂的原因具有重要的意义，但是在对其尚未进行成分及相结构分析时，就在断口清洗时给去掉了，以致无法挽回。另外，在现场调查和背景材料搜集的工作中，如果没有一个调查提纲，就容易漏掉某些应取得的信息资料，以至多次到现场了解情况，影响了工作进程。

失效分析工作又是一项关系重大的严肃的工作。工作中切忌主观和片面，对问题的考虑应从多方面着手，严密而科学地进行分析工作，才能得出正确的分析结果和提出合理的预防措施。

由此可见，首先制订一个科学的分析程序，是保证失效分析工作顺利而有效进行的前提条件。

机械零件失效的情况是千变万化的，分析的目的和要求也不尽相同，因而很难规定一个统一的分析程序。一般来说，在明确了失效分析的总体要求和目标之后，失效分析程序如下：

1. 现场调查

1）保护现场。在防止事故进一步扩展的前提下，应力求保护现场不被破坏。如果必须改变某些零件的位置，应先拍照或做出标记。

2）查明事故发生的时间、地点及失效过程。

3）收集残骸碎片，标出相对位置，保护好断口。

4）选取进一步分析的试样，并注明位置及取样方法。

5）询问目击者及其他有关人员能提供的有关情况。

6）写出现场调查报告。

2. 收集背景材料

1）设备的自然情况，包括设备名称、出厂及使用日期、设计参数及功能要求等。

2）设备的运行记录，要特别注意载荷及其波动、温度变化、腐蚀介质等。

3）设备的维修历史情况。

4）设备的失效历史情况。

5）设计图样及说明书、装配程序说明书、使用维护说明书等。

6）材料选择及其依据。

7）设备主要零部件的生产流程。

8）设备服役前的经历，包括装配、包装、运输、储存、安装和调试等阶段。

9）质量检验报告及有关的规范和标准。

在进行一项失效分析工作时，现场调查和收集背景材料是至关重要的，可以说是前提和根本。通过现场调查和背景材料的分析、归纳，才能正确地制定下一步的分析程序。因此，作为失效分析工作，必须重视和学会掌握失效设备（零件）相关的各种材料。有时，由于各种原因，分析人员难以到失效现场去，这样就必须明确地提出需要收集的材料，由现场工作人员收集。收集背景材料时应遵循实用性、时效性、客观性，以及尽可能丰富和完整等原则。

3. 技术参量复验

1）材料的化学成分。

2）材料的金相组织和硬度及其分布。

3）常规力学性能。

4）主要零部件的几何参量及装配间隙。

4. 深入分析研究

1）失效产品的直观检查（变形、损伤情况，裂纹扩展，断裂源）。

2）断口的宏观分析及微观形貌分析（常用扫描电子显微镜）。

3）无损检测（涡流检测、着色检测、磁粉检测、超声检测等）。

4）表面及界面成分分析（X射线光电子能谱、俄歇电子能谱等）。

5）局部或微区成分分析（能谱仪、电子探针等）。

6）相结构分析（X射线衍射法）。

7）断裂韧度检查，强度、韧性及刚度校核。

5. 综合分析归纳、推理判断并提出初步结论

根据失效现场获得的信息、背景材料及各种实测数据，运用材料学、机械学、管理学及统计学等方面的知识，进行综合归纳、推理判断，去伪存真、由表及里地分析后，初步确定失效模式，并提出失效原因的初步意见和预防措施。

6. 重现性试验或证明试验

为了验证所得结论的可靠性，对于重大事件，在条件允许的情况下，应进行重现性（或模拟）试验或对其中的某些关键数据进行证明试验。如果试验结果同预期的结果一致，则说明所得结论是正确的，预防措施是可行的；否则，还应做进一步分析。

应该注意，在进行重现性试验时，试验条件应尽量与实际相一致。快速试验得出的结果在与实际对比时，应进行合理的数学处理，而不应简单放大或直接应用。

7. 撰写失效分析报告

失效分析报告与科学研究报告相比较，除了在应写得条理清晰、简明扼要、合乎逻辑方面相同外，二者在格式和侧重点等许多方面都有所不同。失效分析侧重于失效情况的调查、取证和验证，在此基础上通过综合归纳得出结论，而不着重探讨失效机理，这就有别于断裂机理的研究报告。

机械产品的失效分析报告通常应包括如下内容：

（1）概述 首先介绍失效事件的自然情况，即事件发生的时间、地点，失效造成的经济损失及人员伤亡情况；受何部门或单位的委托；分析的目的及要求；参加分析人员情况；起止时间等。

（2）失效事件的调查结果 简明扼要地介绍失效部件的损坏情况，当时的环境条件及工况条件；当事人和目击者对失效事件的看法；失效零部件的服役史、制造过程及有关的技术要求和标准。

（3）分析结果 为了寻找失效原因，采用何种方法和手段，做了哪些分析工作、有何发现，按照认识的自然过程一步步地介绍清楚。在这时重要的是证据而不是议论。对于断裂件的分析，断口的宏观和微观分析、材料的选择及冶金质量情况分析、力学性能的复检、制造工艺及服役条件的评价等分析内容通常是不可缺少的。

（4）问题讨论 必要时，对分析工作中出现的异常情况、观点上的分歧、失效机理的看法等问题进行进一步的分析讨论。

（5）结论与建议 结论意见要准确，建议要具体、切实可行。遗留的问题、还应进一步观察和验证的问题也应当写清楚。但涉及法律程序方面的问题，比如，甲方对本次失效事件负责，应赔偿乙方多少经济损失等，则不属失效分析报告的内容。

3.3 断口分析的任务与方法

断裂是机械产品工程事故中较为多见而且危害最大的失效形式。因此，断裂失效原因分析及预防措施的研究，是广大工程技术人员及材料科学工作者极为关注的重要课题。人们通过对断裂件的分析，研究断裂的产生和发展，找出断裂发生的原因和影响因素并提出相应的预防措施具有重要的意义。由于在大多数的情况下，断裂失效具有突发性，特别是在产品的结构及工况条件比较复杂的情况下，很难直接观察到断裂的实际过程，其断裂机制也不完全清楚。但是，任何断裂在断后的断面上总要留下一些反映断裂过程及断裂机制的痕迹。这些痕迹有时能够非常清楚地、详细而完整地记录下零件在断裂前及断裂过程中的许多具体细节，从而有助于断裂原因的确定及预防措施的提出。因此，断裂件的断口分析是断裂失效分析的主要内容。

断口分析，是用肉眼、低倍放大镜、光学显微镜、电子显微镜、电子探针、俄歇电子能谱、离子探针质谱仪等，对断口表面进行观察及分析，以便找出断裂的形貌特征、成分特点及相结构等与致断因素的内在联系。

3.3.1 断口处理方法及断口分析的任务

1. 断口的处理

对断口进行分析之前，必须妥善地保护好断口并进行必要的处理。对于不同情况下获得的断口，应采取不同的处理方法，通常有以下几种措施：

1）在干燥大气中断裂的新鲜断口，应立即放到干燥器内或真空室内保存，以防止锈蚀，并应注意防止手指污染断口及损伤断口表面。对于在现场一时不能取样的零件，尤其是断口，应采取有效的保护，防止零件或断口的二次污染或锈蚀，尽可能地将断裂件移到安全的地方，必要时可采用油脂封涂的办法保护断口。

2）对于断后被油污染的断口，要进行仔细清洗。先用汽油去除油污，然后再用丙酮、三氯甲烷、石油醚或苯类等有机溶剂溶去残留物，最后用无水乙醇清洗再吹干。如果仍不能去除彻底，可用蒸汽法或超声波法进一步去除。

3）在潮湿大气中锈蚀的断口，可先用稀盐酸水溶液去除锈蚀氧化物，然后用清水冲洗，再用无水乙醇冲洗并吹干。

4）在腐蚀环境中断裂的断口，在断口表面通常覆盖一层腐蚀产物，这层腐蚀产物对分析致断原因往往是非常重要的，因而不能轻易地将其去掉。但是，为了观察断口的形貌特征而必须去除时，应先对产物的形貌、成分及相结构进行仔细的分析后再予以去除。

腐蚀产物的去除方法有化学法、电化学法及干剥法等。

化学法常用的溶液为 50g 氢氧化钠（NaOH）、200g 锌粉加蒸馏水配成 1000mL 溶液。在此溶液中将断口煮沸 5min，清理吹干即可。

表 3-7 列出了各种材料清除腐蚀产物的化学方法。

表 3-7 各种材料清除腐蚀产物的化学方法

材料	溶液成分	时间/min	温度	备注
镁及镁合金	100g 三氧化铬（CrO_3）、10g 铬酸银（Ag_2CrO_4）加蒸馏水配成 1000mL 溶液	1	沸腾	
铝及铝合金	硝酸（HNO_3）	1～5	室温	用毛刷轻轻清洗
	20g 三氧化铬（CrO_3）、50mL 磷酸（H_3PO_4）加蒸馏水配成 1000mL 溶液	5～10	80℃至沸点	用毛刷轻轻清洗
铜及铜合金	500mL 盐酸（HCl）加蒸馏水配成 1000mL 溶液	1～3	室温	用毛刷轻轻清洗
	500mL 硫酸（H_2SO_4）加蒸馏水配成 1000mL 溶液	1～3	室温	用毛刷轻轻清洗
铁和钢	50g 氢氧化钠（NaOH）、200g 锌粉加蒸馏水配成 1000mL 溶液	5	沸腾	
	1000mL 盐酸（HCl）、50g 氯化锡（$SnCl_2$）、20g 三氧化二锑（Sb_2O_3）	15	低温	搅拌

（续）

材料	溶液成分	时间/min	温度	备 注
铁和钢	含有 0.15%（体积分数）有机缓蚀剂的 15%（体积分数）的浓 H_3PO_4	除净为止	室温	可除去钢的氧化皮
	200g 氢氧化钠（NaOH）、30g 高锰酸钾（$KMnO_4$）、100g 柠檬酸铵 $[(NH_4)_3C_6H_5O_7]$ 加蒸馏水配成 1000mL 溶液	除净为止	沸腾	适用于耐热钢、不锈钢断口
镍及镍合金	150mL 盐酸（HCl）加蒸馏水配成 1000mL 溶液	除净为止	室温	
	100mL 硫酸（H_2SO_4）加蒸馏水配成 1000mL 溶液	除净为止	室温	
锡及锡合金	150g 磷酸钠（$Na_3PO_4 \cdot 12H_2O$）加蒸馏水配成 1000mL 溶液	10	沸腾	用毛刷轻轻清洗
锌	100g 氯化铵（NH_4Cl）加蒸馏水配成 1000mL 溶液	2~5	70℃	用毛刷轻轻清洗
	100g 乙酸铵（CH_3COONH_4）加蒸馏水配成 1000mL 溶液	5	室温	用毛刷轻轻清洗
	第一步：150mL 氢氧化铵（NH_4OH，密度为 0.90g/cm³）加蒸馏水配成 1000mL 溶液	5	室温	用毛刷轻轻清洗
	第二步：50g 三氧化铬（CrO_3）、10g 硝酸银（$AgNO_3$）加蒸馏水配成 1000mL 溶液	20s	沸腾	

电化学法（阴极还原法）用于那些使用上述方法难以清除的氧化物，常用方法：

①28mL 硫酸，0.5g 缓蚀剂（二邻甲苯基硫脲或乙基碘代喹啉）加蒸馏水配成 1000mL 溶液。阳极为石墨或铅，阴极为断口试样，75℃、3min，阴极电流密度约为 $20A/dm^2$。

②电解溶液成分（质量分数）为 40%NaOH+60%Na_2CO_3（加热至 550℃），断口样品为阴极，容器为阳极，电流密度为 $40A/dm^2$，时间为 5~10s，随后入冷水激冷。为加速清洗，最后再转入到 50~70℃ 的 10%（质量分数）柠檬酸铵水溶液中浸泡 1~2min，并同时用毛刷刷去腐蚀产物。

在用化学法和电化学方法清洗断口时一定要注意边清洗，边观察，不要产生"过清洗"，从而失去断口上的细节。由于化学法和电化学法都有显示金属组织的功能，尤其是层片状和带状组织，一旦显示出材料的组织结构，会对断口分析产生较大影响，在处理时要特别注意。

干剥法是利用复型技术将表面产物去掉，因不影响断口形貌，故较优越。特别是对于硫化气氛或氧化气氛中断裂的断面分析时，因腐蚀产物通常是致密的 FeS 及 FeO，效果更佳。复型技术还可用来长期保存断口。

干剥法通常采用乙酸纤维纸［又称 AC 纸，是由 7%（质量分数）的乙酸纤维素丙酮溶液制成的均匀薄膜］复型技术进行清理。将一张厚约 1mm 的 AC 纸，放在丙酮溶液中泡软后，贴到断口表面上，用另一张未软化的 AC 纸放在其背后，并用夹子将复型牢牢地压在断口上揭下来即可。如果断口沾污得很厉害，可将上述操作反复进行数次，直到获得一个洁净的断口表面为止。取下的复型上有从断口上取下的产物碎屑，将其保存下来，还可供以后鉴定碎屑使用。

5）一般断口进行宏观分析后，还要进行微观分析等工作，这就需要对断口进行解剖（取样）。一旦确定好主断面及断裂源后就要开始记录并对断口拍照。宏观拍照一般使用实物照相机。影响宏观断口照片质量的因素主要是照相机的参数和照射光源的角度。照相机的景深要求要大一些。而断口上的层次效果（如放射线、疲劳弧线等显现）则主要依赖于光线的入射角度，一般采用斜入射的方式，角度可以为 30°～45°，可得到层次分明、断裂次序及其真实感都很强的效果。而采用垂直光线入射时，断口一般显得平坦，有些细节容易被掩盖。

2. 断口分析的任务

断口分析包括宏观分析和微观分析两个方面。宏观分析主要用于分析断口形貌；微观分析既包括微观形貌分析，又包括断口产物分析（如产物的化学成分、相结构及其分布等）。

断口分析的具体任务主要包括以下几个方面：

1）确定断裂的宏观性质，是韧性断裂还是脆性断裂或疲劳断裂等问题。

2）确定断口的宏观形貌，是纤维状断口还是结晶状断口，有无放射线花样及有无剪切唇等。

3）查找裂纹源区的位置及数量，裂纹源区的所在位置是在表面、次表面还是在内部，裂纹源区是单个还是多个，在存在多个裂纹源区的情况下，它们产生的先后顺序是怎样的等。

4）确定断口的形成过程，裂纹是从何处产生的，裂纹向何处扩展，扩展的速度如何等。

5）确定断裂的微观机制，是解理型、准解理型还是微孔型，是沿晶型还是穿晶型等。

6）确定断口表面产物的性质，断口上有无腐蚀产物或其他产物，何种产物，该产物是否参与了断裂过程等。

通过断口分析，在许多情况下，可以直接确定断裂原因，并为预防断裂再次发生提供可靠的依据。因此，目前的断口分析已不仅仅是一项专门分析技术，而且已发展成为一门重要的实用学科，如断口金相学及电子断口学等。

3.3.2 断口的宏观分析

断口的宏观分析是指用肉眼或放大倍数一般不超过 30 倍的放大镜及光学显微镜对断口表面进行直接观察和分析的方法。断口的宏观分析法是一种对断裂件进行直观分析的简便方法，目前在工程实践上及科学试验中被广泛地用于生产现场产品质量检查及断裂事故现场的快速分析。例如：利用断口来检查铸铁件的白口情况，用于确定铸件的浇注工艺；用断口法检查渗碳件渗层的厚度，以便确定渗碳件的出炉时间；用断口法检查高频感应淬火件的淬硬层厚度，以便确定合理的感应器设计及淬火工艺；用断口法确定高速钢的淬火质量；用断口法检查铸锭及铸件的冶金质量（如有无疏松、夹杂物、气孔、折叠、分层、白点及氧化膜等）。

在失效现场进行的断口宏观分析，具有简便、迅速和观察范围大等优点。

断口的宏观分析能够了解断裂的全过程，因而有助于确定断裂过程和零件几何结构之间的关系，并有助于确定断裂过程和断裂应力（正应力及切应力）之间的关系。断口的宏观分析可以直接确定断裂的宏观表现及其性质，即确定是脆性断裂还是韧性断裂，并可确定断裂源区的位置、数量及裂纹扩展方向等。

因此，断口的宏观分析是断裂件失效分析的基础。

1. 最初断裂件的宏观判断

如果分析的对象不是一个具体的零件，而是一个复杂的大型机组或是一组同类零件中的多个发生断裂，在对断口进行具体分析以前，则需要首先确定最初断裂件是哪个件，然后再做进一步分析，才能找出断裂的真正原因。下列三种情况均属此类问题。

（1）整机残骸的失效分析　无论何种机械装备的失效，都不可能是全部零件的同时损坏。相反，往往是由个别零件的损坏导致的整机损坏。这就需要从一大堆残骸中找出最初损坏的那个零件。在对诸如飞机失事，船舶或桥梁的失效分析等工作中均会碰到这类问题。整机残骸的分析通常称为残骸的顺序分析，即根据残骸上的碰伤、划痕及其破坏特征分析整机破坏的先后顺序，由大部件到小部件，再到单个零件，进而对最初断裂件的断口做具体分析。

例如：对于飞机失事的残骸分析，首先需要确定的是座舱、机翼、机身及尾翼哪个大部件先发生损坏。比如，如果发现机翼的残骸有打破或划伤机身的痕迹，则说明当机翼损坏时机身还是完整的，则机翼是最先损坏的大部件。机翼是由主梁、前梁、桁条等小部件组成的，进一步分析表明，机翼的损坏是由主梁的损坏造成的。下一步分析就要集中分析引起主梁破坏的具体零件是上橡条、下橡条还是腹板的问题。按此顺序最后找出导致整机失效的具体的损坏件。

（2）多个同类零件损坏的失效分析　一组同类零件的几个或全部发生损坏

时，要判明事故原因须确定哪一个件先坏，这类分析也应采用顺序分析法。例如：压气机或涡轮盘的叶片断裂事故，往往发现有许多叶片损坏。很显然，叶片的损坏有先有后，导致机械失效的是最初损坏的叶片，其他叶片是由该叶片的损坏而派生的，后者不能作为判断失效原因的分析对象。又如：我国由国外引进的一台钻探设备，机头由24根规格相同的高强度螺栓与杆身相连接，在使用中24根螺栓全部断裂，使机头掉在地下。对此事故的分析，同样必须找出最先损坏的螺栓。最初破断件不论有无更多的材料缺陷或结构缺陷等导致断裂的因素，其通常的表现是塑性变形较小，机械损伤较轻。因为在正常工作状态下，机头的重力和工作载荷是由24根螺栓共同承担的，所受应力较小且较为均匀。随着断裂螺栓数量的增多，剩余螺栓所承受的载荷逐渐加大，而且载荷的不对称性也逐渐加大，因而后期损坏螺栓的变形、损伤程度必然加大。总之，在多个同类零件的损坏情况下，要根据损坏件的变形及损伤的严重程度来确定最初破断件。

（3）同一个零件上相同部位的多处发生破断时的分析　失效分析时有时会碰到在同一个零件上，在其几何结构及受力情况完全相同的几个部位均出现损坏的情况。此时，要找出零件失效的原因，同样必须首先搞清楚是哪个部位首先损坏；否则，也会导致误判。例如：齿轮的齿根断裂失效就属于此类情况。齿轮在工作中发生断齿时，大多数的情况下不是掉下一个齿，而是连续打掉几个齿。在分析断齿原因时，要首先确定最先发生断齿的是哪个齿，然后再做进一步分析。判断最初损坏的齿也应当根据先断齿和后断齿的断口特征加以确定。通常的情况是，先断齿断口上往往有疲劳断裂的痕迹，而后来因冲击载荷突然增大而打掉的齿断口多为典型的过载断裂的特征。如果根据最后断裂齿的断裂特征判断失效原因，就会造成误判。若按照最初断裂齿断口上的疲劳特征判断失效原因，则可以认为工作载荷一般正常，断齿原因多属于材料热处理质量不良或齿根加工质量不高等制造或设计方面的问题。

图3-7所示为损伤齿轮的宏观形貌。图3-7a中三个断齿损伤情况不同，按照断裂的表观形态，中间齿为首先断裂，为疲劳断裂性质，与其相邻的两齿是在中间齿断裂后造成的冲击断裂；图3-7b所示整圈齿发生变形断裂，但齿形的变形情况不同，图中右侧齿的变形明显大于左侧齿，其损伤顺序应是右侧齿在前，左侧齿在后。由此再对首先损伤的齿进行分析，便可以得出齿轮损伤的真正原因。

2. 主断面（主裂纹）**的宏观判断**

最初断裂件找到后，紧接着的任务就是确定该断裂件的主断面或主裂纹。所谓主断面就是最先开裂的断裂面。主断面上的变形程度、形貌特点，特别是断裂源区的分析，是整个断裂失效分析中最重要的环节。在最初断裂件上如果存在数条裂纹或破坏成几个碎片，寻找主断面的方法通常有以下几种：

a) b)

图 3-7 损伤齿轮的宏观形貌

a）断齿情况　b）齿的变形情况

（1）利用碎片拼凑法确定主断面　金属零件如果已破坏成几个碎片，则应将这些碎片按零件原来的形状拼合起来，然后观察其密合程度。密合程度好的断面为后断的断面，密合最差的断面为最先开裂的断面，即主断面。例如：图 3-8 所示的联杆销孔破坏成三块，拼合后形成 A、B、C 三个断裂面。从拼合后的密合程度来看，A 断面最差，为主断面。对断裂件的进一步分析工作应集中在 A 断面上。

（2）按照"T"形汇合法确定主断面或主裂纹　如果在最初断裂件上分成几块或是存在两条以上的相互连接的裂纹，此时可以按照"T"形汇合法的原则加以判断。如图 3-9 所示，"T"字形的横向裂纹 A 为先于 B 的主裂纹，B 为二次裂纹。这时可认为 A 裂纹阻止了 B 裂纹的扩展，或者说 B 裂纹的扩展受到 A 的阻止，因为在同一个零件上，后产生的裂纹不可能穿越原有裂纹而扩展。

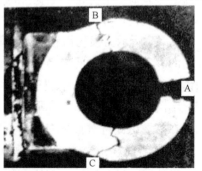

图 3-8 联杆上销孔开裂的断口
上的拼合情况

注：A 处拼合后张口最大，
开裂顺序：A→B→C。

（3）按照裂纹的河流花样（分叉）确定主裂纹 将断裂的残片拼凑起来会出现若干分叉或分支裂纹，或者在一个破坏的零件上往往有多条相互连接的裂纹。尤其是载荷较大，裂纹做快速扩展的情况下，裂纹常常有许多分叉，如图3-10所示。此时可根据裂纹形成的河流花样确定主裂纹。通常的情况是，主裂纹较宽、较深、较长，即河流花样的主流。在图3-10所示的情况下，A为主裂纹，B和C为支裂纹，并且裂纹源的位置在支裂纹扩展方向的反方向。开裂齿轮的裂纹扩展形态如图3-11所示，这是一个实际开裂的齿轮，在上面可以观察到清晰的裂纹汇合及分叉现象。

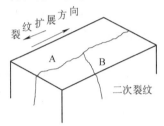

图3-9 两条裂纹构成"T"字形

注：裂纹A在裂纹B之前形成。

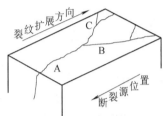

图3-10 主裂纹（A）与支裂纹（B、C）构成的河流花样

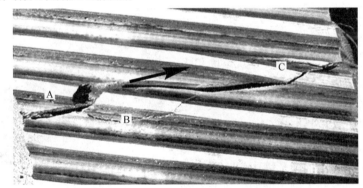

图3-11 开裂齿轮的裂纹扩展形态

注：A所示为开裂的主裂纹，主裂纹扩展过程中形成次裂纹B；C裂纹则是主断齿相邻的齿根开裂，在主裂纹处形成T交叉。箭头所示方向为裂纹扩展方向。沿箭头所示方向，裂纹宽度变窄。

3. 断裂（裂纹）源区的宏观判断

主断面（主裂纹）确定后，断裂分析的进一步工作是寻找裂纹源区。由于观察分析手段和目的不同，断裂源的含义也不同。工程上，一般所说的裂纹源区是断裂破坏的宏观开始部位。寻找裂纹源区不仅是断裂宏观分析中最核心的任务，而且是光学显微分析和电子显微分析的基础。

（1）根据不同断裂的特征确定裂纹源区 不同断裂都有不同或相应的特征，

按照这些特征来确定断裂源是断口分析中最直接、最可靠的方法。例如：如果在断裂件的主断面上观察到纤维区、放射区及剪切唇三种断裂特征，则裂纹源区应在纤维区中，并且还可断定此种断裂为静载断裂（或过载断裂）。板状试件或矩形截面的零件发生的静载断裂，在断口上通常可以看到撕裂棱线呈人字纹的分布特征。对于光滑试件来说，一组人字纹指向的末端即为裂纹源区。圆形试件、缺口冲击试件的静载断裂，应力腐蚀断裂及氢脆断裂的断口上，其撕裂棱线通常呈放射线状，一组放射线的放射中心则是裂纹源。疲劳断裂的断口上通常可以看到贝纹花样的特征线条，贝纹线形似一组同心圆，该圆心即为裂纹源。

总之，不同的断裂类型，在断口上都可以观察到典型的特征形貌。正确的断口分析不仅能够确定断裂的性质，同时能够确定断裂源区，为进一步的分析确定基础。

（2）根据裂纹宽度确定裂纹源区　将断开的零件的两部分相匹配，则裂纹的最宽处为裂纹源区。图 3-12 所示为实际开裂的管件，可按照断口拼合后的张口大小确定断裂源。两段拼合后，先开裂的部分张口很大，而后开裂的部分（管子的下部）则拼合很好。此管的开裂是由于轧制时产生的折叠所致，断裂始于折叠处。

（3）根据断口上的色彩程度确定裂纹源区　按照断口的颜色及其深浅程度来确定裂纹源区的方法，主要是观察断口上有无有别于金属本色的氧化色、锈蚀及其他腐蚀色彩等特征，并依此确定裂纹源区的宏观位置。这也是断口分析中经常采用的方法。

在有氧化和锈蚀的环境中发生断裂的零件，其断口上有不同程度的氧化及锈蚀色彩。显然，有色彩处为先断，无色彩

图 3-12　实际开裂的管件

处（或为金属本色）为后断。色彩深的部位为先断，色彩浅的部位为后断。

在高温下工作的零件，其断口上通常可见深黄色和蓝色色彩，前者为先断，后者为后断。

水淬开裂的零件可以根据断口上的锈蚀情况判断开裂点。油淬时，可以根据淬火油的渗入情况判断起裂点。若断口发黑，说明在淬火前零件上就有裂纹（黑色是高温氧化的结果）。

（4）根据断口的边缘情况确定裂纹源区　观察断口的边缘有无台阶、毛刺、剪切唇和宏观塑性变形等，将有助于分析裂纹源区的位置、裂纹扩展方向及断裂的性质等问题。因为随着裂纹的扩展，零件的有效面积不断减小，使实际载荷不

断增加。对于塑性材料来说，随着裂纹的扩展，裂纹两侧的塑性变形不断加大，依此即可确定裂纹的扩展方向。在断口的表面没有其他特殊花样存在的情况下，利用断口边缘的情况往往是判断裂纹源区及裂纹扩展方向的唯一的和可靠的方法。例如：在高温下开裂的蒸汽管道，其断口往往由于高温氧化而难以判断开裂的方向。而确定开裂是从管壁外表面开始的还是从管壁内表面开始的，是正确分析蒸汽管道开裂原因的基本条件。在这种情况下，断裂表面的剪切唇或毛刺则是唯一的判定依据。图 3-13 所示两根爆裂的蒸汽管道的爆口形状基本相同，爆口边缘无明显塑性变形，都属于脆性爆管。在图 3-13a 所示爆管管壁内侧和图 3-13b 所示爆管管壁外侧均有可见的剪切唇和毛刺，因此，可以断定图 3-13a 所示爆管为管外壁起裂，而图 3-13b 所示爆管为管内壁起裂。据此取样进一步分析爆管原因可知，图 3-13a 所示爆管是由于外表面氧化引起的，而图 3-13b 所示爆管则是由于长期过热导致材质老化引起的。

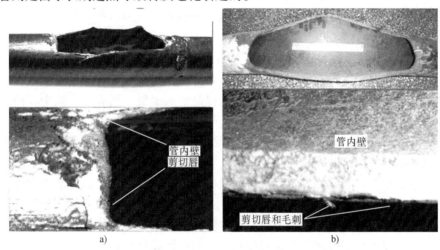

图 3-13　按照爆口开裂管壁的剪切唇和毛刺判断管壁开裂的顺序
a）管外壁起裂　b）管内壁起裂

　　当然，并不是在所有的断口上都能找到断裂源，如整体金属零件出现的脆性断裂为瓷状断口，过热及过烧件的断裂为结晶状断口，以及晶间腐蚀与均匀腐蚀断口在宏观上均无可见的断裂源。

4. 宏观断口的表象观察与致断原因初判

　　在宏观断口的分析中除上述工作外，还应当对下述问题做进一步观察和分析。

　　（1）断裂源区和零件几何结构的关系　断裂源区可能发生在零件的表面、次表面或内部。

对于塑性材料的光滑零件，在单向拉伸状态下，断裂源在截面的中心部位属于正常情况。为防止零件出现此种断裂，应提高材料的强度水平或加大零件的几何尺寸。

表面硬化件发生断裂时，断裂源可能发生在次表层。为防止此类零件的断裂，应加大硬化层的深度或提高零件的心部硬度。

除上述两种情况外，断裂源区一般发生在零件的表面，特别是零件的尖角、凸台、缺口、刮伤及较深的加工刀痕等应力集中处。为防止此类破坏，显然应从减小应力集中方面入手。

（2）断裂源区与零件最大应力截面位置的关系　断裂源区的位置一般应与最大应力所在平面相对应，如果不相对应，则表明零件的几何结构存在某种缺陷或工作载荷发生了变化，但更为常见的情况是材料的组织状态不正常（如材料的各向异性现象严重）或存在着较严重的缺陷（如铸造缺陷、焊接裂纹、锻造折叠）等情况。例如：承受单向扭转工作载荷的轴件，其断口的宏观形貌，按其与最大应力的关系可能有以下几种情况：

1）断口表面与最大正应力所在平面相对应，即断口与轴线呈 45° 螺旋状。此种类型的断裂为宏观脆性断裂，通常是由材料的脆性过大或韧性、塑性不足引起的。通过改变零件的热处理工艺，适当提高回火温度，则有助于减少零件的此类断裂。

2）断口的表面与最大切应力所在平面相对应，即断口平面与轴线垂直或平行。此种类型的断裂为宏观的韧性断裂，通常是由材料的强度或硬度不足引起的。通过改变零件的热处理工艺，适当降低零件的回火温度，则有助于零件使用性能的改善。

上述两种情况均表示材料的组织均匀性未出现太大问题。在此种情况下，如果调整热处理工艺难以避免上述两种断裂，则应提高材料的强韧性级别或者适当加大零件的几何尺寸。

3）断口表面与轴线的夹角远小于 45°，即断口表面既不和最大正应力所在平面相对应，也不和最大切应力所在平面相对应。换句话说，该断裂面是在较小的应力条件下形成的。由此可以推知，材料的各向异性现象比较严重，横向性能比较差。断裂通常是由材料中的塑性夹杂物比较多及锻造流线沿轴向分布显著等因素引起的。

（3）裂纹源的部位　裂纹是从一个部位产生的还是从几个部位产生的？是从局部部位产生的还是从很大范围内产生的？通常的情况是，应力数值较小或呈柔性应力状态时易从一处产生，应力数值较大或呈硬性应力状态时易从多处产生；由材料中的缺陷及局部应力集中引起的断裂，裂纹多从局部产生；存在大尺寸的几何结构缺陷引起的应力集中时，裂纹易从大范围内产生。

例如，承受旋转弯曲的轴件可能产生以下几种类型的断裂：

1）裂纹源于表面一处或两处（基本对称，但稍有偏转）。这是最为常见的断裂形式。其产生原因是表面拉应力最大及表面存在一定的加工缺陷或材料缺陷。在无明显缺陷存在的情况下，正常的断裂（由材料性质及轴件的几何尺寸和载荷性质来决定）也呈此种断裂形式。

2）裂纹源于次表面。某处次表面的拉应力小于表面的拉应力，其所以成为起裂点，必然存在有较大的缺陷。

3）裂纹源于整个表面向内扩展导致的断裂。其断裂原因一般是轴件存在变截面且其应力集中现象严重，如存在直角过渡的情况。

（4）断口的表面粗糙度　断口的表面粗糙度在很大程度上可以反映断裂的微观机制，并有助于断裂性质及致断原因的判断。例如：粗糙的纤维状多为微孔聚集型的断裂机制，且孔坑粗大，塑变现象严重；瓷状断口多为准解理或脆性的微孔断裂，塑变现象极小、孔坑小、浅、数量极多；粗、细晶粒状为沿晶断裂；镜面反光现象明显的结晶状断口为解理断裂；表面较平整多为穿晶断裂，凹凸不平多为沿晶断裂等。

（5）断口上的冶金缺陷　注意观察断口上有无夹杂物、分层、粗大晶粒、疏松、缩孔等冶金缺陷，有时依此可以直接确定断裂原因。

3.3.3　断口的微观分析

1. 断口微观分析的内容和方法

断裂件的断口经宏观分析之后，对断裂的性质、类型及致断原因等问题已有所了解。但对于许多断裂问题，特别是在特殊环境条件下发生的断裂，仅限于宏观分析还是不够的。其原因是：①断口的某些产物必须搞清楚，才能确定断裂原因；②宏观断口形貌尚不能完全揭示出断裂的微观机制及其他细节。因此，为了进一步搞清楚这些问题，还应对断口做微观分析。其内容主要包括断口的产物分析及形貌分析两个方面。

（1）断口的产物分析　在特殊的介质环境下或高温场合断裂的零件，其断口上常有残存的与环境因素相对应的特殊产物，而这些产物的分析对于致断原因的分析，是至关重要的，例如：奥氏体不锈钢发生的氯脆断裂，其断口上必有 Cl^-；碳钢材料发生的碱脆断裂，其断口上必有 Fe_3O_4；钢铁材料发生的硝脆断裂，其断口上必有 NO_3^-；铜及其合金发生的氨脆断裂，断口上必有 NH_4^+；氢化物形成的氢致断裂，其断口上必有氢化物。

在断口分析时，根据断口上的特殊产物，一般来说即可确定致断原因。

断口产物的分析又可分为成分分析和相结构分析两个方面。成分的确定可采用化学分析、光谱分析，以及采用带有能谱的扫描电子显微镜、电子探针及俄歇能谱仪等设备进行分析。产物的相结构分析常用 X 射线衍射、透射式电子显微镜选区衍射及高分辨率衍射等方法。

（2）断口的微观形貌分析　目前用于断口微观形貌分析的工具主要是电子显微镜，即透射电子显微镜与扫描电子显微镜。

透射电子显微镜分析是对从断口表面复制下来的模型进行观察。它的优点是：分辨率高，成像质量好，不必破坏断口，故可进行多次观察。它的缺点是：不能直接观察断口表面而须制备复型，因此在分析时可能出现假象；另外，它的放大倍数太大，不适宜做低倍观察。

扫描电子显微镜的优点是：可以直接观察断口而无须制备复型，因而可以消除人为的假象；它的放大倍数可以从几十倍到几千倍连续变化，因而可以在一个断口上连续地进行分析。它的缺点是：分辨率低，成像质量不如透射电子显微镜好，对于大型断口须切成小块才能上机观察。

2. 解理断裂

（1）解理断裂的特点　解理断裂是正应力作用下金属的原子键遭到破坏而产生的一种穿晶断裂。其断裂的特点是：解理初裂纹起源于晶界、亚晶界或相界面并严格沿着金属的结晶学平面扩展，其断裂单元为一个晶粒尺寸。常见金属的解理面见表 3-8。

表 3-8　常见金属的解理面

金属	晶系	解理面	金属	晶系	解理面
α-Fe	体心立方	{100}	Ti	密排六方	{0001}
W	体心立方	{100}	Te	六方	{1010}
Mg	密排六方	{0001}	Bi	菱形	{111}
Zn	密排六方	{0001}	Sb	菱形	{111}

（2）解理断裂的微观形貌特征及断裂性质　利用扫描电子显微镜或透射电子显微镜对断口表面或其复型进行观察，解理断裂的微观形貌特征主要是河流花样及解理台阶，如图 3-14 所示。除此之外，还有舌状花样（见图 3-15）、鱼骨状花样、扇形花样及羽毛花样，以及珠光体解理（见图 3-16）等。通常只要有上述特征之一，即可确定解理断裂的性质。

（3）致断原因分析　导致金属零件发生脆性解理断裂的原因有材料性质、应力状态及环境因素等。

1）从材料方面考虑，通常只有冷脆金属才能发生解理断裂。面心立方金属为非冷脆金属，一般不会发生解理断裂。仅在腐蚀介质存在的特殊条件下，奥氏体钢、铜及铝等才可能发生此种断裂。

图 3-14 解理断裂的微观形貌

a）河流花样 b）河流通过晶界时剧增

 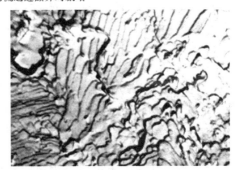

图 3-15 舌状花样   图 3-16 珠光体解理

2）零件的工作温度较低，即处在韧脆转变温度以下时会发生解理断裂。

3）只有在平面应变状态（即三向拉应力状态）下或者零件的几何尺寸属于厚板情况时，才能发生解理断裂。

4）晶粒尺寸粗大。因为解理断裂单元为一个晶粒尺寸，粗晶使解理断裂应力显著降低，使韧脆转变温度向高温方向推移，故易促使解理断裂发生。

5）宏观裂纹的存在。裂纹顶端造成巨大的应力集中，并使零件的韧脆转变温度移向高温，均促使冷脆金属发生解理断裂。

除此之外，加载速度大及活性介质的吸附作用都促进解理断裂的发生。

（4）防止零件发生解理断裂的措施 根据上述解理断裂致断原因的分析，可以得出其预防措施有以下几个方面：

1）消除或减小零件上的裂纹尺寸，避免过大的应力集中。

2）细化晶粒。

3）消除或减少金属材料中的有害杂质。对于钢铁材料来说，主要有 P、N、O_2 等杂质，其中 O_2 的危害最大。这些杂质显著提高钢材的韧脆转变温度，易促使解理断裂。S 主要降低微孔断裂时的上阶能，而对韧脆转变温度影响不大。

4）采用双相钢代替单一的马氏体组织钢。例如：采用马氏体+奥氏体、马氏体+下贝氏体、马氏体+铁素体等双相钢代替单一组织的马氏体钢，有助于减少解理断裂倾向性。

5）如果采用上述措施仍不能彻底防止零件的解理断裂，则应更换材料，即采用抗低温性能更好的材料，直至采用非冷脆金属。

总之，防止解理断裂的基本出发点是降低零件的韧脆转变温度，使零件在韧脆转变温度以上的条件下工作。

3. 准解理断裂

（1）准解理断裂的微观形貌特征　准解理断裂是淬火并低温回火的高强度钢较为常见的一种断裂形式，常发生在韧脆转变温度附近。关于准解理的形成机制，看法不一，有人认为准解理小平面也是晶体学解理面，它与解理断裂的机制相同，或者认为准解理断裂是一种解理裂纹与塑性变形之间的过渡型断裂机制。总的来说，准解理断裂的断口是有平坦的"类解理"小平面、微孔及撕裂棱组成的混合断裂。在对具有回火马氏体等复杂组织的钢材（如 Ni-Cr 钢和 Ni-Cr-Mo 钢等）的断裂失效分析时，应对这类断裂性质予以特别注意。

（2）准解理断裂性质的判别　在失效分析时，可以根据断口的微观电子图像特征来判定是否为准解理断裂。

1）在微观范围内可以看到解理断裂和微孔型断裂的混杂现象，即在微孔断裂区内有平坦的小刻面，或在小刻面的周边有塑性变形形成的撕裂棱的形貌特征，如图 3-17 所示。

2）小刻面的几何尺寸与原奥氏体晶粒大小基本相当，即断裂单元为一个晶粒大小。

3）小刻面上的河流花样比解理断裂所看到的要短，且大都源于晶内而终止于晶内。

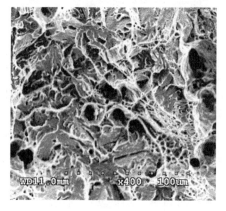

图 3-17　准解理断裂

4）小刻面上的台阶直接汇合于邻近的由微孔组成的撕裂棱上。

在断口的电子图像上出现上述特征时，即可判定为准解理性质的断裂。

（3）致断原因分析　造成准解理断裂的原因有以下几点：

1）从材料方面考虑，其组织必为淬火并低温回火的马氏体组织，回火温度低，易产生此类断裂。

2）零件的工作温度与钢材的韧脆转变温度基本相同。

3）零件的薄弱环节处于平面应变状态。

4）材料的晶粒尺寸比较粗大。

5）回火马氏体组织的缺陷，如碳化物在回火时的定向析出，孪晶马氏体的中脊与微裂纹，以及较大的淬火相变应力等均使准解理初裂纹易于形成。

（4）防止零件发生准解理断裂的措施　从上述分析中可以看出，准解理断裂是高强度钢材淬火并低温回火后，在韧脆转变温度附近发生的一种特殊断裂形式。为了防止此类断裂，最有效的办法就是提高钢材的抵抗低温脆断的能力，即千方百计地降低钢材的韧脆转变温度（如细化晶粒，减少组织缺陷等），在这方面与预防解理断裂的措施是基本相同的。

4. 准脆性解理断裂

（1）准脆性解理断裂的特点　光滑零件的解理断裂在宏观表现上一般是脆性的。但对于裂纹零件来说，常常碰到这种情况，在断口的微观分析时，观察到的断裂性质是解理的，但是在宏观断口上却可以看到剪切唇。此种解理断裂是在断裂应力大于材料的屈服强度的条件下产生的。从工程的意义上说，因其宏观变形量不大，也是一种宏观脆性的解理断裂，这种断裂称为准脆性解理断裂。

准脆性解理断裂具有很大的危险性。这是因为在一般室温条件下，如果零件上不存在裂纹，此类金属是不会产生宏观脆性断裂的，但对于存在裂纹的零件却很容易导致此种断裂。许多工程零件发生的重大工程事故（冷脆金属的低应力断裂），大都属于此种类型的断裂。完全脆性的解理断裂在工程上是很少见到的。

（2）准脆性解理断裂性质的判别　在对断裂件的断口进行微观形貌分析时，观察到解理型断裂和微孔型断裂的混合现象。但准脆性解理断裂与准解理型的混合断裂不同之处在于，在断裂件中部的平面应变区为解理型断裂，在断裂件的周边平面应力区为微孔型的断裂。

（3）致断原因分析　对于准脆性解理断裂产生的原因，可以从断裂力学的角度予以解释，如图 3-18 所示。

在平面应变区（见图 3-18a），当裂纹顶点的应力 $\sigma_{y0} = R_{eL}$ 时，裂纹顶端附近的第一主应力（σ_y）的应力分布如图 3-18a 中曲线 1 所示。此时裂纹顶点 O 处的金属开始屈服，但因其低于解理断裂应力（σ_{co}），故即使有解理初裂纹的产生，因其不能通过晶界扩展而不能发生解理断裂。

当外力进一步增加，裂纹顶端开始形成塑性区，其宽度为 x_0' 时，在平面应变条件下（零件的中部），塑性区内的应力分布为

$$\sigma_y = R_{eL}\left[1+\ln\left(1+\frac{x}{\rho_0}\right)\right] \qquad (3\text{-}8)$$

其极值

$$\sigma_{ymax} = R_{eL}\left[1+\ln\left(1+\frac{x_0'}{\rho_0}\right)\right] \qquad (3\text{-}9)$$

即在弹塑性区的交界处，当满足 $\sigma_{ymax} \geq \sigma_{co}$ 时（应力分布如图 3-18a 中曲线 2 所示），此时 O' 点则具备解理断裂的应力条件，故初裂纹由此点起裂，扩展后导致解理断裂。但在零件截面的周边的平面应力状态区（见图 3-18b），塑性区内的应力分布为 $\sigma_{y0} = R_{eL}$，也就是说，各点的应力均小于解理断裂应力，故不能发生解理断裂。因此，在零件的周边仍以微孔型的断裂方式形成剪切唇。

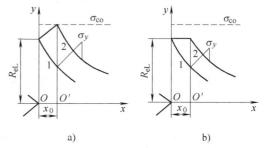

图 3-18　准脆性解理断裂产生的力学条件

a）平面应变区　b）平面应力区

σ_{co}—解理初裂纹通过晶界扩展的临界应力

σ_y—垂直裂纹截面上的主应力

在上述情况下，由于在零件中部的平面应变区产生的解理断裂，必须首先形成一定的塑性变形区，而零件的周边又是以微孔型断裂而形成剪切唇，所以它不同于解理断裂应力小于材料屈服强度条件下的低温脆断。但从工程上讲，由于塑性区的尺寸很小，剪切唇也不足以阻止裂纹的扩展，断裂的宏观名义应力一般仍小于屈服强度，所以断裂仍属于宏观脆性的，断裂是瞬时进行的，故称为准脆性解理断裂。

（4）预防措施　从上述分析中可知，防止准脆性解理断裂的主要措施是减小零件中的裂纹尺寸，因为在无裂纹存在的情况下，零件本来是不会发生解理断裂的。也就是说，材料的选择还是合理的，零件的工作温度也并非过低，即并不是由于低温引起的。或者说，温度仅是一种影响因素而不是致断的根本原因。在一般情况下，不需要对材料提出过高的要求或更换新材料。

5. 微孔型断裂

（1）微孔型断裂的微观形貌　微孔型断裂又叫微孔聚集型断裂，它是塑性变形起主导作用的一种韧性断裂。微孔型断裂的微观电子形貌呈孔坑、塑坑、韧窝、叠波花样，如图 3-19 所示。在孔坑的内部通常可以看到第二相质点或其脱落后留下的痕迹，这是区别于其他断裂的主要微观特征。

（2）微孔型断裂性质的判别　按其加载方式，微孔型断裂可分为等轴型、撕裂型及滑开型三种类型（见图 3-20）。微孔型断裂可以是沿晶型的，但多为穿晶型的断裂。

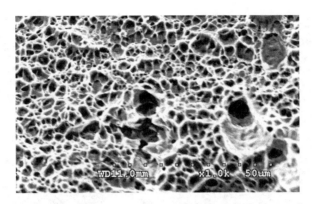

图 3-19 微孔型断裂的微观形貌

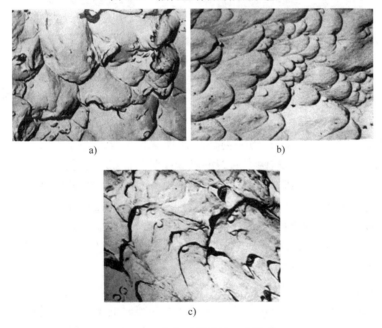

a)   b)

c)

图 3-20 微孔型断裂的三种类型

a）等轴型 b）撕裂型 c）滑开型

孔坑的大小不仅与第二相质点的几何尺寸有关，而且更主要的是取决于参与孔坑形成的第二相质点间的距离大小。

孔坑的深浅取决于孔坑连接时附近金属的变形量；材料的塑性大，温度高及加载速度小，金属的塑性变形量大，孔坑的几何尺寸大而深（见图 3-21a）。第二相质点的数量多或质点间距小，孔坑的几何尺寸小而浅（见图 3-21b）。

在断口分析时，根据断口微观电子图像的上述特征，可以比较容易地确定此类断裂，同时还可以进一步确定外加载荷的类型、材料特点及第二相质点的有关

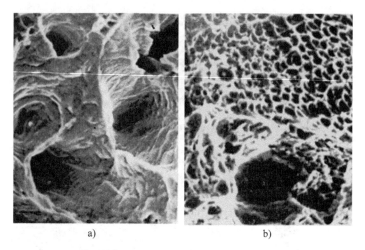

图 3-21　微孔型断裂孔坑的形态

a）孔坑的几何尺寸大而深　b）孔坑的几何尺寸小而浅

性质。

　　微孔型断裂是一种韧性断裂，但不能与宏观韧性断裂等同起来。微孔型断裂的宏观表现有两种类型：一类是宏观塑性的微孔型断裂（如光滑试件在室温拉伸时形成缩颈后发生的断裂）；另一类是高强度材料裂纹试件在室温拉伸时出现的宏观脆性的微孔型断裂。这两类断裂的微观断裂机制都是微孔聚集型的，但由于基体材料的性质不同，其宏观表现有很大的差别。从失效分析的观点出发，在考虑如何防止这两种断裂时，确有很大的差别。前者应通过提高材料的塑变抗力防止裂纹的形成；而后者则需要提高材料的断裂韧度，即通过阻止裂纹的形成及延缓裂纹的扩展来防止断裂的发生。在工程上，宏观脆性的微孔型断裂具有更大的危险性，对此类断裂要有更深入的了解。

　　（3）宏观脆性微孔型断裂的特点　宏观脆性微孔型断裂的微观电子形貌为细小、均匀分布的等轴型微孔，微孔的形成和连接时的塑性变形量很小。这种断裂的特点是由高强度材料的组织特点决定的。高强度材料的组织特点是在固溶强化的基体上弥散分布着细小的第二相质点，质点的平均间距很小。这种组织对于裂纹的敏感性是非常大的，也就是说，裂纹顶端的应力集中现象很严重。因此，断裂的名义应力低于材料的屈服强度，而其微观机制却是微孔聚集型的。由于微孔的形成和扩大连接所发生的变形量很小，所以在宏观上表现为典型的脆性断裂特征。

　　（4）宏观脆性微孔型断裂的预防措施　为了预防高强度材料裂纹件发生的微孔型断裂，主要是从材料学的角度出发，通过提高材料的断裂韧度加以解决。由上一章可知，增加材料的断裂韧度，即可提高零件的承载能力或允许零件中存在较大的裂纹尺寸，从而有助于防止此类断裂。为了提高材料的断裂韧度，应尽量减小促使微孔形成的内在因素，其具体措施是：

1）纯化金属——减少有害杂质的含量。

2）使有害杂质以固溶状态存在。

3）球化异相质点并改变其分布状态。

4）改变强化相的性质。

5）发挥韧性相的作用。

6. 沿晶断裂

（1）沿晶断裂的微观形貌特征　金属零件在应力作用下沿晶粒边界发生分离的现象称为沿晶断裂。按断口的微观形貌特征，沿晶断裂又可分为两大类（见图 3-22）：一类是沿晶的正向断裂，这类断裂断口的微观电子形貌反映了多面体晶粒的界面外形，呈典型的冰糖块状，晶粒表面完整、干净、无塑性变形痕迹；另一类是沿晶的韧性断裂，这类断裂断口的微观电子图像上可见大量的、沿晶界分布的细小微孔及第二相质点。这表明断裂过程中沿晶界发生了一定的塑性变形，其断裂机制与晶内微孔型断裂是相同的，即在外力作用下，在晶界某些薄弱的地方，围绕着第二相质点首先形成显微孔洞，这些孔洞长大与连接后形成沿晶微裂纹，最后导致沿晶断裂。由于塑性变形仅限于晶界的局部地区，所以从宏观上看，此类断裂也多属脆性的断裂。

（2）沿晶断裂的判定　利用扫描电子显微镜或透射电子显微镜对新鲜断口或其复型进行高倍观察，断口表面呈冰糖块状或岩石状的多面体外形，有较强的立体感。这是由于金属晶粒是多面体形所致。由此即可确定此种断裂属于沿晶型的断裂。

利用金相分析法，观察裂纹的走向与晶界的关系也不难确定此类断裂。

（3）沿晶断裂的致断原因　沿晶断裂的致断因素多种多样。氢致损伤、应力腐蚀、蠕变、回火脆性、第二相析出脆性及热脆性、热疲劳等断裂均可能是沿晶型的断裂。在对断口进行微观分析时，按其断口形貌及产物的类型可将沿晶断裂细分为以下几种类型：

1）沿晶的正向断裂。此类断裂的微观电子形貌是典型的冰糖块状，晶粒的多面体形状清晰、完整（见图 3-22a）。典型的回火致脆断裂、金属的过热引起的粗晶脆断、蠕变断裂及富氧层引起的沿晶断裂等均具有此种形貌特征。为了进一步分清究竟是何种因素引起的断裂，还应做工艺分析、环境因素分析及材质分析等。例如：根据工艺条件及晶界上存在大量的杂质元素 P、S、Se、Sb、Te、Sn 等，即可判为回火脆性的沿晶断裂。

2）沿晶的韧性断裂。此类断裂的微观电子形貌是晶粒间界的表面上存在有大量的微孔花样（见图 3-22b）。断裂是由沿晶析出的第二相塑性夹杂物（如 MnS）在外力作用下，通过微孔的形成、扩大和相互连接引起的沿晶断裂。为了确定此类断裂的原因及预防措施，应对第二相质点的性质及沿晶析出的工艺条件做进一步分析。

a)   b)

图 3-22   沿晶断裂断口微观形貌

a）沿晶的正向断裂   b）沿晶的韧性断裂

3）脆性的第二相质点沿晶界析出引起的沿晶断裂。此类断裂的微观电子形貌是晶粒边界的表面上存在有大量的第二相质点及质点脱落留下的孔洞（见图 3-23a）。此种断裂属于脆性的沿晶断裂，是由第二相的脆断及其与基体金属间的界面分离引起的沿晶断裂，几乎不发生塑性变形。例如：由网状碳化物、高合金钢中的 γ 相及 K 相等金属化合物、AlN 引起的沿晶断裂，以及由过烧组织中晶界被熔化形成的脆性骨架引起的断裂。断裂原因的确定及预防措施的提出，需要对脆性相的性质进行分析。

4）晶界与环境介质交互作用引起的沿晶断裂。此种断裂的微观电子图像是在晶界表面上具有特殊的产物及形貌特征，如氢化物致脆（见图 3-23b）、应力腐蚀、腐蚀疲劳等致脆断裂。分析产物的性质及形貌特征（如腐蚀产物的泥纹花样），并结合零件所处的环境条件，即可确定致脆的具体原因。

5）具有疲劳机制的沿晶断裂。在交变应力作用下，疲劳裂纹沿弱化的晶界扩展引起的断裂。微观形貌特征有时可见疲劳裂纹缓慢扩展的痕迹（见图 3-23c），配合载荷的性质一般也不难确定。

（4）沿晶断裂失效的预防措施   预防沿晶断裂失效的措施通常有以下几点：

1）提高材料的纯洁度，减少有害杂质元素的沿晶界分布。

2）严格控制热加工质量和环境温度，防止过热、过烧及高温氧化。

3）减少晶界与环境因素间的交互作用。

图 3-23   几种性质的沿晶断裂形貌

a）沿晶断裂 1（TEM 二级复型，20Cr13 对接焊叶片脆性损坏断口形貌，晶界上有条状析出物）

b）沿晶断裂 2（SEM 二次电子像，镍基合金涡轮机叶片断口形貌，晶界上有"鸡爪"痕）

c）沿晶断裂 3（SEM 二次电子像，镍基合金涡轮机叶片断口形貌，晶界面上有疲劳纹和微坑特征）

4）降低金属表面的残余拉应力，防止局部三向拉应力状态的产生。

7. 疲劳断裂

疲劳断裂断口微观形态请参见第 5 章疲劳断裂失效分析。

其他形态断口分析请参见本书相关章节和有关参考文献，在此不再赘述。

3.3.4   计算机在金属断口图像识别中的应用

金属断口图像识别是一种通过对金属样品的断口形貌进行分析，以判断金属材料性质和加工状态的方法。金属断口图像识别研究起始于 20 世纪 70 年代，主要是利用光学显微镜观察金属断口并对其进行分类。随着计算机技术的发展，20 世纪 80 年代开始使用数字化处理技术对断口图像进行分析和判定。20 世纪 90 年代初期，利用神经网络等人工智能技术对金属断口图像进行自动分类和识别的研究逐渐兴起，其中空间域和换域的算法扩展较为显著，一些研究将多个特征进行拟合，而不是仅提取所有图像特征进行分类。在此基础上，研究多层感知神经网络和 K-最近邻法两种分类方法，并将其推广到对几何变换、噪声等不确定因素不敏感的金属断裂图像中。

近年来，深度学习技术被广泛应用于金属断口图像识别中，尤其在卷积神经网络和循环神经网络等模型上取得了显著的成果。针对不同金属材料的断口图像，采取相应的识别方法。例如：针对铝合金材料的研究，采用了基于深度学习的复合特征提取方法，使得识别精度得到了有效提升。同时，还专注于利用传统算法，结合支持向量机、决策树等分类方法，实现金属断口图像的自动化识别。

随着深度学习技术的发展，卷积神经网络的金属断口图像识别方法取得了更好的效果，逐渐应用于金属材料性能分析、预测和制造质量控制等领域。

　　金属断口图像识别是一种重要研究领域，相关技术已在实际工业生产中得到了应用。未来，随着深度学习、计算机视觉技术的不断发展，金属断口图像的研究将会更加深入和完善。

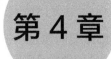

第4章

静载荷作用下的断裂失效分析

4.1 过载断裂特征与失效分析

4.1.1 过载断裂及断口的一般特征

1. 过载断裂

当工作载荷超过金属零件危险截面所能承受的极限载荷时，构件发生的断裂称为过载断裂。

在工程上，对于金属零件来说，一旦材料的性质确定以后，零件的过载断裂主要取决于两个因素，即零件危险截面上的正应力和有效尺寸。正应力是由外加载荷的大小、方向及残余应力的大小来决定的，并受到零件的几何形状、加工状况（表面粗糙度、缺口的曲率半径等）及环境因素（磨损、腐蚀、氧化等）多种因素的影响。因此，为了安全起见，在设计时，将材料的规定塑性延伸强度 $R_{p0.2}$ 除以一个大于 1 的安全系数 n 后，作为材料的许用应力 $[\sigma]$，即

$$[\sigma] = \frac{R_{p0.2}}{n} \tag{4-1}$$

零件的工作应力应小于或等于 $[\sigma]$。

按此种方法设计，零件应该是安全的。但由于种种原因，零件发生过载断裂失效的现象并不少见。

特别需要指出的是，判断某个断裂失效零件是不是过载性质的，不是仅仅看其断口上有无过载断裂的形貌特征，而且要看零件断裂的初始阶段是否是过载性质的断裂。因为对于任何断裂，当初始裂纹经过亚临界扩展，达到某临界尺寸时就会发生失稳扩展。此时的断裂总是过载性质的，其断口上必有过载断裂的形貌特征。但如果断裂的初始阶段不是过载性质的，那么过载就不是零件断裂的真正原因，因而不属于过载断裂失效。

在失效分析时还应当注意，所谓过载，仅仅说明工作应力超过零件的实际承载能力，并不一定表示操作者违章作业，使零件超载运行。因为也可能属于另一种情况，即工作应力并未超过设计要求，而由于材料缺陷及其他原因，使其不能

承受正常的工作应力，此时发生的断裂也是过载性质的。两种断裂同属过载但其致断原因却不相同。因此，在使用式（4-1）来判定是否存在过载时，所采用的 $R_{p0.2}$ 一定是零件材料实际的规定塑性延伸强度，而不应是该材料一般的规定塑性延伸强度数值。例如：45 钢正常调质状态（840℃水淬，560℃回火）的 $R_{p0.2}$ = 501～539MPa，而正火状态的 $R_{p0.2}$ 只有 370MPa。如果设计要求调质状态使用的零件，而实际只是正火状态材料加工而成，则实际的许用载荷将大大降低。尤其对用轧制钢板加工的普通结构件，在分析时一定要注意材料的各向异性。设计时参考一般材料性能数据手册或机械设计手册，查到的往往是沿轧制方向的材料性能。另外，对于存在缺陷尤其是裂纹的零件，应按照断裂力学的计算办法进行校核，而不能单用简单的式（4-1），这在第 2 章中已有阐述，在此不再赘述。

过载断裂失效的宏观表现，可以是宏观塑性的断裂，也可以是宏观脆性的断裂。

2. 过载断裂失效断口的一般特征

金属零件发生过载断裂失效时，通常显示一次加载断裂的特征。其宏观断口与拉伸试验断口极为相似。

（1）宏观塑性过载断裂失效　对于宏观塑性的过载断裂失效来说，其断口上一般可以看到三个特征区：纤维区、放射区及剪切唇，如图 4-1 所示。这三个特征区通常称为断口的三要素。

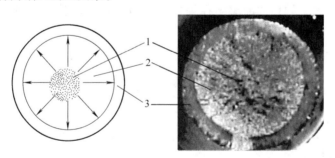

图 4-1　光滑试件的塑性拉伸断口形貌

1—纤维区　2—放射区　3—剪切唇

1）纤维区位于断裂的起始部位。它是在三向拉应力作用下，裂纹缓慢扩展而形成的。裂纹的形成核心就在此区内。该区的微观断裂机制是等轴微孔聚集型，断面与应力轴垂直。

2）放射区是裂纹的快速扩展区。宏观上可见放射状条纹或人字纹。该区的微观断裂机制为撕裂微孔聚集型，也可能出现微孔及解理的混合断裂机制。断面与应力轴垂直。

3）剪切唇是最后断裂区。此时零件的剩余截面处于平面应力状态，塑性变形的约束较少，由切应力引起的断裂，断面平滑，呈暗灰色。该区的微观断裂机制为滑开微孔聚集型。断面与应力轴呈 45°角。

（2）宏观脆性过载断裂失效 宏观脆性过载断裂失效的断口特征有两种情况：

1）对于拉伸脆性材料，过载断裂的断口为瓷状、结晶状或具有镜面反光特征；在微观上分别为等轴微孔、沿晶正断及解理断裂。图 4-2 所示为铸铁拉伸试样断口形貌，该断口为脆性断口，呈结晶状，无三要素特征。

2）对于拉伸塑性材料，因其尺寸较大或有裂纹存在时发生的脆性断裂，其断口中的纤维区很小，放射区占有极大的比例，周边几乎不出现剪切唇。其微观断裂机制为微孔聚集型并兼有解理的混合断裂。

图 4-2 铸铁拉伸试样断口形貌

4.1.2 影响过载断裂断口特征的因素

1. 材料性质的影响

断口上的三要素是塑性过载断裂的基本特征。材料的性质对其具有很大的影响。不同性质的材料虽然发生的同是过载断裂，但其断口形貌却有很大的差异。在失效分析时，可以根据这些差异推断材料的性能特点，这对于正确地分析致断原因是有很大帮助的。

1）对于大多数的单相金属、低碳钢及珠光体状态的钢，其过载断裂断口上，具有典型三要素的特征。

2）对于高强度材料、复杂的工业合金及马氏体时效钢等，其断口的纤维区内有环形花样，其中心像火山口状，"火山口"中心必有夹杂物，此为裂纹源。另外，还有放射区细小及剪切唇也较小等特点。

3）对于中碳钢及中碳合金钢的调质状态，其断口的主要特征是具有粗大的放射剪切花样，基本上无纤维区和剪切唇。放射剪切是一种典型的剪切脊。这是在断裂起裂后扩展时，沿最大切应力方向发生剪切变形的结果。其另一特点是放射线不是直线的，这是因为变形约束小，裂纹钝化，致使扩展速度较慢等。

4）对于塑性较好的材料，由于变形约束小，断口上可能只有纤维区和剪切唇而无放射区。断口上的纤维区较大，则材料的塑性较好；反之，放射区增大，则表示材料的塑性降低，脆性增大。

5）纯金属还可能出现一种全纤维的断口或 45°角的滑开断口。

6）对于脆性材料的过载断裂，其断口上可能完全不出现三要素的特征，而呈现细瓷状、结晶状及镜面反光状等特征。

图 4-3 所示为几种拉伸断裂断口形貌。

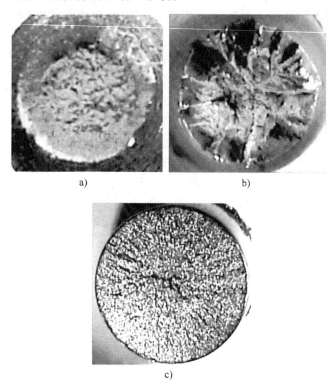

a)   b)

c)

图 4-3　几种拉伸断裂断口形貌

a）高塑性材料的拉伸断口（只有纤维区，没有放射区）　b）中碳钢调质状态的拉伸断口
（粗大的放射剪切花样）　c）中碳钢回火脆性状态的拉伸断口（断口齐平，沿晶型）

2. 零件几何形状与尺寸的影响

零件的几何形状与结构特点对过载断裂，特别是对宏观塑性的过载断裂的断口特征会产生一定的影响。例如：零件上存在的各式各样的尖角、缺口引起的应力集中现象较为严重时，将会直接影响断裂源产生的部位、三要素的相对大小及形貌特征。在进行断裂失效分析时，为了寻找断裂源的部位要特别注意这一变化。

（1）圆形试件　圆形试件拉伸塑性断裂的断口特征：光滑试件通常有如图 4-1 所示的形貌特征；缺口试件断口上的三要素的宏观位置与光滑试件有很大的差异，如图 4-4 所示。由于缺口处的应力集中，裂纹直接在缺口或缺口附近产生，纤维区沿圆周分布（或观察不到纤维区），最后断裂区一般要比其他部位的断口粗糙得多。对于圆形或近圆形截面的零件，断裂时可根据断口上的三要素位置判断断裂的起始点即断裂源。由于实际零件材料、热处理和所处应力状态的变化，在实际分析时，通常难以得到完整的三要素，这时，放射区中放射线的方向是判断断裂过程的重要依据。由于应力状态的关系，通常的过载断裂，断裂源即纤维区总是在断面的近中心部位；一旦发现相反的放射线走向，即断裂源不在零件的中心区域，而是在表面或近表面某一位置，则可以确定为零件表面存在较严重缺陷，可以是切削加工缺陷，也可以是大的夹杂物、裂纹等冶金缺陷。

若缺口试件的裂纹以不对称的方式由缺口向内部扩展，断口形态较为复杂，其断裂过程与零件的应力状态有关。如图 4-5 所示，其初始阶段可能是纤维状的，第二阶段则可能是放射状的。当第一阶段和第二阶段相交接，裂纹停止扩展，形成最后断裂区。

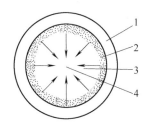

图 4-4 缺口圆形试件过载断裂
形貌示意图
1—缺口 2—纤维区 3—放射区
4—最后断裂区

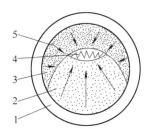

图 4-5 裂纹不对称扩展断口
形貌示意图
1—缺口 2—初始阶段 3—第二阶段
4—最后断裂区 5—裂纹扩展方向

（2）矩形试件 矩形试件过载断口上也有三要素的特征，不过断口上的三要素的相对位置，因其结构方面的影响有图 4-6 所示的四种情况。矩形试件断口上的主要特征是裂纹快速扩展区的人字纹花样。图 4-7 所示为实际断口上的人字纹花样。

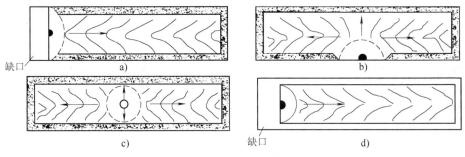

图 4-6 矩形试件过载断裂断口形貌示意图
a）侧面缺口试件 b）无缺口试件表面起裂 c）无缺口试件中心起裂 d）周边缺口试件

图 4-7　实际断口上的人字纹花样

对于矩形或类似形状的零件的断裂分析，人字纹形状和走向是寻找断裂源和判断失效性质的重要依据。表面光滑的零件的断口上人字纹的尖部总是指向裂纹源的方向，而周边有缺口时正好相反。

（3）几何尺寸的影响　无论何种形状的零件，其几何尺寸越大，放射区的尺寸越大，纤维区和剪切唇的尺寸一般也有所增大，但变化幅度较小，如图 4-8 所示。在很薄的试样上，可能出现全剪切的断口。

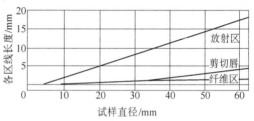

图 4-8　试样直径对三要素区域尺寸比例的影响

注：试样材料为 40CrNiMoA 钢。采用无缺口拉伸试样。

3. 载荷性质的影响

载荷性质不仅对断口中三要素的相对大小有影响，而且有时也会使其断裂的性质发生很大的变化。

（1）断口中三要素相对大小的变化　应力状态的柔性对三要素的相对大小有较大的影响。三向拉应力为硬状态，三向压缩为柔性状态；快速加载为硬状态，慢速加载为柔性状态。由于材料在硬状态应力作用下表现为较大脆性，所以放射区加大，纤维区缩小，剪切唇变化不大。

（2）断口形貌的变化　对于同一种材料及尺寸相同的零件，拉伸塑性断口与冲击塑性断口的形貌有所不同。冲击断口形貌如图 4-9 所示。在受拉侧起裂并形成拉伸纤维区，向内扩展形成放射区，但当进入压缩侧时，放射花样可能消

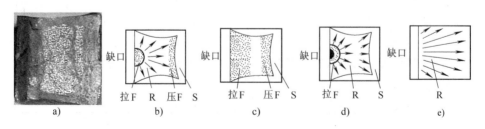

图 4-9　冲击断口形貌

a）实物图　b）一般情况　c）材料塑性较好　d）材料脆性较大　e）脆性断口

F—纤维区　R—放射区　S—剪切唇

失，而出现压缩纤维区，周边为剪切唇（见图4-9b）；如果材料塑性足够大，放射区可能完全消失，断口上仅有拉伸纤维、压缩纤维及剪切唇（见图4-9c）；如果材料的脆性较大，压缩纤维区变小，甚至消失，代之出现的是压缩放射区（见图4-9d），并可看到此放射区和拉伸区不在同一个平面上；某些塑性材料在冲击载荷作用下，甚至完全表现出脆性断裂的特征（见图4-9e）。

4. 环境因素的影响

温度的变化及介质的性质对过载断裂的断口也有影响。例如：温度升高，一般使材料的塑性增大，因而纤维区加大，剪切唇也有所增加，放射区相对变小，如图4-10所示。

腐蚀介质可能使通常的韧性断裂变为脆性断裂。

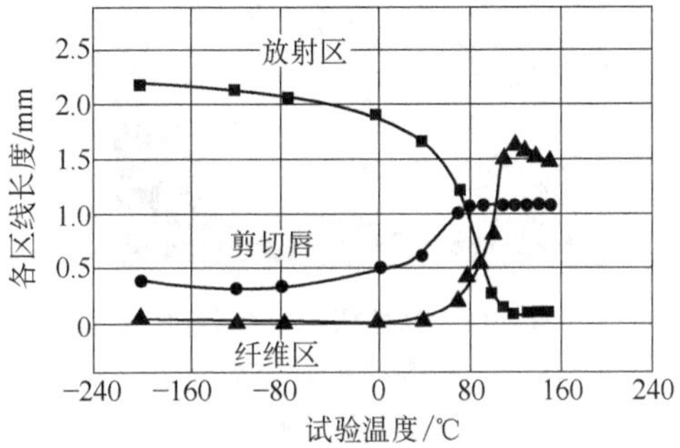

总之，过载断裂失效断口的特

图 4-10 温度对断口三要素各区相对大小的影响
注：试样材料为40CrNiMoA钢。

征受材料性质、零件的结构特点、应力状态及环境条件等多种因素的影响。在失效分析时，可以根据它们的关系及变化规律，由断口特征推测材料、载荷、结构及环境因素参与断裂的情况及影响程度，这对于分析过载断裂失效的原因是十分重要的。

4.1.3 扭转和弯曲过载断裂断口的宏观特征

1. 扭转过载断裂断口的宏观特征

在第2章中已经阐述了扭转载荷作用的应力状态和扭转断裂的基本原因。承受扭转应力零件的最大正应力方向与轴向呈45°，最大切应力方向与轴向呈90°。当发生过载断裂时，断裂的断口与最大应力方向一致。韧性断裂的断面与轴向垂直，脆性断裂的断面与轴向呈45°螺旋状。对于刚性不足的零件，扭转时会发生明显的扭转变形。

图4-11所示为工程机械传动轴的韧性扭转过载断口。该传动轴的材料为40Cr钢，热处理工艺为调质后进行感应淬火处理。由于感应圈设置不当，导致在轴的台阶过渡处没有淬火，在做台架试验时很快断裂。此断口表面看来类似于疲劳断口，在沿外圆周表面，有多源疲劳的微小台阶。但该轴在试验时只扭转不到100次即断裂，更进一步的分析表明其为扭转过载断裂。

脆性扭转断裂特征最显然的例子是一支粉笔的扭转断裂，断面与轴向呈45°，断口粗糙。图4-12所示为压路机扭力轴的脆性扭转过载断口。该轴经表面硬化处理，硬度为58HRC，心部硬度为35HRC。扭转试验时，该轴台阶根部硬化层处开裂，在较大的扭转应力作用下，裂纹沿 45° 螺旋方向扩展，导致断裂。

图 4-11　韧性扭转过载断口

注：断面与轴向垂直，在断口上
可见到明显的"漩涡"状。

图 4-12　脆性扭转过载断口

注：断面与轴向呈 45°，断裂起源于
轴的台阶根部硬化层处。

此类断裂的断口表面往往有疲劳断裂的特征或有小的疲劳断裂裂纹，而且小的疲劳裂纹往往是扭转断裂的断裂源区。在发生扭转过载断裂前，这些疲劳裂纹都只做很小的扩展，整个断裂表现出扭转过载的特征，但具体的断裂原因应做进一步的分析。

2. 弯曲过载断裂断口的宏观特征

弯曲过载断裂断口的特征总体上来说与拉伸断裂断口相似。由于弯曲时零件的一侧受拉而另一侧受压，所以断裂时在受拉一侧形成裂纹并横向扩展直到发生断裂。其断口形态与前述冲击断口形态一致，但由于加载速率低，所以相同性质材料的弯曲断口上的塑性区要比冲击断口的较大。

在弯曲断口上可以观察到明显的放射线或人字纹花样，借此可以判断断裂源区，并确定断裂的原因。有些强度高或脆性较大的材料，其断口上没有用来判断断裂源位置的特征花样，只能由断裂的整体零件的特征来进行分析。图 4-13 所

断裂　　明显的加工刀痕　　　断裂起始部位　　　　　　断裂

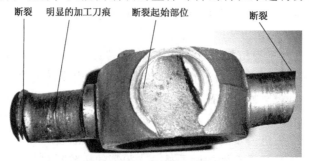

图 4-13　弯曲过载断裂的十字轴

注：在十字轴根部有明显的加工刀痕。

示为弯曲过载断裂的十字轴。断裂从十字轴的根部起裂，在断面上可以观察到裂纹扩展时形成的放射状花样。其断裂原因为十字轴根部加工缺陷所致。

4.1.4　过载断裂断口的微观特征

常温下，过载断裂的微观特征是有明显的塑性变形痕迹以及穿晶开裂的特征。当发生过载断裂时，材料经过屈服阶段而后发生断裂。在电子显微镜下，过载断裂断口的微观形貌为各种形式的韧窝状形貌，见图3-19~图3-21。

断面上韧窝的大小、形状、方向及分布可进一步提供金属零件材料及应力情况的信息。因此，显微断口上的韧窝形态对断裂失效的分析是相当重要的。对同一种材料，韧窝的尺寸越大，说明零件的材料塑性越好。影响韧窝形态和尺寸的因素还有加载速度、温度、零件尺寸大小以及环境介质等。要定量地或准确地比较韧窝的大小是困难的，特别是当断裂的条件不同时，或韧窝尺寸的分散度较大、变形量相近时更为困难。

断口上韧窝的方向是由断裂时应力状态决定的。在正应力作用下韧窝是等轴的，而在切应力和弯曲应力作用下，剪切断裂和撕裂形成的韧窝将沿一定方向伸长变形，如图3-20所示。按照韧窝的形态可以判断断裂时载荷的性质。对于发生断裂的零件，当宏观断口上难以判断是正向拉断还是弯曲作用发生的断裂时，韧窝的形态可以帮助确定断裂时载荷的性质，尤其在判断是否存在偏载或冲击作用时，这一点是很重要的。

根据过载断裂的定义，对于塑性的过载断裂，不难判断。而对于脆性的过载断裂，要明确其失效的性质和原因，必须十分小心。

4.2　材料致脆断裂特征与失效分析

机械产品在使用中，由于所用材料的韧性和塑性不足而发生脆性断裂的事故时有发生。金属材料变脆的现象，除材料选用不当外，主要有两类情况：一类是制造过程中由于工艺不正确产生的，如淬火回火钢中的回火脆性，加热过程中的过热和过烧，冷却过程中发生的石墨化析出，第二相脆性质点沿晶界析出等；另一类是产品使用中不正确的环境条件使材料变脆，如冷脆金属低温脆断及腐蚀介质的作用等。在工程上，材料致脆断裂具有极大的危险性，应予以充分的注意。

4.2.1　回火脆性断裂

1. 回火脆化现象

大多数中高碳钢淬火后须经过回火处理以提高其韧性和塑性。冲击试验表明，许多钢的冲击性能并不是随着回火温度升高而线性升高的。如图4-14所示，在两个回火温度区间会出现冲击韧度明显降低的现象，断裂时常出现脆性。发生在较低温度（约350℃）的脆性称为第一类回火脆性或回火马氏体脆性（TEM），又叫低温回火脆性或不可逆回火脆性，即重复回火时不再出现。这类回火脆性一般发生在高纯度的钢中，与杂质的偏聚无关，断裂为穿晶型准解理。

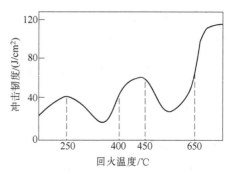

图4-14 回火温度对钢的冲击韧度的影响

产生的原因是有碳化物转变（ε 相→渗碳体），或者由于板条间残留奥氏体向碳化物转变，这些板条内或板条间渗碳体型碳化物易成为裂纹形成的通道。发生在较高温度（约500℃）的脆性称为第二类回火脆性，或简称为回火脆性（TE），又叫高温回火脆性或可逆回火脆性。这类脆性与材料的合金元素（Cr、Mn、Mo、Ni、Si）和杂质元素含量（S、P、Sb、Sn、As）及处理的温度有关，断裂为沿晶断裂。这类脆性发生在纯度较低的钢中，与杂质元素向原奥氏体晶界偏聚有关，与在原始奥氏体晶界形成 Fe_3C 的薄壳，或者由于沿原奥氏体晶界杂质元素偏聚及 Fe_3C 析出的共同作用有关，此类回火脆性具有可逆性，即在重新回火时仍会表现出来。

图4-15 所示为 40CrNiMoA 钢缺口试样的冲击韧度与回火温度的关系。在310℃附近有回火脆性，在回火脆性区的断裂机制主要为沿晶断裂和解理断裂，有少量的穿晶断裂。

淬火回火的某些合金钢，低温回火时回火温度较正常温度偏高时，易出现第一类回火脆性。弹簧钢、高合金工模具钢回火温度偏低时也易出现这类回火脆性。调质钢，特别是含 Cr、Mn 等合金元素的钢材，在高温回火时，常因在脆化温度区间停留时间过长而出现第二类回火脆性。某些合金钢渗氮处理时，也易出现这类回火脆性。

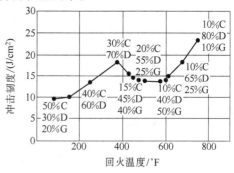

图4-15 40CrNiMoA 钢缺口试样的冲击韧度
与回火温度的关系

C—解理断裂　D—韧窝断裂　G—沿晶断裂

注：$\dfrac{t}{℃} = \dfrac{5}{9}\left(\dfrac{\theta}{℉} - 32\right)$（$t$ 为摄氏温度，θ 为华氏温度）。

2. 回火致脆断裂的特征

（1）宏观形貌特征　断面结构粗糙，断口呈银白色的结晶状，一般为宏观脆性断裂。但在脆化程度不严重时，断口上也会出现剪切唇。

（2）典型微观形貌　沿奥氏体晶界分离形成冰糖块状（见图4-16）。晶界上一般无异常沉淀物，因而有别于其他类型的沿晶断裂。但马氏体回火致脆断裂的解理界面上可能出现碳化物第二相质点及细小的韧窝花样。除此之外，在断口上一般可见二次断裂裂纹。

图 4-16　20Cr13 对接焊叶片断口形貌
注：TEM 二级复型。

3. 回火致脆断裂的分析

在失效分析时，对于具有产生回火脆性条件，怀疑可能是回火脆性断裂的零件，可取样进行材料回火脆性检验。通过试验可以确定钢材回火脆性的严重程度，正确试验方法的选择是很关键的。

表征材料回火脆性的力学性能指标有冲击韧度 a_K、断裂韧度 K_{IC}、断后最小横截面积 S_u 及临界裂纹尺寸的特征参量 a_c 等，能够正确显示材料回火脆性的检验方法有室温冲击试验法、系列冲击试验法、低温拉伸试验法、断裂韧度法等。

（1）室温冲击试验法　将待测钢材加工成缺口冲击试样，淬火并经不同温度回火后，在室温下测试其 a_K 值，可以得到图 4-14 所示的曲线，由此确定材料的回火脆性温度范围和脆化程度。试验温度一般应低于 25℃，过高的试验温度将影响试验结果，甚至显示不出回火脆性。

（2）系列冲击试验法　将待测钢材加工成缺口冲击试样，在不同温度下测试其冲击吸收能量，由此确定材料韧脆转变的温度，如图 4-17 所示。回火脆性的力学本质是钢的韧脆转变温度的上移，以致在室温下发生由微孔型宏观塑性断裂向沿晶型脆性断裂的过渡现象。将脆化材料的试验结果与同一材料未脆化的韧脆转变温度比较，即可确定是否存在回火脆性及其严重程度。

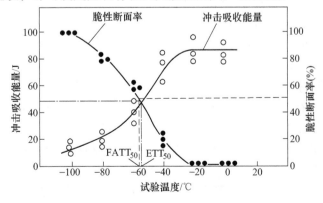

图 4-17　不同温度冲击吸收能量与脆性断面率的关系

（3）低温拉伸试验法　低温拉伸试验时能够显示出脆性状态材料所特有的韧性和塑性显著降低的现象。利用低温拉伸法，测量试样的断后最小横截面积 S_u 及断面收缩率 Z，并与未脆化状态材料的同类指标相对比，则可确定材料的回火脆性状态。一般强度指标 $R_{eL}(R_m)$ 不能显示钢的回火脆性。

（4）断裂韧度法　利用断裂韧度的测试法，测出材料的 K_{IC} 及 a_c 值也能显示材料的回火脆性。一般来说，回火脆性对室温下的 K_{IC} 值影响并不明显，而裂纹失稳扩展时的特征参量 a_c 值则对回火脆性极为敏感。

由
$$K_{IC} = \sigma_c \sqrt{\pi a_c} \qquad (4\text{-}2)$$

可知
$$a_c = \frac{1}{\pi} \left(\frac{K_{IC}}{\sigma_c} \right)^2 \qquad (4\text{-}3)$$

式中　σ_c——断裂应力。

当 $\sigma_c = R_{eL}$ 时，则有

$$a_c = \frac{1}{\pi} \left(\frac{K_{IC}}{R_{eL}} \right)^2 \qquad (4\text{-}4)$$

因此，a_c 为裂纹失稳扩展时表征裂纹特征的参量。

必须注意，通常的室温拉伸试验不能显示回火脆性。

图 4-18 所示为 16NiCo 钢的力学性能与回火温度的关系。由图 4-18 可知，钢的强度及硬度随回火温度的升高而增加，到 440℃时出现二次硬化峰，峰值过后开始下降。冲击韧度开始随回火温度的升高而降低，至 440℃时达最低点，出现第一类回火脆性；而后随回火温度升高开始回升，至 520℃出现最大值，在 550℃回火冲击韧度再次降低出现谷值，600℃以上回火冲击韧度急剧升高。在冲击韧度显著降低（回火脆性区）的温度附

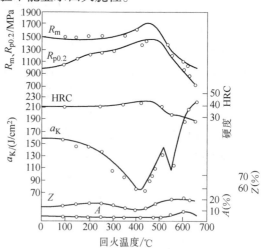

图 4-18　16NiCo 钢的力学性能与
回火温度的关系

近，钢的强度出现峰值，断后伸长率和断面收缩率没有明显的变化。因此，从拉伸性能的变化上难以判断钢的脆性，而冲击韧度的变化显示得非常清楚。

断口特征的对比分析也是确定回火脆性导致断裂的分析方法。一般分析时，需要对同一种材料相同的零件进行对比分析。有人对试机过程中断裂的

20CrMnMo 钢紧固螺钉进行了分析。取同一批紧固螺钉中的未断裂件做成拉伸断口，与断裂件的断口进行对比分析。拉伸断口呈暗灰色纤维状，中心平整，四周有 45°剪切唇，呈韧性断裂形态。断口微观特征主要由韧窝组成，有少许准解理小平台，螺钉断裂时该区域产生过较大的塑性变形。实际断裂件断口呈浅灰色，整个断面平直，放射线极细，很难分辨，并有少量台阶，四周无 45°剪切唇，呈明显的脆性断裂形态。其微观特征可见裂纹沿晶界扩展，晶面上有细小解理条纹，主要为准解理河流花样，但解理面较小，河流花样非常短，另外还有极少量的韧窝。这表明该试样断裂是断裂前无明显塑性变形的晶间断裂。断裂的螺钉硬度较高，显微组织不均匀，有明显的板条马氏体束的痕迹。这说明其回火温度偏低，处于低温回火脆性区。由此确定紧固螺钉的断裂失效原因是热处理操作不规范，出现低温回火脆性，使螺钉塑性、韧性降低，脆性增大。通过对尚未装机的紧固螺钉重新进行回火处理，从而解决了紧固螺钉的断裂问题。

4.2.2　冷脆金属的低温脆断

在材料的脆性断裂中，低温脆性断裂也是较为常见的。对于钢结构件，以铁素体钢、珠光体钢及马氏体钢最为敏感。

1. 冷脆金属及其特点

随着温度的降低，发生断裂形式转化及塑性向脆性过渡的金属，称为冷脆金属。除面心立方以外的所有金属材料均属于冷脆金属，低碳钢是典型的冷脆金属。温度对低碳钢力学性能及断裂特征的影响如图 4-19 所示。在不同温度做拉伸试验时，低碳钢的断裂形式及塑性与脆性行为发生很大变化。在 A 区为典型的宏观延性断裂，B 区为微孔型（心部）和解理型（周边）的混合断裂，仍为宏观延性断裂；在 C 区，也为宏观延性断裂，但不形成缩颈，断口为百分之百的解理断裂，即宏观延性解理；D 区为宏观脆性解理，解理断裂应力与屈服应力重合；E 区也为宏

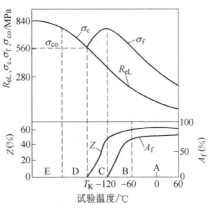

图 4-19　温度对低碳钢力学性能及断裂特征的影响

σ_c—解理断裂应力　σ_f—断裂正应力
R_{eL}—下屈服强度　σ_{co}—解理断裂临界应力
A_f—断口中纤维区面积百数　Z—断面收缩率

观脆性解理，与 D 区不同的是断口附近的晶粒内可见形变孪晶，前者为滑移变形。由此可见，随着温度的降低，低碳钢的断裂行为发生如下变化：

1）屈服强度和断裂正应力随温度降低而显著升高，而塑性指标断面收缩率 Z 逐渐降低。

2）在较低的温度下发生断裂形式的变化，即由微孔型断裂向解理断裂转化。

3）在更低的温度下发生塑性向脆性过渡，即由宏观延性解理断裂向宏观脆性解理断裂过渡，在此时的极限塑性趋近于零。这种过渡的临界温度就是前面所说的韧脆转变温度，在图 4-19 中以 T_K 表示。

上述特点，对于所有冷脆金属来说，都有类似情况。不同的冷脆金属其断裂形式及塑性向脆性过渡的对应温度相差很大。即使是同一种冷脆金属，因其内部组织结构的不同也有很大的差别。在进行实际分析时，还必须严格注意断裂零件的不同部位，也就是说，同一个零件上不同部位也有很大差别。例如：对于发生冷脆断裂的焊接结构件，取样试验时必须区分焊接接头部位和远离焊接区母材的差别。

2. 冷脆金属低温脆断的特征

冷脆金属在韧脆转变温度以下发生的脆性断裂称为低温脆断。在韧脆转变温度以上，材料的断裂为韧性断裂；在韧脆转变温度以下，材料的断裂为脆性断裂。

（1）冷脆金属低温脆断断口的宏观特征　典型断口宏观特征为结晶状，并有明显的镜面反光现象。断口与正应力轴垂直，断口齐平，附近无缩颈现象，无剪切唇。断口中的反光小平面（小刻面）与晶粒尺寸相当。马氏体基高强度材料断口有时呈放射状撕裂棱台阶花样。

（2）冷脆金属低温脆断断口的微观形貌　冷脆金属低温脆断断口的微观形貌具有典型的解理断裂特征，即河流花样、台阶、舌状花样、鱼骨花样、羽毛状花样、扇形花样等。对于一般工程结构用钢，通常所说的解理断裂，主要是在冷脆状态下产生的。

马氏体基高强度材料低温脆断的断裂机制为准解理。准解理的微观形貌除具有解理断裂的基本特征外，尚有明显的撕裂棱线的特征，而且塑性变形的特征较为明显。准解理的初裂纹源于晶内缺陷处而非晶界，这一点也与解理断裂不同。

3. 低温脆断的条件及影响因素

1）只有冷脆金属才会发生低温脆断。绝大多数的体心立方金属都属于冷脆金属，都具有发生冷脆断裂的可能性。而面心立方金属不是冷脆金属，不具有韧脆转变的特点，不发生冷脆断裂。

2）环境温度低于材料韧脆转变温度。

3）零件几何尺寸较大，零件处于平面应变状态。

材料的韧脆转变温度并不是一个固定的值，材料中的缺陷（微裂纹、缺口、大块夹杂物等）、晶粒粗大可使韧脆转变温度提高。

对于光滑试件，发生塑性向脆性过渡的临界条件为

$$R_{eL}(T_K) = \sigma_c \tag{4-5}$$

而对于裂纹试件，发生塑性向脆性过渡的临界条件为

$$R_{eL}(T_K) = 0.4\sigma_c \tag{4-6}$$

晶粒尺寸对低温脆断的影响是很显著的，材料的韧脆性转变温度 T_K 与晶粒尺寸 d 之间的关系为

$$T_K = A - B\ln d^{-\frac{1}{2}} \tag{4-7}$$

式中　A、B——与材料有关的常数。

由于缺陷的存在或者晶粒粗大，可使材料的韧脆转变温度提高到室温，因而在室温即可发生脆性解理断裂。普通的铸铁件，虽然其硬度不高，基体为塑性很好的铁素体或珠光体，但由于晶粒粗大，并含有大量缺陷（石墨夹杂物、粗大的碳化物与孔洞等），使韧脆转变温度显著升高，所以在室温条件下即可发生宏观脆性的解理断裂。

由于焊接时在焊缝和热影响区易形成粗大组织和缺陷，导致焊接接头部位的韧脆转变温度高于焊接母材的韧脆转变温度，所以实际分析时，焊接结构的冷脆问题应引起足够重视。

4. 低温脆断的分析

在对可能是冷脆金属低温脆断的零件进行分析时，确定零件所用材料的韧脆转变温度是至关重要的。分析时一定要注意材料的缺陷和晶粒是否粗大。

比较常用的方法是采用系列冲击试验确定材料的实际韧脆转变温度。

4.2.3　第二相质点致脆断裂

1. 第二相质点致脆断裂的类型

第二相质点致脆断裂是指由第二相质点沿晶界析出引起晶界的脆化或弱化而导致的一种沿晶断裂。

第二相质点致脆断裂有以下几种情况：

1）脆性的第二相质点沿原奥氏体晶界择优析出引起的晶界脆化。例如：渗碳层中渗碳体沿晶界分布形成网状骨架导致的断裂，调质钢（CrNiMo）中沿晶界析出氮化铝薄片致脆断裂，$w(Cr) = 11.7\% \sim 30.0\%$ 的铁素体不锈钢及铸态的 07Cr19Ni11Ti 钢中的 σ 相析出脆性引起的断裂等。

2）某些杂质元素沿晶界富集引起的晶界弱化。例如：由于冶炼时脱磷、除氧、去硫等不彻底，在某些钢材（如 30CrMnSi）调质后，在晶界上大量富集硫、磷、铅等有害元素使晶界弱化；氧在钢中的含量超过氧在铁素体中的饱和度（0.003%）后，将在晶界附近形成氧化物及富氧层，使晶界原子间结合力降低而引起沿晶断裂。

3）金属材料发生过热及过烧后，粗大晶粒的间界发生脆化而引起的断裂等，

如图 4-20 所示。

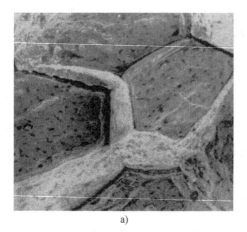 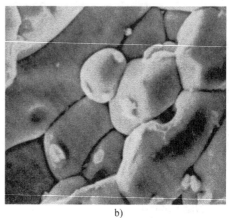

a)   b)

图 4-20 过烧沿晶断裂

a) 45CrNiMoV 钢的冲击断口　b) 2A12 铝合金板材的拉伸断口

4）某些金属材料在特定的温度条件下发生相变所引起的断裂。

2. 断口特征

宏观断口均为脆性的晶粒状，高倍观察可以看到第二相质点及其微孔形貌，如图 4-21 所示。图 4-22 所示为 20Cr13 钢对接焊叶片断口的微观形貌。由图 4-22 可以看出，该断裂为沿晶断裂，是因晶界上有条状析出物而导致的脆性断裂。

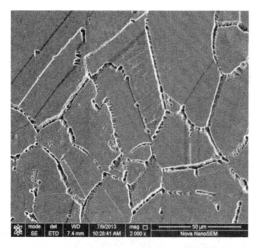 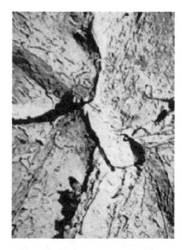

图 4-21　第二相质点在晶界　　　图 4-22　20Cr13 钢对接焊叶片
析出引起晶界开裂　　　　　断口的微观形貌

4.3　环境致脆断裂失效分析

金属零件的断裂失效不仅与材料的性质、应力状态有关，而且在很大程度上取决于环境条件。所谓环境致脆断裂是指金属材料与某种特殊的环境因素发生交互作用而导致的具有一定环境特征的脆性断裂，其中包括应力腐蚀开裂、氢致断裂、腐蚀疲劳、热疲劳及低熔点金属致脆断裂等。

4.3.1　应力腐蚀开裂

1. 应力腐蚀开裂的定义

应力腐蚀开裂（stress corrosion cracking，SCC）系金属在应力（残余应力、热应力、工作应力等）和腐蚀介质共同作用下，而引起的一种破坏形式。

在静拉应力作用下，金属的腐蚀破坏一般称为应力腐蚀开裂；在交变应力作用下，金属的腐蚀破坏则称为腐蚀疲劳。

即使是塑性材料，应力腐蚀开裂（断裂）也是脆性形式的断裂。

应力腐蚀是一种局部腐蚀，形成的裂纹常被腐蚀产物覆盖，不易被发觉，导致的断裂具有突发性。应力腐蚀裂纹扩展的速率一般介于均匀腐蚀速率和快速机械断裂速率之间。

1873年，Johnson发现将铁或钢浸到盐酸或硫酸中，试样的抗拉强度和抗扭强度都降低，这是金属应力腐蚀最早的试验报告。Roberts-Austen在1886年发现，Au-Cu-Ag合金冷拔线浸在氯化铁或其他氯化物溶液中会导致加速开裂，并认为拉应力对应力腐蚀开裂有很大的影响。最早关于应力腐蚀开裂的研究是由于19世纪后半叶，英国在印度的军队发现了弹壳黄铜发生开裂。这种开裂只发生在季节间的季风期里，因此称为季节开裂。19世纪末，在飞速发展的电厂中的黄铜凝结器管中发现发生了应力腐蚀开裂，同时，低碳钢锅炉爆炸的原因也开始和应力腐蚀开裂联系起来。这种现象被称作碱脆，因为发现碱性化合物（NaOH、Na_2CO_3）和这些失效有关。直到1918年，W. H. Bassett才指出这种破裂与腐蚀的关系，并建议称为腐蚀开裂。一般认为，铆接锅炉用碳钢的碱脆是钢铁材料应力腐蚀开裂较早的例子，1930年，发表了Cr-Ni奥氏体不锈钢产生应力腐蚀开裂的第一篇报道。1944年，召开了首次有关应力腐蚀开裂的国际学术讨论会。随着化学、石油、动力等工业向高温、高压方向发展，应力腐蚀开裂的事故不断增多，这一问题得到越来越多的关注。应力腐蚀开裂不仅常发生在采用不锈钢的化工、石油、动力、航空、原子能等工业部门，而且也常发生在耐腐蚀的几乎所有常用的钢和合金中。目前，在埋地输油管线使用的铁素体-珠光体钢中有大量的应力腐蚀事例发生，而且至今没有找到一种合适的能够很好地抗中性介质应力腐蚀开裂的钢种，铝合金在水中或 NaCl 溶液中，高强度钢在水中均有应力腐蚀开裂发生。

2. 应力腐蚀开裂的条件及其影响因素

通常的应力腐蚀开裂的基本条件是：弱的腐蚀介质、不大的拉应力和特定的金属材料构成的特定的腐蚀系统。

1）仅当弱的腐蚀介质在金属表面形成一层不稳定的保护膜时，才有可能发生应力腐蚀开裂。如果为强腐蚀介质，金属将发生全面腐蚀破坏，不可能形成应力腐蚀。试验结果表明，pH 值降低将降低奥氏体不锈钢的应力腐蚀开裂敏感性，一般结构用钢在中性和碱性介质中将发生不同机制的应力腐蚀开裂。

表面膜厚度增加，由于在应力作用下易形成机械破坏，因而并不能有效地防止应力腐蚀开裂。

2）一定的拉应力和应变，压应力一般不产生应力腐蚀。对 Cr-Ni 不锈钢的应力腐蚀开裂，应力（σ）和开裂时间（t_s）的关系，一般认为符合 $\lg t_s = a + b\sigma$ 方程，其中，a、b 为常数。这表明所受应力越大，不锈钢产生应力腐蚀开裂的时间也越短。对不锈钢和高强钢的应力腐蚀开裂研究都表明，存在产生应力腐蚀的临界应力或门槛值，常用 σ_{SCC} 表示（见图 4-23），低于该值，则不产生应力腐蚀开裂。它的数值随介质种类、浓度、温度、材料成分的不同而不同。

当零件表面存在缺陷时，由于能够引起应力集中，因而产生应力腐蚀开裂所需的临界应力要比无缺陷的光滑零件小。这就是实际零件在运行过程中，当工作应力 $\sigma_n < \sigma_{SCC}$ 时也照样发生应力腐蚀开裂的原因。对于存在宏观裂纹的零件，应采用断裂力学指标应力腐蚀临界应力强度因子 K_{ISCC} 来确定材料抗应力腐蚀开裂的能力，如图 4-23 所示。当作用在零件上的起始应力强度因子 $K_I < K_{ISCC}$ 时，零件中的原始裂纹不会扩展，零件可安全运行；反之，则导致应力腐蚀开裂。由于焊接、冷加工等造成的残余应力，使零件在高浓度介质中也足以产生应力腐蚀开裂。但是在实际中，当作用力和变形过大时，会导致金属表面全面腐蚀的加速，将消除或大大减弱应力腐蚀的作用，反而不易发生应力腐蚀破坏。

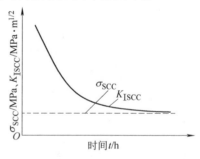

图 4-23　应力腐蚀临界应力 σ_{SCC} 和应力腐蚀临界应力强度因子 K_{ISCC} 示意图

研究表明，宏观压应力能使奥氏体不锈钢在 $MgCl_2$ 中，低碳钢在硝酸盐中，黄铜在氨水中，以及铝合金在水介质中发生应力腐蚀。与拉应力下的应力腐蚀相比，其孕育期要长 1~2 个数量级，门槛值高 3~5 倍，断口形貌也不同。在实际发生失效的零件中，宏观压应力下的应力腐蚀并不多见。有时看似宏观压应力，实际上在局部还是拉应力的作用。因此，零件的受力分析和应力状态分析在应力腐蚀开裂分析中是很重要的。

3）对于每一种金属或合金来说，有其特定的腐蚀介质系统，即易于发生应力腐蚀破坏的金属-介质系统。常用金属发生应力腐蚀的敏感介质见表4-1。

表 4-1　常用金属发生应力腐蚀的敏感介质

合金类型		应力腐蚀敏感介质
铝基	Al	工业大气、汞
	Al-Zn	大气
	Al-Mg	$NaCl+H_2O_2$、NaCl 溶液，海洋性大气
	Al-Cu-Mg	海水
	Al-Mg-Zn	海水
	Al-Zn-Cu	NaCl、$NaCl+H_2O_2$ 溶液
	Al-Cu	$NaCl+H_2O_2$、NaCl、$NaCl+NaHCO_3$、KCl、$MgCl_2$ 溶液
	Al-Si	$CuCl_2$、NH_4Cl、$CaCl_2$ 溶液
镁基	Mg-Al	HNO_3、NaOH、HF 溶液，蒸馏水
	Mg-Al-Zn-Mn	$NaCl+H_2O_2$ 溶液、海洋性大气、$NaCl+K_2CrO_4$ 溶液、潮湿大气+SO_2+CO_2
	Mg	KHF_2 溶液、水、氯化物+K_2CrO_4 水溶液、热带工业和海洋大气
铜基	Cu-Zn、Cu-Zn-Sn、Cu-Zn-Pb	HNO_3 蒸气和溶液
	Cu-Zn-P	浓 NH_4OH
	Cu-Zn	胺类
	Cu-Zn-Ni、Cu-Sn	NH_3+CO_2、NH_3 蒸气和溶液
	Cu-Sn-P、Cu-As	大气
	Cu-Zn-Sn-Mn	水
	Cu-Au	NH_4OH、$FeCl_3$、HNO_3、HNO_3+HCl 溶液
	Cu-P、Cu-As、Cu-Ni-Al、Cu-Si、Cu-Zn、Cu-Si-Mn、Cu-Zn-Si	潮湿的 NH_3 气氛
	Cu-Zn、Cu-Zn-Mn	潮湿的 SO_2 气氛、Cu（NO_2）$_2$ 溶液
	Cu-Mn、Cu-Zn 加微量的 Al、As	潮湿的 SO_2 气氛，Cu（NO_2）$_2$、H_2SO_4、HNO_3 溶液，潮湿的 NH_3 气氛
	Cu-Ni-Si	潮湿的 NH_3 气氛
	Cu-Al-Fe	水蒸气
	Cu-Be	潮湿的 NH_3 气氛
	其他	$AgNO_3$、湿 H_2S、汞、$FeCl_3$、含氯的有机化合物、柠檬酸、酒石酸

（续）

合金类型		应力腐蚀敏感介质
铁基	软铁	NaOH + Na$_2$SO$_4$ 溶液，Ca（NO$_2$）$_2$、NH$_4$NO$_3$ 和 NaNO$_3$ 溶液，HCN+SnCl$_2$+A$_2$Cl$_2$+CHCl$_3$ 溶液，Na$_3$PO$_4$ 溶液，纯的 NaOH 溶液，NH$_3$ + CO$_2$ + H$_2$S + HCN，NaOH、KOH、羧基乙胺 + H$_2$S + CO$_2$、Fe（AlO$_2$）$_3$+Al$_2$O$_3$+CaO$_2$ 溶液，HNO$_3$+H$_2$SO$_4$ 溶液，MgCl$_2$+NaF 溶液，无水的 NH$_3$ 液体，H$_2$S 介质，FeCl$_3$ 溶液
	Fe-Cr-C	NH$_4$Cl、MgCl$_2$、（NH$_4$）H$_2$PO$_4$、Na$_2$HPO$_4$ 溶液，H$_2$SO$_4$ + NaCl 溶液，NaCl+H$_2$O$_2$ 溶液，海水
	Fe-Ni-C	HCl+H$_2$SO$_4$ 溶液、水蒸气、H$_2$SO$_4$ 溶液
	Fe-Cr-Ni-C	NaCl + H$_2$O$_2$ 溶液，海水，H$_2$SO$_4$ + CuSO$_4$ 溶液，热的 NaCl、MgCl$_2$、CaCl$_2$、NaCl、BaCl$_2$ 溶液，CH$_3$CH$_2$Cl+水，河水，高温纯水，LiCl、ZnCl$_2$、CaCl$_2$ 溶液，NH$_4$Cl、（NH$_4$）$_2$CO$_3$ 溶液，NaCl、NaF、NaBr、NaH$_2$PO$_4$、Na$_2$SO$_4$、NaNO$_3$、Na$_2$SO$_4$、NaClO$_3$、NaC$_2$H$_3$O$_2$ 溶液，水蒸气+氯化物，H$_2$S 溶液，NaCl+NH$_4$NO$_3$ 溶液，NaCl+NaNO$_2$ 溶液
镍基		NaOH、KOH 溶液，熔化的 NaOH，NaOH+亚硫酸溶液，水蒸气，熔化的 NaOH，铬酸，碘化油水蒸气，260~427℃浓缩锅炉水，HF 蒸气，硅氢氟酸，液态铅，含氧及痕量铅的高温水
其他	Au-Cu-Ag	FeCl$_3$ 水溶液
	Mg-Au	HNO$_3$+HCl、HNO$_3$、FeCl$_3$ 溶液
	Ag-Pt	FeCl$_3$ 溶液
	Pb	Pb（AC）$_2$+HNO$_3$ 溶液、空气、土壤
	Ti 合金	温度高于 290℃的固体 NaCl、发烟硝酸、海水、HCl 乙醇溶液
	Ti-6Al-4V	液态 N$_2$O$_4$
	Zr 及 Zr 合金	甲醇、甲醇+HCl、乙醇+HCl、CCl$_4$、硝化苯、CS$_2$

可以说几乎所有的工业合金均可能发生应力腐蚀破坏，但只有在表 4-1 所列的特殊系统中才能发生。

在构成应力腐蚀开裂的特殊体系中，介质种类对应力腐蚀开裂的产生也有一定影响。通过研究各种氯化物中金属离子的影响结果，一般认为 MgCl$_2$ 最易引起奥氏体不锈钢的应力腐蚀开裂。使 Cr-Ni 不锈钢产生应力腐蚀破裂，不同氯化物的作用按 Mg^{2+}、Fe^{3+}、Ca^{2+}、Na$^+$、Li$^+$ 等离子的顺序递减。

4）材料的成分、组织和应力状态的影响。杂质元素对应力腐蚀开裂敏感性影响很大。一般来说，纯金属不发生应力腐蚀破坏，但含有很少的杂质则会引起应力腐蚀破坏。例如：铁中 w(C) 为 0.04% 在硝酸中，铜中 w(P) 为 0.004% 在氨中则会引起应力腐蚀；不锈钢中 $w(N)$ 大于 $30×10^{-4}$% 即可使其氯脆敏感性显著增加。

钢的应力腐蚀敏感性随着碳含量的变化而变化。当碳含量低时，随着碳含量增加，敏感性提高；而当 $w(C)$ 大于 0.2% 时，应力腐蚀抗力又渐趋稳定。$w(C)$ 为 0.12% 时，应力腐蚀敏感性最大。

材料的组织状态对应力腐蚀的敏感性影响很大。材料的不均匀性越大，越容易产生活性的阴极通道，故越易产生应力腐蚀。

晶粒尺寸增大，钢的应力腐蚀开裂敏感性增加。

一般材料的硬度与强度越高，对应力腐蚀的敏感性就越大。在 H_2S 介质中工作的碳钢，当硬度大于 250HBW 时就会发生应力腐蚀。材料的强度越高，其应力腐蚀临界应力强度因子越低。图 4-24 所示为 40CrNiMoA 钢的强度对应力腐蚀临界应力强度因子的影响。由该图可以看出，强度的提高使钢的应力腐蚀敏感性显著加大。

材料强度与硬度对应力腐蚀敏感性的影响还与材料的组织结构、是否加工硬化等有关。奥氏体不锈钢中存在一定量的铁素体，提高了材料的强度，可降低材料的应力腐蚀敏感性。同样，一定的加工硬化也可以降低其敏感性。具体影响程度与材料组织、加工状态有关，一般存在一个合适的量值，在此值以上，则降低应力腐蚀敏感性，而有的范围则提高应力腐蚀敏感性。图 4-25 是 Edeleanu 等研究铁素体含量对 18Cr-8Ni-0.6Ti 钢应力腐蚀破裂影响的结果。由该图可以看出，随着钢中铁素体含量的增加，钢的耐应力腐蚀破裂性能得到改善。但这一作用还与铁素体的分布状况有密切关系。

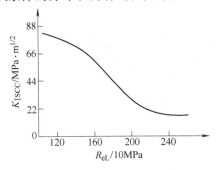

图 4-24　40CrNiMoA 钢的下屈服强度 R_{eL} 对应力腐蚀临界应力强度因子 K_{ISCC} 的影响

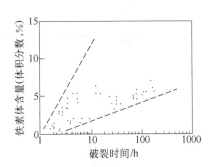

图 4-25　18Cr-8Ni-0.6Ti 钢应力腐蚀破裂时间与铁素体含量的关系

注：介质为 42%（质量分数）的沸 $MgCl_2$。

综合有关试验结果，可以认为材料的强度与硬度对应力腐蚀敏感性的影响与零件的实际状态有关。在相同变形（应变）控制的情况下，材料的强度和硬度越高，则应力越大，应力腐蚀开裂敏感性越大；而在相同的应力控制下，材料的强度和硬度提高，应力腐蚀开裂敏感性降低。一般当外加载荷（由应变引起的应力或外加载荷）达到材料屈服强度的85%以上时，零件发生应力腐蚀开裂的概率明显增加。

5）一般来说，介质的浓度和环境温度越高则较易发生应力腐蚀。试验表明，奥氏体不锈钢在 Cl^- 的质量分数为 $10\times10^{-4}\%$、$200℃$ 的水中即可发生应力腐蚀，在 $100℃$ 的水中，Cl^- 的质量分数必须达到 $100\times10^{-4}\%$ 才发生应力腐蚀；而在 $50℃$ 以下，发生应力腐蚀的概率极低，也有人认为不会发生应力腐蚀。

在高温、高浓度的 $MgCl_2$ 中，不锈钢产生应力腐蚀开裂不一定需要有氧存在，而 $MgCl_2$ 浓度、温度下降，溶解氧的存在就成为 Cr-Ni 不锈钢产生应力腐蚀开裂的重要条件。

试验表明，在 10%（质量分数）NaCl 溶液中，室温下奥氏体不锈钢不易发生应力腐蚀；但在溶液中加入 1mol 的 H_2SO_4，则可引发应力腐蚀。在进行实际零件的分析时，还要注意零件所处环境的 pH 值，尤其局部的氢偏聚。

3. 应力腐蚀开裂的断口及裂纹特征

1）应力腐蚀开裂断口的宏观形态一般为脆性断裂，断口截面基本上垂直于拉应力方向。断口上有断裂源区、裂纹扩展区和最后断裂区，如图4-26所示。

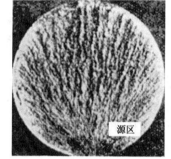

图 4-26　应力腐蚀断口宏观形貌

2）应力腐蚀裂纹源于表面，并呈不连续状，裂纹具有分叉较多、尾部较尖锐（呈树枝状）的特征，如图4-27所示。

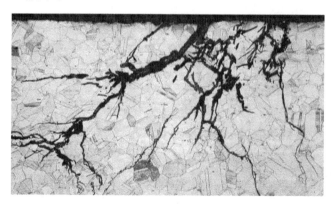

图 4-27　应力腐蚀裂纹的分叉特征

3）裂纹的走向可以是穿晶的也可以是沿晶的，如图4-28所示。材料的晶体结构是影响应力腐蚀裂纹走向的主要因素。面心立方的金属材料易引起穿晶断裂，而体心立方的金属材料则以沿晶（晶间）断裂为主。

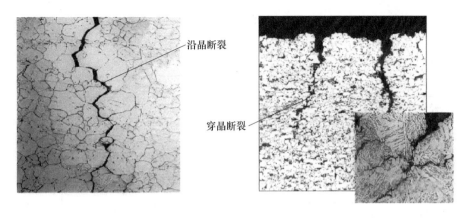

沿晶断裂

穿晶断裂

图 4-28　应力腐蚀沿晶断裂和穿晶断裂

另外，还有其他因素影响应力腐蚀裂纹的扩展方式。例如：第二相质点沿晶界析出易促使裂纹的沿晶扩展。奥氏体不锈钢的晶界上如有 $Cr_{23}C_6$ 碳化物的析出，则发生沿晶型的应力腐蚀开裂。在一般情况下，当应力较小、腐蚀介质较弱时，应力腐蚀裂纹多呈沿晶扩展；相反，当应力较大、腐蚀介质较强时，应力腐蚀裂纹通常是穿晶扩展。穿晶断裂断口微观特征是解理或准解理的，其裂纹有似人字形或羽毛状的标记。

许多情况下，应力腐蚀裂纹也可以是沿晶和穿晶的混合型。

影响应力腐蚀裂纹走向（开裂类型）的因素很多，同一种材料在不同的介质中会有不同的裂纹走向。表 4-2 列出了几种常用材料在腐蚀介质中发生应力腐蚀开裂的类型。总的来说，单一地把沿晶断裂或穿晶断裂作为确定一种材料应力腐蚀开裂的唯一依据是不慎重的。例如：奥氏体不锈钢应力腐蚀裂纹在海水或氯化物中以穿晶扩展为主，而在硫酸类介质中则以沿晶扩展为主。由于实际工况条件的复杂，一个实际零件的应力腐蚀开裂可能是由多种介质作用的，在微观上可能观察到不同性质的断裂类型，这时要综合考虑各种因素的影响，从而确定主要因素的作用。

表 4-2　几种常用材料在腐蚀介质中发生应力腐蚀开裂的类型

腐蚀介质	材　料					
	碳钢及合金钢	铬不锈钢	奥氏体不锈钢	有色金属		
				Al	Ni	Ti
NaCl		I	T	I		I（c）
氯化物		I	T			I（b）
氟化物		I	T			
溴化物		I				

（续）

腐蚀介质	材　料					
	碳钢及合金钢	铬不锈钢	奥氏体不锈钢	有色金属		
				Al	Ni	Ti
碘化物		I				
HCl	I	I				I
HF					I	
HBr						
HI						
碱	I		IT		I	
硝酸盐	I					
发烟红硝酸						I
HNO_3	I					
氨						
有机胺						
HCN	T					
$FeCl_2$、$FeCl_3$			I			
海岸大气	I（a）	I（a）	T	I		
工业大气	I（a）	I（a）				
Hg				I		
$HgNO_3$						
熔融 Zn	I					
熔融 Cd						I
水及水蒸气		I		I		
H_2S	IT	I				
$H_2SO_4+HNO_3$	I					
H_2SO_4	I		I			
硅氟酸					I	

注：I 代表沿晶断裂；T 代表穿晶断裂。（a）表示高强度合金（140MPa 屈服强度）；（b）表示有机氯化物；（c）表示熔融 NaCl。

4）应力腐蚀断口的微观形貌有时呈岩石状，岩石表面有腐蚀痕迹，如图 4-29 所示。严重时整个断口都被腐蚀产物所覆盖，此时断口则呈泥纹状（或龟板状）花样，如图 4-30 所示。在穿晶断裂时，电子显微镜下看到断口为平坦的凹槽（深度大于宽度）、扇形花样、台阶及河流花样，如图 4-31 所示。

图 4-29　奥氏体不锈钢应力
腐蚀岩石状断口形貌

图 4-30　奥氏体不锈钢应力
腐蚀泥纹状断口形貌

4. 应力腐蚀开裂失效分析

1）详细了解材料的生产过程与处理工艺，掌握材料的成分、组织状态以及杂质（夹杂物）含量与分布。材料中的夹杂物，尤其是硫化物类夹杂物可提高应力腐蚀敏感性。

2）详细了解设备或部件的结构特点，加工、制造、装配过程。必要时，对设备或部件进行应力分析和测试，以确定材料所处的应力状态与大小。注意加工、装配等过程中造成的残余应力及其分布。对设备和部件应力来源、性质、大小和分布情况的分析和测定，有助于开裂类型的鉴别和原因的分析。

3）详细了解设备或部件使用环境特点，如介质种类、使用温度等。对失效部件接触介质可以用化学分析的方法分析其成分，对断口表面腐蚀产物和黏附物可以用电子显微镜附件、X 射线衍射仪等微观分析仪器进行鉴别，以确定存在的特殊介质系统。

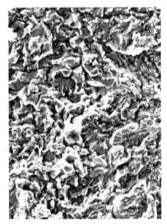

图 4-31　奥氏体不锈钢应力
腐蚀台阶及河流花样断口形貌

对于不同的材料，重点分析能够引起应力腐蚀开裂的敏感介质。例如：对于奥氏体不锈钢，氯化物、氢氧化物、连多硫酸等介质所引起的应力腐蚀开裂占不锈钢此类事例的绝大多数，因此，在分析时要注意介质中 Cl^-、OH^-、硫化物的含量，以及促进应力腐蚀开裂产生的氧或氧化剂的存在情况，在腐蚀产物组成和结构分析中要注意上述氯化物、氢氧化物、硫化物的存在形式和局部浓缩情况。

4）通过断口和裂纹形态的宏观、微观分析，确定断裂的特征。要注意区别应力腐蚀开裂与腐蚀疲劳，以及晶间应力腐蚀开裂与一般晶间腐蚀开裂的差别（详见本书第6章）。

5）必要时，可在实际使用条件下进行重复试验，或在实验室内进行模拟现场产生应力腐蚀开裂的条件（介质、应力、温度等），也可采用能够预示实际条件下应力腐蚀开裂趋势的加速试验方法，对所出现的应力腐蚀开裂加以验证和模拟，从而最后确定金属零件或部件应力腐蚀开裂的性质、产生条件和主要原因。

根据不同的材料和试验目的，应力腐蚀试验可以采用恒载荷法和恒变形法，试验时可参照有关标准进行。

目前对沸腾氯化镁溶液的应力腐蚀试验方法虽然还有许多分歧，但由于它具有试验周期短、费用低、易于掌握等优点，因此被广泛地用来作为评定不锈钢耐应力腐蚀开裂的试验方法。但该方法不适合用作评定材料在实际介质条件下质量好坏的标准，因此在使用上要特别注意。

为了证实加速试验的可靠性，必须对加速试验后的应力腐蚀断口进行检验，并与实际零件断口进行对照。如果所得断裂形态特征和腐蚀产物与实际一致，则说明加速试验条件的选择是合适的；否则，必须更改试验条件。

4.3.2 氢致脆断

由于氢而导致金属材料在低应力静载荷下的脆性断裂，称为氢致脆断，又称氢脆。

由于氢原子具有最小的原子半径（$r_H = 5.3nm$），所以非常容易进入金属。在适当的条件下，金属中的原子态氢在外力作用下移动并向危险部位聚集。两个氢原子相遇可形成氢分子。这些分子状态的氢以及与其他元素形成的气体分子，难以从金属中逸出，这就导致了金属的脆性。

实际上，氢除了可使材料变脆外，在某些条件下还会造成表面起泡等其他损伤，而这类损伤与材料本身的脆性关系不大，故许多资料上将其连同使金属变脆的过程统称为氢损伤。但由于历史的原因，人们还是习惯上把起泡等氢损伤也称为氢脆。在本书中也沿用这一概念。

1. 氢进入金属材料的途径

对于由于氢脆导致的断裂失效分析，一个重要的问题就是确定氢的来源。

（1）金属材料基体内残留的氢　金属材料在冶炼、焊接、熔铸等过程中都溶解一些氢。当温度降低或组织变化时，由于氢的固溶度的变化，氢便从固溶体中析出。液态铁中氢的固溶度是 γ-Fe 的 3 倍左右，而 γ-Fe 中氢的固溶度又是 α-Fe 中的 3 倍左右。当凝固或冷却速度较快时，氢原子来不及析出，或已析出的氢分子跑不出去，则残留在金属材料内部。

（2）金属材料在含氢的高温气氛中加热时进入金属内部的氢　例如：化学热处理过程中存在吸氢现象。大量的实践和试验早已证实，在进行渗碳过程中可以形成渗氢并导致氢脆。以煤油为渗剂的渗碳气氛中含有大量的氢气，高温下氢在钢中扩散系数很大，极易渗入钢中。但在渗碳炉中加热并滴加煤油保护时，由于仍处于高氢气氛中，钢中的氢不但不能逸出，反而会继续渗入。在碳氮共渗和盐浴渗氮过程中，材料组织和工艺控制不当，也会导致氢脆。

（3）金属材料在化学及电化学处理过程中进入金属内部的氢　例如：电镀、酸洗时发生的吸氢现象：

$$H^+ + e^- \rightarrow [H], \quad [H] + [H] \rightarrow H_2 \uparrow$$

$$(H_3O)^+ + e^- \rightarrow H_2O + [H], \quad [H] + [H] \rightarrow H_2 \uparrow$$

图 4-32 所示为 $w(C) = 0.15\%$、$w(Mn) = 0.40\%$ 的钢在 15%（质量分数）稀硫酸中电解酸洗后钢中氢含量与温度及时间的关系。从该图可以看出，酸洗时随着温度的升高及时间的延长，都会使钢中的氢含量增加。

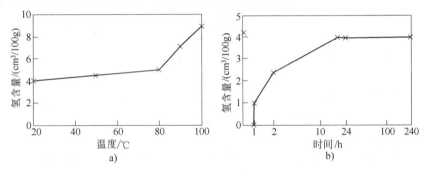

图 4-32　$w(C) = 0.15\%$、$w(Mn) = 0.40\%$ 的钢在 15%（质量分数）稀硫酸中
电解酸洗后钢中氢含量与温度及时间的关系
a）氢含量与温度的关系　b）氢含量与时间的关系

（4）金属零件在运行过程中环境中提供的氢　有些金属零件在高温高压的氢气氛中运行，由于氢及含氢气体对钢的作用，产生氢脆，最后导致金属零件开裂，这类氢脆称为环境氢脆。环境气氛的氢在高温下进入金属内部，并夺取钢中的碳形成甲烷，使钢变脆：

$$Fe_3C + 3H_2 \rightarrow 3Fe + CH_4 \uparrow$$

图 4-33 所示为锅炉冷壁管氢脆爆破爆口和裂纹形貌。其材料为 20 钢，较长时间处于 pH 值低的给水状态运行，爆口附近氢含量为 6.10mL/100g，与爆口相对的背火侧的氢含量为 0.25mL/100g。爆口呈窗口状，管壁未减薄，为脆性断裂（见图 4-33a），在管内壁腐蚀坑处可见多道宏观裂纹，微观裂纹沿晶扩展，裂

纹两侧有脱碳现象（见图 4-33b）。

发生应力腐蚀破坏的过程中也伴随有氢的作用。在海洋、工业大气和潮湿的土壤中的中高强度钢的延迟断裂，其断裂机理与在中性和酸性介质中的应力腐蚀断裂基本相同，属于氢致脆断。

2. 氢致脆断的类型

1）溶解在金属基体中的氢原子析出并在金属内部的缺陷处结合成分子状态，由此产生的高压使材料变脆。钢中的"白点"即属于此种类型。

2）环境气氛中的氢在高温下进入金属内部，并夺取钢中的碳形成甲烷，使钢变脆。

3）固溶氢引起的可逆性氢脆。机械零件通常发生的氢致脆断，一般属于此种氢脆。进入金属内部的氢，以间隙固溶体的形式存在，当金属材料受到缓慢加载的附加应力时（包括残余应力），原子氢由固溶体中析出并结合成分子状态，使钢材变脆。这类氢脆的特点是：

a)

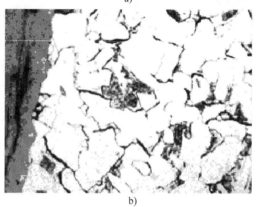

b)

图 4-33　锅炉冷壁管氢脆爆破爆口和裂纹形貌
a）爆口形貌　b）内壁腐蚀产物下微观裂纹（400×）

①固溶状态的氢不经任何化学反应，仅含少量的氢即可引起氢脆。例如：对于一般中等强度的钢在高温下含有质量分数为 $(3\sim5)\times10^{-4}\%$ 的氢，对于高强度钢含有质量分数为 $1\times10^{-4}\%$ 的氢即可引起氢脆。

②此类氢脆具有明显的延迟断裂的性质，即仅当受到缓慢加载，或在低于材料强度极限的应力水平下保持一定时间后才能显示出来。当变形速度大于某一个临界值时，不显示脆性现象。

③此类氢脆仅在一定的温度范围内（ $-100\sim150$ ℃）出现，在室温附近最敏感。

④此类氢脆对材料的强度极限、屈服强度、断后伸长率及冲击性能影响较小，而对材料的断面收缩率影响较大。

4）固溶氢引起的氢脆。在酸洗、热镀锌或镀铝过程中进入钢材内部的氢，在钢材的表皮下析出并转变成分子氢，由此产生的高压在钢的表皮鼓起形成"氢疱"，这也是一种氢脆的形式。在含有硫化氢气体的油田管道及容器表面上也能找到这种"氢疱"，其实质也是一种氢脆现象。

材料的硬度较高时，通常易产生氢脆；硬度低于 22HRC 时，不发生脆断而产生鼓泡破坏。

3. 氢致脆断的断口形貌特征

1）宏观断口齐平，为脆性的结晶状，表面洁净呈亮灰色。实际零件的氢脆又往往与机械断裂同时出现，因此断口上常常包括这两种断裂的特征。对于延迟断裂的断口，通常有两个区域，即氢脆裂纹的亚临界扩展区（齐平部分）和机械撕裂区（斜面，粗糙，有放射线花样）。

对氢脆断裂源区的形态、大小的分析，有助于正确判断氢的来源和断裂的原因。例如：高温高压下工作的零件发生的氢脆，其断裂源不是一点，而是一片，其氢的来源为环境氢的作用。

2）微观断口沿晶分离，晶粒轮廓鲜明，晶界有时可看到变形线（呈发纹或鸡爪痕花样），如图 4-34 所示。应力较大时，也可能出现微孔型的穿晶断裂。

3）显微裂纹呈断续而弯曲的锯齿状，如图 4-35 所示。

 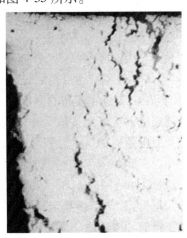

图 4-34　氢脆断口微观形貌（3200×）　　　　图 4-35　氢脆裂纹的走向形态（100×）

4）在应力集中较大的部位起裂时，微裂纹源于表面或靠近缺口底部。应力集中比较小时，微裂纹多源于次表面或远离缺口底部（渗碳等表面硬化件出现的氢脆多源于次表面）。氢导致的静疲劳破坏这一特征是区分其他形式断裂的唯一标志。因此，在分析断口时，对这一现象应给予足够重视。这一区域一般很小，往往只有几个晶粒范围。

5）对于在高温下氢与钢中碳形成 CH_4 气泡导致的脆性断裂，其断口表面具有氧化色及晶粒状。微观断口可见晶界明显加宽及沿晶型的断裂特征，裂纹附近珠光体有脱碳现象。

6）氢化物致脆断裂也属于沿晶断裂。这种沿晶断裂与上述氢脆的不同之处在于，除了只有在高速变形时（如冲击载荷）才表现出来外，在微观断口上还可看到氢化物第二相质点。

同一材料的氢脆断口形貌在氢含量及钢的原始组织形态不同时有所变化。钟平等人研究高合金二次硬化钢氢脆敏感性的结果为：450℃回火试样慢弯曲断口，充氢 0 5h，裂纹起始区为沿晶+准解理；充氢 4h，裂纹起始区以沿晶断裂为主，存在少量准解理；充氢 10h，裂纹起始区为沿晶和穿晶准解理断裂，沿晶区厚度约为 130μm。482℃回火充氢 0.5h，裂纹起始区为准解理，厚度约 25μm；充氢 4h 和 10h，试样的裂纹起始区都为准解理，厚度分别为 7μm 和 11μm，未出现沿晶断裂特征；随着充氢时间延长，试样放射区韧窝变小变浅。充氢对 600℃回火试样的断裂形貌没有影响，充氢 10h，仍为韧性断裂。

4.3.3 低熔点金属的接触致脆断裂

与低熔点金属相接触的金属零件，在一定的温度和拉应力下，低熔点金属从零件表面沿晶界向零件内部扩散，引起材料脆化并由此导致零件断裂的现象，称为低熔点金属的接触致脆断裂。

1. 脆断产生的条件

1）金属零件与低熔点金属长时间接触。

2）存在拉应力和较高的温度条件。低熔点金属的接触致脆，其实质是低熔点金属随裂纹的扩展而扩散，并使裂纹顶端金属发生合金化的过程。没有一定的拉应力和温度条件，这一过程就难以发生。拉应力可以是外加应力，也可以是残余拉应力。一定的温度条件通常是指从低熔点金属熔化温度（热力学温度）的 3/4 至熔化温度范围内。

3）基体金属与低熔点金属存在一定的环境体系，表 4-3 给出了常见的低熔点金属致脆的环境体系。低熔点金属与零件材料的浸润性越好，越易构成致脆断裂的环境系统。如果两者的浸润性不好，即使零件表面存在有裂纹，因裂纹的扩展速度始终超过低熔点金属的渗入速度，所以也不能构成致脆断裂现象。

表 4-3 低熔点金属致脆的环境体系

零件材料	低熔点金属	环境温度
铜基合金	汞	室温以上
	锂、铋、锡	熔点以下
高强度铝合金	汞	室温以上
	镓	熔点以下

（续）

零件材料	低熔点金属	环境温度
碳钢	锂	熔点以上
	镉、锌、锡、铅、铋	260℃以上
	铜	熔点以上
奥氏体不锈钢	铜、锌、焊药	580℃以上
	硫化物	650℃以上
钛合金	汞、镉	室温以上
镍基合金	硫化物	650℃以上

4）只有在低速加载的条件下才能发生致脆断裂。其原因也是裂纹的扩展速度必须低于低熔点金属的浸润能力时才能出现致脆现象。

2. 断裂特点及断口形貌

1）裂纹源于表面。初裂纹可以是低熔点金属沿表面金属的晶粒间界选择性的扩展，使某些晶界加宽形成的微裂纹，也可以是非金属夹杂物、析出相、滑移带、空穴等缺陷引起的应力集中形成的微裂纹。

2）裂纹的走向为沿晶型。宏观上为脆性断裂，断裂截面与拉应力方向垂直。

3）主裂纹明显，其周围有许多支裂纹，如图4-36所示。

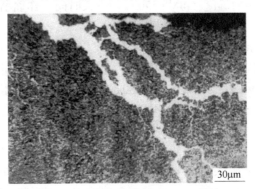

30μm

图4-36 40CrNiMo钢液态锡脆的沿晶脆性裂纹（白色为锡）

4）断口表面通常有低熔点金属留下的特殊色泽及堆积物。

3. 常见的低熔点金属致脆断裂

（1）金属镉致脆断裂（镉脆断裂） 由于镉对金属零件具有较好的电化学保护性能，所以不少钢制零件及工具采用镀镉进行保护。如果生产工艺和使用不当就可以引起镉脆断裂。例如：美国某航空产品上的钛合金零件，用了镀有镉层的锤子进行敲击校正，在钛合金零件表层留下了一层镉，而在使用中导致镉脆断裂。

镉脆断裂的宏观断口上通常明显地分为蓝黑色和银灰色两部分。前者为镉脆断裂区，后者为基体金属的瞬时断裂区。在镉脆断裂区，断口边缘的黑色堆积物为金属镉，其余呈蓝色或蓝绿色部分为合金化区。微观断口为沿晶型。

为了防止镀镉零件本身引起镉脆断裂，通常在镀镉前先镀一层镍，以阻止镉向基体金属内部扩散而导致镉脆断裂。

（2）金属焊锡致脆断裂（锡脆断裂） 黄铜是一种具有良好塑性的金属材料，其组合件常采用锡封装，即在加热状态下，使用焊锡填充缝隙中，从而使其密封或紧固起来。但在一定温度下黄铜与锡的结合易发生锡对黄铜的渗入而致脆的现象。此时，在很小的拉应力下即会发生脆性断裂。

锡致黄铜脆性断裂的宏观断口为银白色的脆性断裂。这种锡脆断裂的温度区间为170~350℃。150℃以下不发生锡脆断裂，断口为正常的金黄色的韧性断裂。

微观断口形貌因合金的不同而异，单相（β相）黄铜为沿晶断裂，双相（β+α）黄铜为穿晶断裂。断口表面及附近地区可见锡的合金化特征及锡的富集现象。

4.3.4 高温长时致脆断裂（热脆）

金属材料在较高的温度（400~550℃）下长时间工作而引起韧性显著降低的现象称为热脆。

1. 热脆断裂的特点

1）呈现热脆性的钢材，在高温下的冲击性能并不低，而室温冲击性能一般比正常情况降低50%~60%，甚至降低80%以上，其他强度指标及塑性指标均不发生明显变化。奥氏体钢热脆性有所不同，在热脆发生的同时，还往往发生强度和塑性等指标的变化。

2）断裂的宏观表现是脆性的，断口呈粗晶状。微观上为沿晶的正向断裂。

3）具有热脆性的金属，其金相组织上可以看到黑色的网状特征（见图4-37），并有第二相质点析出。这是判定金属高温脆性发生的重要依据。

4）几乎所有的钢材都有产生热脆性的倾向。在碳钢中出现热脆性的必要条件是有塑性变形。

2. 热脆断裂的一般解释

金属材料在高温下长时间受到拉应力的作用将发生一系列的组织结构变化。例如：珠光体耐热钢可能发生珠光体的球化，晶粒长大，碳化物析出，石墨化及微量元素的偏聚等。对于热脆性产生的本质至今尚不清楚，但大多数人认为，它和回火脆性应是一致的，原因是发生脆性的条件和影响因素有普遍的一致性。对于珠光体型的耐热钢（如 25Cr2Mo1V）来说，多数人认为它和回火脆性是一致的，两者的共同点是：

1）两种脆性都在相同的温度范围内发生，并且在该温度下保持的时间越长，其脆化程度越大。

2）对脆性敏感的力学性能指标相同，即除室温冲击性能外，其他温度下的力学性能指标不发生显著变化。

3）钢的脆化倾向取决于钢材的化学成分，而且其主要作用的是合金元素和杂质，有害杂质（P、N）等及有利元素（Mo、W）等也相同。

4）热脆性和回火脆性都可以采取在高于 600℃ 的温度下加热后快冷的方法来消除。

5）在长期加热的情况下，不论钢受不受应力作用均发生脆性。预先的冷加工变形降低脆性发展倾向，而在脆性能够发展的过程中，对零件施以冷加工变形将使其冲击性能提高。

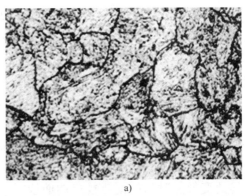
a)

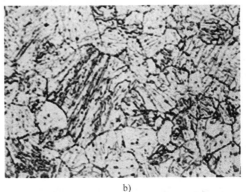
b)

图 4-37　热脆金属显微组织
a）25Cr2Mo1V 钢热脆组织（250×）
b）12Cr2MoWVB 钢碳化物沿晶界析出（200×）

3. 常见的热脆性断裂及返修处理

电厂锅炉、汽轮机用高温高强度螺栓，常用钢材为珠光体型的耐热钢（如 25Cr2Mo1V），其工作温度为 450~550℃，在工作中承受拉应力作用。在长期工作后，特别是长期超温运行时，冲击韧度由 $120J/cm^2$ 下降到 $60J/cm^2$ 以下，易出现热脆性断裂。

对于热脆性程度不十分严重的零件，可以通过返修热处理，如 600~650° 回火或正火（淬火）后回火并快冷的方法予以消除。

4.3.5　蠕变断裂

金属材料在外力作用下，缓慢而连续不断地发生塑性变形，这样的一种现象称为蠕变现象，所发生的变形称为蠕变变形，由此而导致的断裂，则称为蠕变断裂。

1. 蠕变断裂的类型

（1）对数蠕变断裂　在 $(0~0.15)T_m$（T_m 为金属材料的熔点）的温度范围

内，材料的变形引起的加工硬化，因温度低，不能发生回复再结晶，故蠕变率随时间的延续一直在下降，此时发生的断裂称为对数蠕变断裂。

（2）回复蠕变断裂　在 $(0.15\sim0.85)T_m$ 的温度范围内，由于温度高，材料足以进行回复再结晶，蠕变率基本上是个定值，此时发生的断裂称为回复蠕变断裂（或称高温蠕变断裂）。

在工程上最常出现的蠕变断裂是回复蠕变断裂。其典型的蠕变曲线如图 4-38 所示，它是描述在恒定温度、恒定拉应力下金属的变形随时间的变化规律的曲线。典型的蠕变曲线可以分为三个部分：

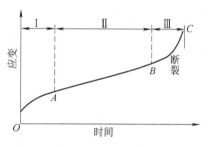

图 4-38　典型的蠕变曲线

蠕变第一阶段（初期蠕变，Ⅰ）——这一阶段属于非稳定的蠕变阶段，其特点是开始蠕变速度较大，随着时间延长，蠕变速度逐渐减小，直到达到最小值 A 点进入第二阶段。

蠕变第二阶段（第二期蠕变，Ⅱ）——这一阶段的蠕变是稳定阶段的蠕变，其特点是蠕变以固定的但是对于该应力和温度下是最小的蠕变速度进行，蠕变曲线上为一固定斜率的近乎直线段。这一阶段又称为蠕变的等速阶段或恒速阶段。这一段越长，则金属在该温度、应力下蠕变变形持续的时间就越长，直到 B 点进入第三阶段。

蠕变第三阶段（第三期蠕变，Ⅲ）——当蠕变进行到 B 点，随着时间的推移，蠕变以迅速增大的速度进行，这是一种失稳状态，直到 C 点发生断裂。这一阶段也称为蠕变的加速阶段。

蠕变曲线的形状会随金属的温度和应力不同而有所变化，如图 4-39 所示。在实际断裂分析时应根据不同条件进行判断。

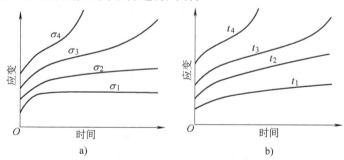

a)　　　　　　　　　　　　b)

图 4-39　不同条件下的蠕变曲线

a）温度固定，应力 $\sigma_1<\sigma_2<\sigma_3<\sigma_4$　b）应力固定，温度 $t_1<t_2<t_3<t_4$

金属蠕变阶段的变化除与温度、应力密切相关外，与材料组织的稳定性也有很大关系。在一定温度下相对稳定的组织，第二段蠕变时间相对长；而稳定性相对较差的组织，在相同的条件下其稳定蠕变阶段变短。

对于长时间在高温高应力下运行的金属零件，应定期测试其蠕变变形量。作为事中分析，提出失效预防措施，也是失效分析的一项重要工作。

2. 蠕变断裂的特征

（1）宏观特征 明显的塑性变形是蠕变断裂的主要特征。在断口附近产生许多裂纹，使断裂件的表面呈现龟裂现象。蠕变断裂的另一个特征是高温氧化现象，在断口表面形成一层氧化膜。

（2）微观特征 大多数的金属零件发生的蠕变断裂是沿晶断裂，但当温度比较低时（在等强温度以下），也可能出现与常温断裂相似的穿晶断裂。与其他沿晶断裂不同之处在于，沿晶蠕变断裂的截面上可以清楚地看到局部地区晶间的脱开及空洞现象（见图4-40）。除此之外，断口上还存在与高温氧化及环境因素相对应的产物。

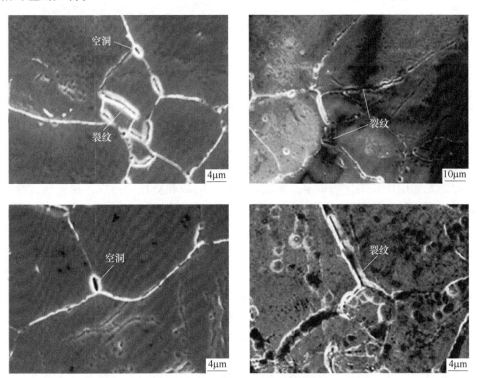

图4-40 BSTMUF601合金蠕变试样断口附近剖面的空洞与裂纹

3. 蠕变断裂失效分析

在失效分析时，根据零件的实际工况条件及断裂件的宏观与微观特征，不难确定零件的断裂是否属于蠕变断裂。

实际的金属零件发生蠕变断裂时，宏观上也可能没有明显的塑性变形，其变形是微观局部的，主要集中在金属晶粒的晶界，在晶界上形成蠕变空洞，从而降低了材料塑性，导致发生宏观脆性的断裂，如图 4-41 所示。这在发电厂等热力系统是经常发生的一种失效形式。

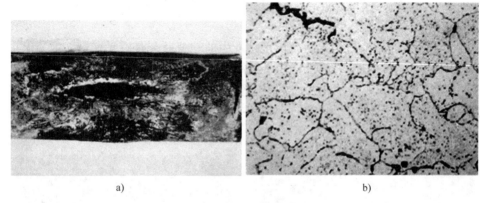

a)   b)

图 4-41　蠕变导致的宏观脆性的蒸汽管爆管
a) 蒸气管爆管断口形态（宏观上无明显塑性变形，管壁没有减薄，表面严重氧化，氧化层致密）
b) 金属组织（珠光体已经完全球化，碳化物在晶内和晶界上聚集，晶界上已形成蠕变裂纹）

实际运行的金属零件，由于金属组织在高温高应力作用下会发生一系列的组织和性能的变化，所以蠕变断裂的过程经常伴随着其他方面的变化。这些变化主要有珠光体球化和碳化物聚集，碳钢石墨化，时效和新相的形成，热脆性，合金元素在固溶体和碳化物相之间的重新分配，以及氧化腐蚀等。

（1）珠光体球化和碳化物聚集　珠光体耐热钢在一定温度和工作应力下长期运行，出现珠光体分解，即原为层片状的珠光体逐步分解为粒状珠光体。随着时间延长，珠光体中的碳化物分解，并进一步聚集长大，形成球状碳化物。由于晶界上具有更适宜碳化物分解、聚集、长大的条件，所以沿晶界分布的球状碳化物多于晶内的碳化物。进一步在晶界上可能形成空洞或微裂纹，材料变脆，最后造成脆性的断裂。这是所有珠光体耐热钢最常见的组织变化，也是必然的组织变化。珠光体球化可以使得材料的室温强度极限和屈服强度降低，使钢的蠕变极限和持久强度下降。因此，耐热钢必须满足其使用温度和应力的要求，在规定的时间内服役。温度或应力大于钢的许用值，将大大缩短设备的使用寿命。例如：发电厂锅炉中的炉体结构用钢、各类管道，都有不同的要求和选用不同的钢材。

经过长期高温运行后爆裂的 20G 钢管，显微组织中无法识别出珠光体组织，只能隐约看出珠光体原来的所在位置，如图 4-42 所示。从该图中可以观察到，在基体中有蠕变空洞及氧化物存在，空洞之间有裂纹连通。管子由外壁到内壁均存在晶粒粗大，晶界逐渐消失及部分晶界粗大的现象。靠近氧化层部分的晶界粗大现象比心部严重。

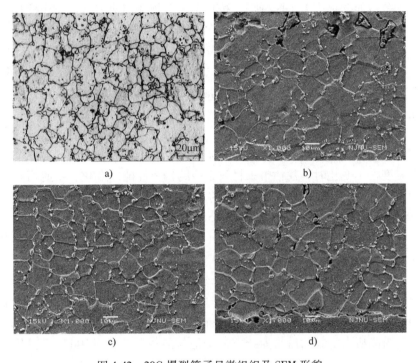

a)　　　　　　　　　　　　　　　b)

c)　　　　　　　　　　　　　　　d)

图 4-42　20G 爆裂管子显微组织及 SEM 形貌

a）显微组织　b）管外壁 SEM 形貌　c）管子心部 SEM 形貌　d）管子内侧 SEM 形貌

（2）石墨化　碳钢和不含铬的珠光体耐热钢在高温下长期运行过程中会产生石墨化现象。石墨化可使钢的强度极限降低，尤其对钢弯曲时的弯曲角和室温冲击性能影响很大。当石墨化严重时，钢的脆性升高，导致耐热零件脆性断裂。影响钢的石墨化的因素有温度、合金元素、晶粒大小、冷变形以及焊接等。用铝脱氧的钢的石墨化倾向较大，铬、钛、铌有阻碍石墨化的作用，含有铬的钢不产生石墨化，镍和硅有促进石墨化的作用。

4.4　混合断裂失效分析

工程零件的断裂大都属于混合断裂。这是因为在裂纹形成及扩展过程中，其影响因素不是单一的，并且通常是不停地变化着的。导致混合断裂产生的原因有以下几个方面。

1. 应力状态发生变化引起的混合断裂

各种类型的断裂均存在一定的临界应力，零件的某个部位所承受的应力达到某个临界值时，零件即产生初裂纹，并开始扩展。随着金属零件有效截面面积的减小，剩余截面的正应力不断增加，特别是裂纹顶端的应力状态发生变化，如裂纹顶端的应力强度因子随裂纹尺寸的加大而升高，当其达到另一种断裂的临界应力时，断裂的类型就将发生变化而成为混合断裂。例如：在零件的疲劳断裂的断口上所看到的疲劳断裂和瞬时断裂（过载断裂）的混合断裂，在静拉伸断裂的断口上所看到的正断、撕裂和剪切型的混合断裂均是由于断裂过程中，应力状态的变化引起的。

2. 环境因素变化引起的混合断裂

零件的环境因素，特别是温度和介质的变化是引起混合断裂的另一个重要因素。当温度发生变化时，往往带来材料组织结构及性能的变化，由此而导致断裂的类型或途径的变化。例如：含 Mo 的材料在高温下长时间工作时，将析出 Mo_2C 而使材料变脆；一些含 Cr 钢材在550℃以上长时间工作时，随碳化物的类型发生的变化[$(FeCr)_3C \rightarrow (FeCr)_7C_3 \rightarrow (FeCr)_{23}C_6$]，其断裂类型也将发生变化而出现混合断裂。

3. 材料的化学成分及组织结构的不均匀性引起的混合断裂

材料的化学成分及组织结构的不均匀性也是引起零件发生混合断裂的重要原因。例如：化学热处理的零件，表层的断裂与心部的断裂通常是不同的；材料中脆性相的沿晶析出引起的沿晶界断裂常常是与某些晶粒的 |100| 解理断裂相混合的。

应当注意的是，对混合断裂来说，不论断裂过程中包含几个断裂机制，但初始起因只有一个，而其余机制是派生出来的。因此，在失效分析时，应集中寻找第一断裂源区的初始断裂机制。这就是断口分析中寻找主断面、主裂纹、断裂源意义之所在。

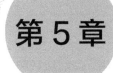

第 5 章

疲劳断裂失效分析

疲劳断裂是金属零件断裂的主要形式之一。自从 Wöhler 的经典疲劳著作发表以来，人们充分地研究了不同材料在各种不同载荷和环境条件下试验时的疲劳性能，在金属零件疲劳断裂失效分析基础上形成和发展了疲劳学科。尽管广大工程技术人员和设计人员已经注意到疲劳问题，而且已积累了大量的技术数据，在实际工程中采取了许多有效的技术措施，但目前仍然有许多设备和零件因疲劳断裂而失效，尤其是各类轴、齿轮、叶片、模具等承受交变载荷的零件。据统计，在整个机械零件的失效总数中，疲劳失效约占 80%。因此，金属零件的疲劳失效仍然是值得重点研究的问题。关于承受交变载荷的零件的力学问题在第 2 章已经阐述，本章重点介绍疲劳断裂失效的判定及其预防。

5.1 疲劳断裂失效的基本形式和特征

5.1.1 疲劳断裂失效的基本形式

机械零件疲劳断裂失效形式很多，按交变载荷的形式不同可分为拉压疲劳、弯曲疲劳、扭转疲劳、接触疲劳、振动疲劳等，按疲劳断裂的总周次（N_f）的大小可分为高周疲劳（$N_f > 10^5$）和低周疲劳（$N_f < 10^4$），按其服役的温度及介质条件可分为机械疲劳（常温、空气中的疲劳）、高温疲劳、低温疲劳、冷热疲劳及腐蚀疲劳等。但其基本形式只有两种，即由切应力引起的切断疲劳和由正应力引起的正断疲劳。其他形式的疲劳断裂，都是由这两种基本形式在不同条件下的复合。

1. 切断疲劳失效

切断疲劳初始裂纹是由切应力引起的。切应力引起疲劳初裂纹萌生的力学条件是：切应力/缺口切断强度≥1；正应力/缺口正断强度<1。

切断疲劳的特点是：疲劳裂纹起源处的应力应变场为平面应力状态；初裂纹的所在平面与应力轴约成 45°角，并沿其滑移面扩展。

由于面心立方结构的单相金属材料的切断强度一般略低于正断强度，而在单向压缩、拉伸及扭转条件下，最大切应力和最大正应力的比值（即软性系数）分别为 2.0、0.5、0.8，所以对于这类材料，其零件的表层比较容易满足上述力学条件，因而多以切断形式破坏。例如：铝、镍、铜及其合金的疲劳初裂纹，绝大多数以这种方式形成和扩展。

低强度高塑性材料制作的中小型及薄壁零件、大应力振幅、高的加载频率及较高的温度条件都将有利于这种破坏形式的产生。

2. 正断疲劳失效

正断疲劳的初裂纹是由正应力引起的。初裂纹产生的力学条件是：正应力/缺口正断强度≥1，切应力/缺口切断强度<1。

正断疲劳的特点是：疲劳裂纹起源处的应力应变场为平面应变状态；初裂纹所在平面大致上与应力轴相垂直，裂纹沿非结晶学平面或不严格地沿着结晶学平面扩展。

大多数的工程金属零件的疲劳失效都是以此种形式进行的，特别是体心立方金属及其合金以这种形式破坏的所占比例更大。上述力学条件在零件的内部裂纹处容易得到满足，但当表面加工比较粗糙或具有较深的缺口、刀痕、蚀坑、微裂纹等应力集中现象时，正断疲劳裂纹也易在表面产生。

高强度及低塑性的材料、大截面零件、小应力振幅、低的加载频率与腐蚀、低温条件均有利于正断疲劳裂纹的萌生与扩展。

在某些特殊条件下，裂纹尖端的力学条件同时满足切断疲劳和正断疲劳的情况。此时，初裂纹也将同时以切断和正断疲劳的方式产生及扩展，从而出现混合断裂的特征。

5.1.2 疲劳断裂失效的一般特征

金属零件的疲劳断裂失效无论从工程应用的角度出发，还是从断裂的力学本质及断口的形貌方面来看，都与过载断裂失效有很大的差异。金属零件在使用中发生的疲劳断裂具有突发性、高度局部性及对各种缺陷的敏感性等特点。引起疲劳断裂的应力一般很低，断口上经常可观察到特殊的、反映断裂各阶段宏观及微观过程的特殊花样。下面介绍高周疲劳断裂的基本特征。

1. 疲劳断裂的突发性

疲劳断裂虽然经过疲劳裂纹的萌生、亚临界扩展、失稳扩展三个过程，但是由于断裂前无明显的塑性变形和其他明显征兆，所以断裂具有很强的突发性。即使在静拉伸条件下具有大量塑性变形的塑性材料，在交变应力作用下也会显示出宏观脆性的断裂特征，因而断裂是突然进行的。

2. 疲劳断裂应力很低

循环应力中最大应力幅值一般远低于材料的强度极限和屈服强度。例如：对于旋转弯曲疲劳来说，经 10^7 次应力循环破断的应力仅为静弯曲应力的 20%~40%；对于对称拉压疲劳来说，疲劳破坏的应力水平还要更低一些。对于钢制零件，在工程设计中采用的近似计算公式为

$$\sigma_{-1} = (0.4\sim0.6)\,R_{m} \tag{5-1}$$

或
$$\sigma_{-1} = 0.285\left(R_{\mathrm{eL}} + R_{\mathrm{m}}\right) \tag{5-2}$$

3. 疲劳断裂是一个损伤积累的过程

疲劳断裂不是立即发生的，而是往往经过很长的时间才完成的。疲劳初裂纹的萌生与扩展均是多次应力循环损伤积累的结果。

在工程上，通常把零件上产生一条可见的初裂纹的应力循环周次（N_0），或将 N_0 与试件的总寿命 N_f 的比值（N_0/N_f）作为表征材料疲劳裂纹萌生孕育期的参量。部分材料的 N_0/N_f 值见表 5-1。

表 5-1 部分材料的 N_0/N_f 值

材料	试件形状	N_f/次	初始可见裂纹长度/mm	N_0/N_f
纯铜	光滑	2×10^6	2.03×10^{-3}	0.05
纯铝	光滑	2×10^5	5×10^{-4}	0.10
纯铝	切口（$K_t\approx2$）	2×10^6	4×10^{-4}	0.005
2024-T3	光滑	5×10^4	1.01×10^{-1}	0.40
		1×10^6	1.01×10^{-1}	0.70
2024-T4	切口（$K_t\approx2$）	1×10^5	2.03×10^{-2}	0.05
		3×10^6	1.0×10^{-2}	0.07
7075-T6	切口（$K_t\approx2$）	1×10^5	7.62×10^{-2}	0.40
		5×10^3	7.62×10^{-2}	0.20
40CrNiMoA	切口（$K_t\approx2$）	2×10^4	3×10^{-3}	0.30
		1×10^3	7.62×10^{-2}	0.25

疲劳裂纹萌生的孕育期与应力幅的大小、零件的形状及应力集中状况、材料性质、温度与介质等因素有关。各因素对 N_0/N_f 值影响的趋势见表 5-2。

表 5-2 各因素对 N_0/N_f 值影响的趋势

影响因素	变化	对 N_0/N_f 值影响的趋势
应力幅	增加	降低
应力集中	加大	降低
材料强度	增加	升高
材料塑性	增加	降低
温度	升高	降低
腐蚀介质	强	降低

4. 疲劳断裂对材料缺陷的敏感性

金属材料的疲劳失效具有对材料的各种缺陷均较为敏感的特点。疲劳断裂总是起源于微裂纹处。这些微裂纹有的是材料本身的冶金缺陷，有的是加工制造过程中留下的，有的则是使用过程中产生的。

例如：在纯金属及单相金属中，滑移带中侵入沟应力集中形成的微裂纹，或驻留滑移带内大量点缺陷凝聚形成的微裂纹是常见的疲劳裂纹萌生地；在工业合金和多相金属材料中存在的第二相质点及非金属夹杂物，因其应力集中的作用引起局部的塑性变形，导致相界面的开裂或第二相质点及夹杂物的断裂而成为疲劳裂纹的发源地；同样，零件表面或内部的各种加工缺陷，往往其本身就是一条可见的裂纹，使其在很小的交变应力作用下就得以扩展。总之，无论是材料本身原有的缺陷，还是加工制造或使用中产生的"类裂纹"，均显著降低在交变应力作用下零件的使用性能。

5. 疲劳断裂对腐蚀介质的敏感性

金属材料的疲劳断裂除取决于材料本身的性能外，还与零件运行的环境条件有着密切的关系。对材料敏感的环境条件虽然对材料的静强度也有一定的影响，但其影响程度远不如对材料疲劳强度的影响显著。大量试验数据表明，在腐蚀环境下材料的疲劳极限比在大气条件下低得多，甚至就没有所说的疲劳极限。对不锈钢来说，在交变应力下，由于金属表面的钝化膜易被破坏而极易产生裂纹，使其疲劳断裂的抗力比大气环境下低得多。

5.2 疲劳断口宏观特征与疲劳源分析

5.2.1 疲劳断口的宏观特征

1. 疲劳断口宏观形貌

由于疲劳断裂的过程不同于其他断裂，因而形成了疲劳断裂特有的断口形貌，这是疲劳断裂分析时的根本依据。

典型的疲劳断口的宏观形貌结构可分为疲劳核心、疲劳源区、疲劳裂纹的选择发展区、疲劳裂纹的快速扩展区及瞬时断裂区五个区域，如图 5-1 和图 5-2 所示。一般疲劳断口在宏观上也可粗略地分为疲劳源区、疲劳裂纹扩展区和瞬时断裂区三个区域，更粗略地可将其分为疲劳区和瞬时断裂区两个部分。大多数工程零件的疲劳断裂断口上一般可观察到三个区域，因此这一划分更有实际意义。

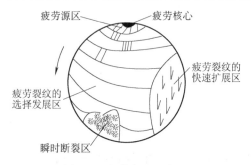

图 5-1　疲劳断口示意图

（1）疲劳源区　疲劳源区是疲劳裂纹的萌生区。它通常是由多个疲劳裂纹萌生点扩散并相遇而形成的区域。该区由于裂纹扩展缓慢以及反复张开闭合效应，引起断口表面磨损而有光亮和细晶的表面结构。这个区域在整个疲劳断口中所占的比例很小，实际断口上通常就是指放射源的中心点（见图 5-3）或贝纹线的曲率中心点（见图 5-4）。由于疲劳断裂对表面缺陷非常敏感，所以这些疲劳源区常在金属零件的表面，如图 5-2、图 5-3 所示。但当在零件的心部或亚表层

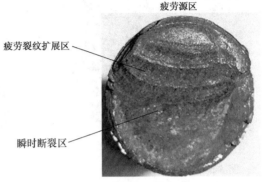

图 5-2　实际的疲劳断口

存在有较大的缺陷时，断裂也可从零件的心部和次表层开始，如图 5-4、图 5-5 所示。

图 5-3　叶片的疲劳断口

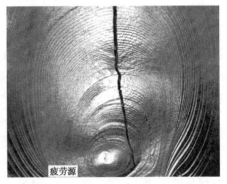

图 5-4　疲劳断口的贝纹线和疲劳源区

一般情况下，一个疲劳断口只有一个疲劳源，但在反复弯曲时可出现两个疲劳源；而在腐蚀环境中，由于滑移使金属表面膜破裂而形成许多活性区域，故可出现更多的疲劳源；当在低的交变载荷下工作的零件发生疲劳断裂时，由于金属零件表面的多处缺陷，也可形成多个疲劳源（见图 5-6）。

一般情况下，应力集中系数越高，或者是交变应力的水平越高，则疲劳源区的数目也越多。对于表面存在类裂纹的零件，其疲劳断口上则往往不存在疲劳源区，而只有疲劳裂纹扩展区和瞬时断裂区。

（2）疲劳裂纹扩展区　疲劳裂纹扩展区是疲劳裂纹的亚临界扩展区，是疲劳断口上最重要的特征区域。该区域形态多种多样，可以是光滑的，也可以是瓷状的；可以有贝纹线，也可以不出现；可以是晶粒状的，也可以是撕裂脊状等。

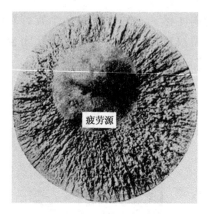

图 5-5　蒸汽锤活塞杆疲劳断口

图 5-6　螺栓疲劳断口

具体形态将取决于零件所受的应力状态及运行情况（包括裂纹尖端的最大应力强度因子和最小应力强度因子 K_{Imax} 和 K_{Imin}、频率 f、环境、温度等）。当 $K_{\mathrm{Imax}} > K_{\mathrm{IC}} > K_{\mathrm{Imin}}$ 时，可以出现撕裂脊；当 $K_{\mathrm{Imax}} > K_{\mathrm{ISCC}}$ 时，可以出现结晶状断口。当频率 f 高时，可出现平断口；当 f 低时，可以出现撕裂状断口。当然也可以出现混合断口。当疲劳载荷中有压应力时，可使已开裂的断面相互摩擦而发亮；当运行过程中有反复开机、停机动作时，可能会有贝纹线出现。由于载荷的变化、材料中的缺陷以及残余应力的再分配等因素的作用，裂纹在扩展过程中，会不断改变扩展方向并形成二次台阶、线痕及弧线。

当交变载荷的应力幅一定时，疲劳裂纹以一定的速度（$\mathrm{d}a/\mathrm{d}N$）扩展。而随着疲劳裂纹的增长，应力幅 σ_a 也逐渐加大，当 σ_a 趋近 R_m 时，零件的开裂由疲劳裂纹过渡到过载开裂。该区域具有较大的扩展速度及表面粗糙度，并由于伴随有材料的撕裂而汇合成附加的台阶，或汇合成小丘陵结构。

（3）瞬时断裂区　瞬时断裂区即快速静断区。当疲劳裂纹扩展到一定程度时，零件的有效承载面承受不了当时的载荷而发生快速断裂。断口平面基本与主应力方向垂直，粗糙的晶粒状脆断或呈放射线状，对于高塑性材料也可能出现纤维状结构。这部分与前述过载断裂相似，在此不再赘述。

2. 疲劳断口宏观形貌的基本特征

疲劳弧线是疲劳断口宏观形貌的基本特征。它是以疲劳源为中心，与裂纹扩展方向相垂直的呈半圆形或扇形的弧形线，又称贝纹线（贝壳花样）或海滩花样（见图 5-2、图 5-4）。疲劳弧线是裂纹扩展过程中，其顶端的应力大小或状态发生变化时，在断面上留下的塑性变形的痕迹。对于光滑试样，疲劳弧线的圆心一般指向疲劳源区。当疲劳裂纹扩展到一定程度时，也可能出现疲劳弧线的转向现象。当试样表面有尖锐缺口时，疲劳弧线的圆心指向疲劳源区的相反方向。这些特征可作为判定疲劳源区位置的依据或表面缺口影响的判据。

疲劳弧线的数量（密度）主要取决于加载情况。开机和停机或载荷发生较大的变化，均可留下疲劳弧线。并不是在所有的疲劳断口上都可以观察到疲劳弧线，疲劳弧线的清晰度不仅与材料的性质有关，而且与介质情况、温度条件等有关。材料的塑性好，温度高，有腐蚀介质存在时，则弧线清晰。材料的塑性低或裂纹扩展速度快，以及断裂后断口受到污染和不当的清洗等，都难以在断口上观察到清晰的疲劳弧线，但这并不意味着断裂过程中不形成疲劳弧线。

疲劳台阶为疲劳断口上另一基本特征。一次疲劳台阶出现在疲劳源区，二次疲劳台阶出现在疲劳裂纹的扩展区，它指明了疲劳裂纹的扩展方向，并与疲劳弧线相垂直，呈辐射状，如图 5-7 所示。

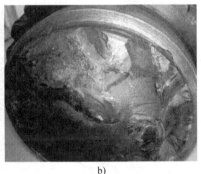

a)   b)

图 5-7　疲劳台阶

a）疲劳源区的台阶　b）扩展区的台阶

疲劳断口上的光亮区也是疲劳断裂宏观断口形貌的基本特征。实际上，前述的疲劳断口典型宏观形貌的三个区，就是疲劳断裂断口的基本宏观特征。有时断口上观察不到疲劳弧线及疲劳台阶而仅有光亮区与粗糙区之分，则光亮区为疲劳区，粗糙区为瞬断区。有时光亮区仅为疲劳源区。

5.2.2　疲劳断口各区域的位置与形状

前已述及，机械零件疲劳断裂失效形式虽然很多，但其基本形式只有两种，即由切应力引起的切断疲劳和由正应力引起的正断疲劳。在实际的疲劳断裂失效分析中，一般还是以零件服役方式来进行分类和分析的，以便于对断裂的影响因素进行分析和控制。疲劳裂纹扩展区的大小和形状取决于零件的应力状态、应力幅及零件的形状，不同的金属零件在各种应力状态下的疲劳区域分布情况见表 5-3。

表 5-3　不同的金属零件在各种应力状态下的疲劳区域分布情况

载荷类型	高应力			低应力		
	光滑零件	中等缺口	尖锐缺口	光滑零件	中等缺口	尖锐缺口
拉-压 （拉）						
单向弯曲						
双向弯曲						
旋转弯曲						
扭转						
拉-压 （拉）						
单向弯曲						
双向弯曲						

1. 拉压（拉）疲劳断裂

拉压疲劳断裂最典型例子是各种蒸汽锤的活塞杆在使用中发生的疲劳断裂。在通常情况下，拉压疲劳断裂的疲劳核心多源于表面而不是内部，这一点与静载拉伸断裂时不同。但当零件内部存在有明显的缺陷时，疲劳初裂纹将起源于缺陷处。此时，在断口上将出现两个明显的不同区域：光亮的圆形疲劳区（疲劳核心在此中心附近）和圆形疲劳区周围的瞬时断裂区。在疲劳区内一般看不到疲劳弧线，而在瞬时断裂区具有明显的放射花样。

应力集中和材料缺陷将影响疲劳核心的数量及其所在位置，瞬时断裂区的相对大小与载荷大小及材料性质有关。光滑表面出现的疲劳源数量少，瞬断区多为新月形；有缺口表面产生的疲劳源数目多，瞬断区逐步变成近似椭圆形。

2. 弯曲疲劳断裂

金属零件在交变的弯曲应力作用下发生的疲劳破坏称为弯曲疲劳断裂。弯曲疲劳又可分为单向弯曲疲劳、双向弯曲疲劳及旋转弯曲疲劳三类。其共同点是零件截面受力不均匀，初裂纹一般源于表面，然后沿着与最大正应力垂直的方向向内扩展，当剩余截面不能承受外加载荷时，发生突然断裂。

（1）单向弯曲疲劳断裂 像起重机悬臂之类的零件，在工作时承受单向弯曲载荷。承受脉动单向弯曲应力的零件，其疲劳核心一般发生在受拉侧的表面上。疲劳核心一般为一个，断口上可以看到呈同心圆状的贝纹花样，且呈凸向。最后断裂区在疲劳源区的对面，外围有剪切唇（见图5-8）。载荷的大小、材料的性能及环境条件等对断口中疲劳区与瞬时断裂区的相对大小均有所影响。载荷大，材料塑性低及环境温度偏低等，则瞬时断裂区所占比例加大。

零件的次表面存在较大缺陷时，疲劳核心也可能在次表面产生。在受到较大的应力集中影响时，疲劳弧线可能出现反向（呈凹状），并可能出现多个疲劳源区。

（2）双向弯曲疲劳断裂 某些齿轮的齿根承受双向弯曲应力的作用。零件在双向弯曲应力作用下产生的疲劳断裂，其疲劳源区可能在零件的两侧表面，最后断裂区在截面的内部（见图5-9）。

图5-8 单向弯曲疲劳断口形貌　　　图5-9 双向弯曲疲劳断口形貌

材料的性质、载荷的大小、结构特征及环境因素等都对断口的形貌有影响，其影响趋势与单向弯曲疲劳断裂基本相同。

在高名义应力下，光滑的和有缺口的零件瞬断区的面积都大于扩展区，且位于中心部位，形状似腰鼓形。随着载荷水平和应力集中程度的提高，瞬断区的形状逐渐变成为椭圆形。

在低名义应力下，两个疲劳核心并非同时产生，扩展速度也不一样。因此，断口上的疲劳断裂区一般不完全对称，瞬断区偏离中心位置。

（3）旋转弯曲疲劳断裂　许多轴类零件的断裂多属于旋转弯曲疲劳断裂。旋转弯曲疲劳断裂时，疲劳源区一般出现在表面，但无固定地点。疲劳源的数量可以是一个也可以是多个。疲劳源区和最后断裂区相对位置一般总是相对于轴的旋转方向而逆转一个角度，如图 5-10 所示。由此可以根据疲劳源区与最后断裂区的相对位置推知轴的旋转方向。

当轴的表面存在较大的应力集中时，可以出现多个疲劳源区。此时最后断裂区将移至轴件的内部。名义应力越大，最后断裂区越靠近轴件的中心。内部存在较大的夹杂物及其他缺陷时，疲劳核心也可能产生在次表面或内部区域。

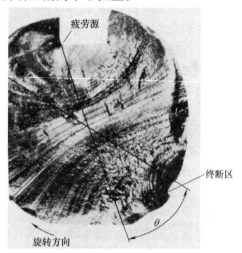

图 5-10　旋转弯曲疲劳断口和最终
断裂位置的偏转现象

阶梯轴在循环弯曲应力作用下，由弯曲疲劳引起的裂纹的扩展方向与拉伸正应力相垂直，所以疲劳断面往往不是一个平面，而是一个像碟子一样的曲面，其断口称为碟形疲劳断口（见图 5-11）。碟形疲劳断口的形成过程如图 5-12 所示。

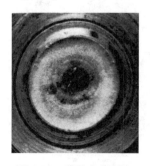

图 5-11　碟形疲劳断口

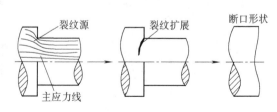

图 5-12　碟形疲劳断口的形成过程

3. 扭转疲劳断裂

各类传动轴件的断裂主要是扭转疲劳断裂。扭转疲劳断裂的断口形貌主要有三种类型。

（1）正向断裂　断裂面与轴向成45°角，即沿最大正应力作用的平面发生的断裂。单向脉动扭转时为螺旋状；双向扭转时，其断裂面呈星状，应力集中较大的呈锯齿状。

（2）切向断裂　断裂面与轴向垂直，即沿着最大切应力所在平面断裂，横断面齐平。

（3）混合断裂　断裂面呈阶梯状，即沿着最大切应力所在平面起裂并在正应力作用下扩展引起的断裂。

正向断裂的宏观形貌一般为纤维状，不易出现疲劳弧线。切向断裂较易出现疲劳弧线。

有缺口（应力集中）的零件在交变扭转应力作用下，会形成两种特殊的扭转疲劳断口——棘轮状断口或锯齿状断口。棘轮状断口（见图5-13）一般是在单向交变扭转应力作用下产生的，其形成过程如图5-14所示。首先在相应点形成微裂纹，此后疲劳裂纹沿最大切应力方向扩展，最后形成棘轮状断口，也称为星状断口。这种断口在旋转弯曲载荷作用下也有发生。

 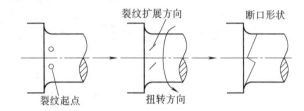

图5-13　棘轮状断口　　　　　　　　图5-14　棘轮状断口的形成过程

锯齿状断口（见图5-15）是在双向扭转作用下产生的，其形成过程如图5-16所示。裂纹在相应多个点上形成，然后沿最大切应力方向（±45°）扩展，从而形成类似锯齿状的断口。

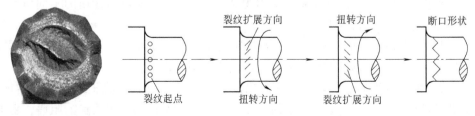

图5-15　锯齿状断口　　　　　　　　图5-16　锯齿状断口的形成过程

因此，一旦在实际断裂件中发现了上述形态的锯齿状或棘轮状断口，就可以判断为交变扭转疲劳断口。

5.3 疲劳断口的微观特征及疲劳性质判定

疲劳断口微观形貌的基本特征是在电子显微镜下观察到的条状花样，通常称为疲劳条痕、疲劳条带、疲劳辉纹等。塑性疲劳辉纹是具有一定间距的、垂直于裂纹扩展方向、明暗相交且互相平行的条状花样，如图5-17a所示。脆性疲劳辉纹形态较复杂，图5-17b所示为呈羽毛状的脆性疲劳辉纹。

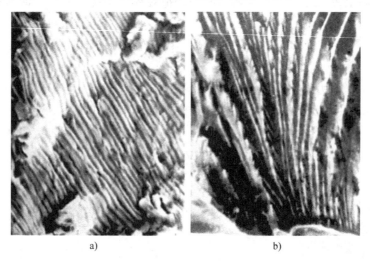

a)   b)

图5-17　疲劳断口中的疲劳辉纹
a）塑性疲劳辉纹（1000×）　b）脆性疲劳辉纹（500×）

疲劳辉纹中暗区的凹坑为细小的韧窝花样。在某种特定条件下，每条辉纹与一次应力循环周期相对应。疲劳辉纹的间距大小，与应力幅的大小有关。随着距疲劳源区距离的加大，疲劳辉纹的间距增大。晶界、第二相质点及夹杂物等对疲劳辉纹的微观扩展方向都有所影响，因而也对辉纹的分布产生影响。

疲劳辉纹的形貌随金属材料的组织结构、晶粒位向及载荷性质的不同而发生多种变化，其一般特征如下：

1）疲劳辉纹的间距在裂纹扩展初期较小，而后逐渐变大。每一条疲劳辉纹间距对应一个应力循环过程中疲劳裂纹前沿向前的推进量。

2）疲劳辉纹的形状多为向前凸出的弧形条痕。随着裂纹扩展速度的增加，疲劳辉纹的曲率加大。裂纹扩展过程中，如果遇到大块第二相质点的阻碍，也可能出现反弧形或S形弧线疲劳辉纹。

3）疲劳辉纹的排列方向取决于各段疲劳裂纹的扩展方向。不同晶粒或同一晶粒双晶界的两侧，或同一晶粒不同区域的扩展方向不同，产生的疲劳辉纹的方向也不一样。

4）面心立方结构材料比体心立方结构材料易于形成疲劳辉纹，平面应变状态比平面应力状态易于形成疲劳辉纹。一般应力太小时观察不到疲劳辉纹。

5）并非在所有的疲劳断口上都能观察到疲劳辉纹，疲劳辉纹的产生与否取决于材料性质、载荷条件及环境因素等多方面的影响。

6）疲劳辉纹在常温下往往是穿晶的，而在高温下也可以出现沿晶的辉纹。

7）疲劳辉纹有延性和脆性两种类型。

延性疲劳辉纹是指金属材料疲劳裂纹扩展时，裂纹尖端金属发生较大的塑性变形。疲劳条痕通常是连续的，并向一个方向弯曲成波浪形（见图5-18）。通常在疲劳辉纹间存在有滑移带，在电子显微镜下可以观察到微孔花样。高周疲劳断裂时，其疲劳辉纹通常是延性的。

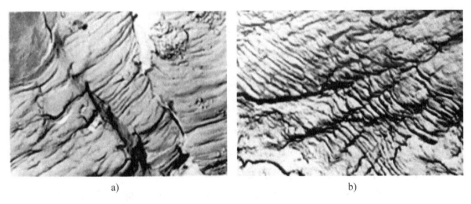

a)   b)

图 5-18　延性疲劳辉纹

a）10200×　b）12000×

脆性疲劳辉纹是指疲劳裂纹沿解理平面扩展，尖端没有或很少有塑性变形，故又称解理辉纹。在电子显微镜下既可观察到与裂纹扩展方向垂直的疲劳辉纹，又可观察到与裂纹扩展方向一致的河流花样及解理台阶，如图5-19、图5-20所示。对于脆性金属材料及在腐蚀介质环境下工作的高强度塑性材料发生的疲劳断裂，或缓慢加载的疲劳断裂，其疲劳辉纹通常是脆性的。面心立方金属一般不发生解理断裂，故不产生脆性的疲劳辉纹，但在腐蚀环境下也可以形成脆性的疲劳辉纹，如高强铝合金在腐蚀介质中的疲劳断裂就有脆性的疲劳辉纹。

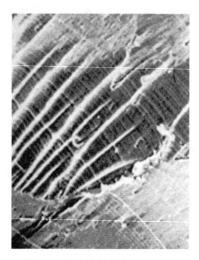

图 5-19　脆性疲劳辉纹与解理河流
花样垂直（250×）

图 5-20　脆性疲劳辉纹与解理台阶
不同的位向（250×）

　　Forsyth 对铝合金疲劳断口进行了仔细的观察和分析，提出两种疲劳条痕，即延性断裂条痕和脆性断裂条痕。脆性疲劳断裂似乎与严格的沿解理面发生的解理断裂有关，它只包含有小量的塑性变形。在断口表面上可以发现，它除存在相互平行的条痕外，还存在有垂直于条痕的解理阶，这些解理阶又把条痕割裂开来。G. Jacoby 认为，脆性疲劳断裂是优先在低交变应力下发生的。

　　延性疲劳条痕是比较常见的，在高分子化合物中也能见到。这表明延性疲劳条痕的形成与金属的结晶学本质中间并没有必然的联系。所谓延性疲劳断裂是指在这一断裂过程中有较大的塑性变形发生。

　　除上述基本特征外，在一些包括面心立方结构的奥氏体不锈钢、体心立方结构的合金结构钢、马氏体不锈钢等材料的疲劳断口上，还可看到类似解理断裂状河流花样的疲劳沟线及由硬质点滚压形成的轮胎花样，如图 5-21 所示。在其他材料中，疲劳条痕并不像在高强铝合金那样清晰而具有规则性。例如：在钢中，疲劳条痕的连续情况是不规则的，有时表现出短而不连续的特征。图 5-22 所示为 40CrNiMoA 钢的疲劳辉纹，其疲劳辉纹短而不规则。在另外一些观察中，却看不到疲劳条痕，只看到一些不规则的表面特征和一些独立的韧窝。

　　疲劳辉纹固然是疲劳断裂所特有的典型断口特征，但是在疲劳条件下同样也会出现静载断裂花样。对于工业上常用的合金结构钢，特别是高强度钢零件，许多情况下断口上的大部分面积呈现出静载断裂特征，有时甚至难以找到疲劳辉纹，这给疲劳失效分析带来一定的困难。

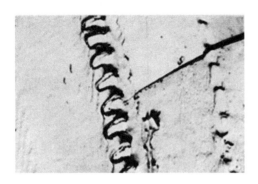
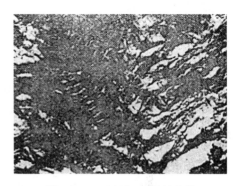

图 5-21 疲劳断口中的轮胎　　　　图 5-22 40CrNiMoA 钢的疲劳
花样 （6000×）　　　　　　　　　　辉纹 （15000×）

大量的试验分析指出，断口上出现静载断裂花样与下列因素有关：

（1）试样厚度　试样厚度越厚，越易出现静载断裂花样，它能增大裂纹扩展速率。

（2）材料性质　塑性材料比脆性材料更易出现疲劳辉纹。当材料的断裂韧度 $K_{IC}<60MPa \cdot m^{1/2}$ 时，断口上的疲劳条带减少，而各种类型的静载断裂花样增多。

（3）晶体的结构类型　面心立方晶体比体心立方晶体更易出现疲劳条带。

（4）加载水平　静载断裂花样的出现主要取决于最大应力强度因子 K_{max}，而对应力强度因子范围 ΔK 不敏感。K_{max} 越高，越易出现静载断裂花样。

5.4　疲劳断裂失效类型与鉴别

判断某零件的断裂是不是疲劳性质的，利用断口的宏观分析方法结合零件受力情况，一般不难确定。结合断口的微观特征，可以进一步分析载荷性质及环境条件等因素的影响，对零件疲劳断裂的具体类型做进一步判别。

5.4.1　机械疲劳断裂

1. 高周疲劳断裂

多数情况下，零件光滑表面上发生高周疲劳断裂断口上只有一个或有限个疲劳源，只有在零件的应力集中处或在较高水平的循环应力下发生的断裂，才出现多疲劳源。对于那些承受低的循环载荷的零件，断口上的大部分面积为疲劳扩展区。

高周疲劳断口的微观基本特征是细小的疲劳辉纹。此外，有时还可看到疲劳沟线和轮胎花样。依此即可判断断裂的性质是高周疲劳断裂，前述的疲劳断口宏观、微观形态，大多数是高周疲劳断口。但要注意载荷性质、材料结构和环境条件的影响。

2. 低周疲劳断裂

发生低周疲劳失效的零件，所承受的应力水平接近或超过材料的屈服强度，即循环应变进入塑性应变范围，加载频率一般比较低，通常以分、小时、日，甚至更长的时间计算。

宏观断口上存在多疲劳源是低周疲劳断裂的特征之一。整个断口很粗糙且高低不平，与静拉伸断口有某些相似之处。

低周疲劳断口的微观基本特征是粗大的疲劳辉纹或粗大的疲劳辉纹与微孔花样。同样，低周疲劳断口的微观特征随材料性质、组织结构及环境条件的不同而有很大的差别。

对于超高强度钢，在加载频率较低和振幅较大的条件下，低周疲劳断口上可能不出现疲劳辉纹，而代之以沿晶断裂和微孔花样为特征。

断口扩展区有时呈现轮胎花样的微观特征，这是裂纹在扩展过程中匹配面上硬质点在循环载荷作用下向前跳跃式运动留下的压痕。轮胎花样的出现往往局限于某一局部区域，它在整个断口扩展区上的分布远不如疲劳辉纹那样普遍，但它却是高应力低周疲劳断口上所独有的特征形貌。

热稳定不锈钢的低周疲劳断口上除具有典型的疲劳辉纹外，常出现大量的粗大滑移带及密布着细小二次裂纹。

高温条件下的低周疲劳断裂由于塑性变形容易，一般疲劳辉纹更深、辉纹轮廓更为清晰，并且在辉纹间隔处往往出现二次裂纹。

3. 振动疲劳（微振疲劳）断裂

许多机械设备及其零部件在工作时往往出现在其平衡位置附近做来回往复的运动现象，即机械振动。机械振动在许多情况下都是有害的。它除了产生噪声和有损于建筑物的动载荷外，还会显著降低设备的性能及工作寿命。由往复的机械运动引起的断裂称为振动疲劳断裂。

当外部激振力的频率接近系统的固有频率时，系统将出现激烈的共振现象。共振疲劳断裂是机械设备振动疲劳断裂的主要形式，除此之外，还有颤振疲劳及喘振疲劳。

振动疲劳断裂的断口形貌与高频率低应力疲劳断裂相似，具有高周疲劳断裂的所有基本特征。振动疲劳断裂的疲劳核心一般源于最大应力处，但引起断裂的原因主要是结构设计不合理，因而应通过改变零件的形状、尺寸等调整设备的自振频率等措施予以避免。

只有在微振磨损条件下服役的零件，才有可能发生微振疲劳失效。通常易于发生微振疲劳失效的零件有：铆接螺栓、耳片等紧固件，热压、过渡配合件，花键，键槽，夹紧件，轴-轴套配合件，齿轮-轴配合件，回摆轴承，板簧及钢丝绳等。

由微振磨损引起大量表面微裂纹之后，在循环载荷作用下，以此裂纹群为起点开始萌生疲劳裂纹。因此，微振疲劳最为明显的特征是，在疲劳裂纹的起始部位通常可以看到磨损的痕迹、压伤、微裂纹、掉块及带色的粉末（钢铁材料为褐色，铝、镁材料为黑色）。

金属微振疲劳断口的基本特征是细密的疲劳辉纹，金属共振疲劳断口的特征与低周疲劳断口相似。

微振疲劳过程中产生的微细磨粒常常被带入到断口上，严重时使断口轻微染色。这种磨粒都是金属的氧化物，用 X 射线衍射分析磨粒的物相结构，可以为微振疲劳断裂失效分析提供依据。

4. 接触疲劳

材料表面在较高的接触压应力作用下，经过多次应力循环，其接触面的局部区域产生小片或小块金属剥落，形成麻点或凹坑，最后导致零件失效的现象，称为接触疲劳，也称为接触疲劳磨损或磨损疲劳。接触疲劳主要产生于滚动接触的机器零件（如滚动轴承、齿轮、凸轮、车轮等）的表面。

对接触疲劳产生的原因迄今还没有一致的看法，一般认为可分为在材料表面或表层形成疲劳裂纹和裂纹扩展两个阶段。当两个接触体相对滚动或滑动时，在接触区将造成很大的应力和塑性变形（接触应力部分见 2.5.7 节）。由于交变接触应力长期反复的作用，便在材料表面或表层薄弱环节处引发疲劳裂纹，并逐步扩展，最后材料以薄片形式断裂剥落下来。如果接触疲劳源在材料表面产生，裂纹进一步扩展会出现麻点及导致表面金属剥落；如果接触疲劳裂纹源在材料的次表面产生，则引起表面层压碎，导致工作面剥落。

接触面上的麻点、凹坑和局部剥落是接触疲劳典型宏观形态。例如：齿轮的齿面硬度偏低和冶金缺陷导致接触疲劳，疲劳断裂的齿轮表面的麻点和凹坑形态如图 5-23 所示。

图 5-23 疲劳断裂的齿轮表面的麻点和凹坑形态

对于相对滑动的接触面上，可观察到明显的摩擦损伤，疲劳裂纹即从摩擦损伤底部开始。在裂纹源处有明显的疲劳台阶，微观组织会出现因摩擦而形成的扭曲形态。图 5-24 所示为某汽轮机 15Cr12WMo 钢叶片存在切向共振而造成的接触疲劳断裂。

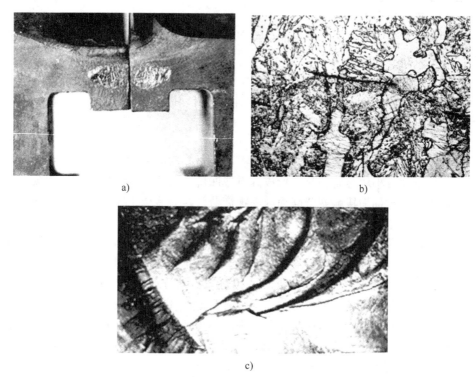

图 5-24　某汽轮机 15Cr12WMo 钢叶片存在切向共振而造成的接触疲劳断裂
a）断裂形貌（叶根的接触面上有接触摩擦氧化斑痕）　b）接触摩擦区组织被歪扭（铁素体内产生滑移带，上部位非接触区，为正常的调质组织，两部分之间有摩擦裂纹）
c）断口特征（多裂纹源形成疲劳台阶并伴有二次裂纹）

接触疲劳断口上的疲劳辉纹因摩擦而呈现断续状和不清晰特征。

影响接触疲劳的主要因素有：应力条件（载荷、相对运动速度、摩擦力、接触表面状态、润滑及其他环境条件等）、材料的成分、组织结构、冶金质量、力学性能及其匹配关系等。

如果表面及表层中存在导致应力集中的夹杂物或冶金缺陷，将大幅度降低材料的接触疲劳性能。

采用表面强化工艺可以提高其接触疲劳强度。改善材料的显微组织对其接触疲劳性能影响很大。大量的研究结果证明，对于易形成接触疲劳（磨损疲劳）的钢轨钢，具有细小层片间距的珠光体比贝氏体和马氏体具有更高的接触疲劳强度。

5.4.2　腐蚀疲劳断裂

金属零件在交变应力和腐蚀介质的共同作用下导致的断裂，称为腐蚀疲劳断裂。它既不同于应力腐蚀破坏，也不同于机械疲劳，同时也不是腐蚀和机械疲劳两种因素作用的简单叠加。因为工件总是在一定介质中工作的，试验证明在真空或纯氮介质中工作的工件疲劳寿命要比空气中高很多，因此，严格而言，实际条件下的绝大多数疲劳断裂都可以认为是腐蚀疲劳断裂。

1. 腐蚀疲劳断裂的机制

金属材料在腐蚀介质的作用下形成一层覆盖层，在交变应力作用下覆盖层破裂，局部发生化学侵蚀形成腐蚀坑，并在交变应力作用下产生应力集中，进而形成初裂纹。由于交变应力的作用，使环境介质能够与不断产生的新金属表面发生作用，使得腐蚀疲劳初裂纹以比恒定载荷下的应力腐蚀快得多的速度进行扩展。

2. 腐蚀疲劳断裂的特点

1）腐蚀疲劳不需要特定的腐蚀系统。这一点与应力腐蚀破坏不同。它在不含任何特定腐蚀离子的蒸馏水中也能发生。

2）任何金属材料均可能发生腐蚀疲劳，即使是纯金属也能产生腐蚀疲劳。

3）材料的腐蚀疲劳不存在疲劳极限。金属材料在任何给定的应力条件下，经无限次循环作用后终将导致腐蚀疲劳破坏，如图 5-25 所示。这已为众多试验证实。

4）由于腐蚀介质的影响，使 σ-N 曲线明显地向低值方向推移，即材料的疲劳强度显著降低，疲劳初裂纹形成的孕育期显著缩短。

5）腐蚀疲劳初裂纹的扩展受应力循环周次的控制，不循环时裂纹不扩展。低应力频率和低载荷交互作用时，裂纹扩展速度加快。温度升高加速裂纹扩展。一般腐蚀介质的含量越高，则腐蚀疲劳的裂纹扩展速度越快。图 5-26 所示为7075-T6 铝合金疲劳裂纹扩展速率与环境水蒸气含量的关系。

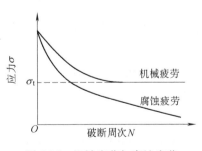

图 5-25　机械疲劳与腐蚀疲劳

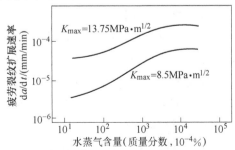

图 5-26　7075-T6 铝合金疲劳裂纹扩展速率与环境水蒸气含量的关系

3. 腐蚀疲劳断裂的断口特征

腐蚀疲劳断裂的断口兼有机械疲劳断口与腐蚀断口的双重特征。除一般的机械疲劳断口特征外，在分析时要注意腐蚀疲劳断口特征。

1）腐蚀疲劳断裂为脆性断裂，断口附近无塑性变形。断口上也有纯机械疲劳断口的宏观特征，但疲劳源区一般不明显。断裂多源自表面缺陷或腐蚀坑底部。

2）微观断口可见疲劳辉纹，但由于腐蚀介质的作用而模糊不清；二次裂纹较多并具有泥纹花样。通常，随着加载频率的降低，断口上的疲劳特征花样逐渐减少，而静载腐蚀断裂（应力腐蚀）特征花样则逐渐增多。当频率下降到 1Hz 时，腐蚀疲劳断口的形貌逐步接近于应力腐蚀断口的形貌，断口上出现较多的类解理断裂花样，同时还呈现出更多的腐蚀产物。

3）腐蚀疲劳属于多源疲劳，裂纹的走向可以是穿晶型的也可能是沿晶型的，以穿晶型比较常见。碳钢、铜合金的腐蚀疲劳断裂多为沿晶分离；奥氏体不锈钢和镁合金等多为穿晶断裂；Ni-Cr-Mo 钢在空气中多呈穿晶断裂，而在氢气和 H_2S 气氛中多为沿晶或混合断裂。加载频率低时，腐蚀疲劳易出现沿晶分离断裂，而且裂纹通常是成群的。在单纯机械疲劳的情况下，多源疲劳的各条裂纹通常分布在同一个平面（或等应力面）上不同的部位，然后向内扩展、相互连接直至断裂。而在腐蚀疲劳情况下，一条主裂纹附近往往出现多条次裂纹，它们分布于靠近主裂纹的不同截面上，大致平行，各自向内扩展，达到一定长度之后便停止下来，而只有主裂纹继续扩展直至断裂。因此，主裂纹附近出现多条次裂纹的形象，是腐蚀疲劳失效的表面特征之一。

4）断口上的腐蚀产物与环境中的腐蚀介质相一致。利用扫描电子显微镜或电子探针对断口表面的腐蚀产物进行分析，以确定腐蚀介质成分，是失效分析常用的方法。但腐蚀产物也给分析工作带来很大不便，许多断裂的细节特征被覆盖，需要仔细清洗断口。

当断口上既有疲劳特征又有腐蚀疲劳痕迹时，显然可判断为腐蚀疲劳破坏。但是，当断口未见明显宏观腐蚀迹象，而又无腐蚀产物时，也不能认为，此种断裂就一定是机械疲劳。例如：不锈钢在活化态的腐蚀疲劳的确受到严重的腐蚀，但在钝化态的腐蚀疲劳，通常并看不到明显的腐蚀产物，而后者在不锈钢工程事故中却是经常可以遇到的。

由于影响腐蚀疲劳的因素很多，且在很多情况下，腐蚀疲劳与应力腐蚀的断口有许多相似之处，所以不能单凭断口特征来判断是否是腐蚀疲劳，必须综合分析各种因素的作用，才能做出准确的判断。

5.4.3 热疲劳断裂

1. 热疲劳的基本概念

金属材料由于温度梯度循环引起的热应力循环（或热应变循环）而产生的疲劳破坏现象，称为热疲劳。

金属零件在高温条件下工作时，其环境温度并非恒定，而有时是急剧反复变化的。由此而造成的膨胀和收缩若受到约束时，在零件内部就会产生热应力（又称温差应力）。温度反复变化，热应力也随着反复变化，从而使金属材料受到疲劳损伤。热疲劳实质上是应变疲劳，因为热疲劳起因于材料内部膨胀和收缩产生的循环热应变。

塑性材料抗热应变的能力较强，故不易发生热疲劳。相反，脆性材料抗热应变的能力较差，热应力容易达到材料的断裂应力，故易发生热疲劳。对于长期在高温下工作的零件，由于材料组织的变化，原始状态是塑性的材料，也可能转变成脆性或材料塑性降低，从而发生热疲劳断裂。

高温下工作的零件通常要经受蠕变和疲劳的共同作用。在蠕变和疲劳共同作用下，材料损伤和破坏方式完全不同于单纯蠕变或疲劳加载，因为蠕变和疲劳分别属于两种不同类型的损伤过程，产生不同形式的微观缺陷。蠕变和疲劳共同作用下损伤的发展过程和相互影响的机制至今仍不十分清楚，即使对于简单的高温疲劳，其损伤演变和寿命也会受到诸如加载波形、频率、环境等在常温下可以忽略的因素影响。

与腐蚀介质接触的部件还可能产生腐蚀性热疲劳裂纹。

2. 热疲劳裂纹的特征

1）典型的表面疲劳裂纹呈龟纹状，如图5-27所示。根据热应力方向，也形成近似相互平行的多裂纹形态，如图5-28所示，该图为锅炉减温器套筒在交变的温差应力下产生的热疲劳裂纹。

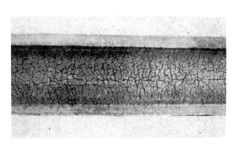

图 5-27　呈龟纹状的热疲劳裂纹

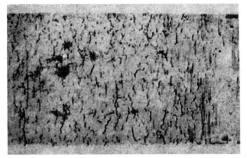

图 5-28　锅炉减温器套筒在交变的
温差应力下产生的热疲劳裂纹

2）裂纹走向可以是沿晶型的，也可以是穿晶型的。一般裂纹端部较尖锐，裂纹内有或充满氧化物，如图 5-29 所示。

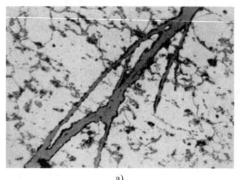 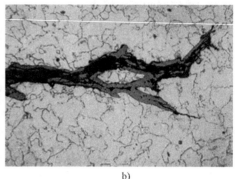

a)   b)

图 5-29 热疲劳裂纹的形态

a）20 钢腐蚀性热疲劳裂纹（裂纹内腐蚀）

b）珠光体钢热疲劳裂纹（裂纹端部尖锐，充满氧化物）

3）宏观断口呈深灰色，并为氧化物覆盖。

4）由于热蚀作用，微观断口上的疲劳辉纹粗大，有时还有韧窝花样。

5）裂纹源于表面，裂纹扩展深度与应力、时间及温差变化相对应。

6）疲劳裂纹为多源。

3. 热疲劳的影响因素

1）环境的温度梯度及变化频率越大越易产生热疲劳。

2）热膨胀系数不同的材料组合时，易出现热疲劳。

3）晶粒粗大且不均匀时，易产生热疲劳。

4）晶界分布的第二相质点对热疲劳的产生具有促进作用。

5）材料的塑性差易产生热疲劳。

6）零件的几何结构对其膨胀和收缩的约束作用大时，易产生热疲劳。

综上所述，对于疲劳失效分析，除了从断口上去寻找特有的微观特征外，还应从宏观断口特征、载荷特征、服役环境等方面进行综合分析，对断裂性质进行明确判断。

5.5 疲劳断裂的原因与预防措施

5.5.1 疲劳断裂的原因

金属零件发生疲劳断裂的实际原因是多种多样的，归纳起来通常包括结构设计不合理、材料选择不当、加工制造缺陷、使用环境因素的影响，以及载荷频率或方式的变化几个方面。

1. 零件的结构形状

零件的结构形状不合理，主要表现在该零件中最薄弱的部位存在转角、孔、槽、螺纹等形状的突变而造成过大的应力集中，疲劳微裂纹最易在此处萌生。这是零件疲劳断裂的最常见原因。

2. 表面状态

不同的切削加工方式（车、铣、刨、磨、抛光）会形成不同的表面粗糙度，即形成不同大小尺寸和尖锐程度的小缺口。这种小缺口与零件几何形状突变所造成的应力集中效果是相同的。尖锐的小缺口起到"类裂纹"的作用，疲劳断裂无须经过疲劳裂纹萌生期而直接进入裂纹扩展期，极大地缩短零件的疲劳寿命。表面状态不良导致疲劳裂纹的形成是金属零件发生疲劳断裂的另一重要原因。

3. 材料及其组织状态

材料选用不当或在生产过程中由于管理不善而错用材料造成的疲劳断裂也时有发生。

金属材料的组织状态不良是造成疲劳断裂的常见原因。一般来说，回火马氏体比其他混合组织，如珠光体加马氏体及贝氏体加马氏体具有更高的疲劳强度；铁素体加珠光体组织钢材的疲劳强度随珠光体组织相对含量的增加而增加；任何增加材料抗拉强度的热处理通常均能提高材料的疲劳强度。

表面处理（表面淬火、化学热处理等）均可提高材料的疲劳强度，但由于处理工艺控制不当，导致马氏体组织粗大、碳化物聚集、过热等，从而导致零件的早期疲劳失效，也是常见的问题。

其他化学处理，如镀铬、镍等可以提高材料表面硬度和耐磨性，但现有的试验研究结果表明：镀铬可导致疲劳强度 σ_{-1}（10^7 次）下降 37.5%～41%；200℃去氢未使疲劳强度上升，反而导致疲劳强度下降。镀铬导致疲劳强度下降的原因是：镀铬使平滑的表面变成多裂纹的铬晶体表面，在疲劳应力作用下，垂直于基体表面的微裂纹，将深入金属内部成为疲劳断裂的微裂纹，从而降低了钢的疲劳开裂应力。镀铬改变了疲劳断口形貌，由单源区（或少源区）疲劳断口变成多源区疲劳断口。疲劳裂纹从多方向向心部延伸，缩短了裂纹扩展时间。因此，利用镀硬铬以提高轴的硬度又不使疲劳强度降低的目的是难以实现的。这在失效分析时应引起注意。

组织的不均匀性，如非金属夹杂物、疏松、偏析、混晶等缺陷均使疲劳强度降低而成为疲劳断裂的重要原因。失效分析时，夹杂物引起的疲劳断裂是比较常见的，但分析时要找到真正的疲劳源难度比较大。图 5-30 所示为夹杂物引起疲劳断裂的断裂源形态，在夹杂物周围，疲劳辉纹呈同心圆形态。

4. 装配与连接效应

装配与连接效应对零件的疲劳寿命有很大的影响。图 5-31 所示为钢制法兰盘上螺纹连接件的拧紧力矩大小对疲劳寿命的影响。

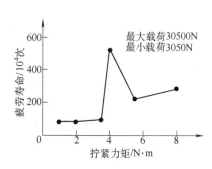

图 5-30　夹杂物引起疲劳断裂的断裂源形态　　图 5-31　拧紧力矩大小对疲劳寿命的影响

正确的拧紧力矩可使其疲劳寿命提高 5 倍以上。容易出现的问题是，认为越大的拧紧力对提高连接的可靠性越有利，实践经验和疲劳试验表明，这种看法具有很大的片面性。

5. 使用环境

环境因素（温度及腐蚀介质等）的变化，使材料的疲劳强度显著降低，往往引起零件过早的发生断裂失效。例如：镍铬钢 [$w(C) = 0.28\%$，$w(Ni) = 11.5\%$，$w(Cr) = 0.73\%$] 经淬火并回火后，在海水中的疲劳强度大约只是在大气中的 20%。许多在腐蚀环境中服役的金属零件，在表面形成腐蚀坑，由于应力集中的作用，疲劳裂纹往往易于在这些地方萌生。

6. 载荷频谱

许多重要的工程结构件大多承受复杂循环加载。人们在揭示非比例循环加载的疲劳断裂规律和影响等方面进行了十分有益的工作。表 5-4 列出了 316L（美国牌号，相当于我国 022Cr17Ni12Mo2）不锈钢非比例加载低周疲劳寿命（$\Delta\varepsilon/2 = 47\%$）。在相同等效应变幅值、不同应变路径下，非比例加载低周疲劳寿命远小于单轴拉压低周疲劳寿命。非比例加载低周疲劳寿命强烈依赖于应变路径，与各种应变路径下的非比例循环附加强化程序直接相关。

表 5-4　316L 不锈钢非比例加载低周疲劳寿命（$\Delta\varepsilon/2 = 47\%$）

应变路径		$\Delta\varepsilon_3/\Delta\varepsilon_1$	疲劳寿命 $2N_f$/次
单轴拉压		0	6563

（续）

应变路径		$\Delta\varepsilon_3/\Delta\varepsilon_1$	疲劳寿命 $2N_f$/次
椭圆路径		0.5	1250
矩形路径		0.5	929
正方形路径		1.0	779
圆形路径		1.0	663

注：$\Delta\varepsilon_3/2=\sqrt{3}\Delta\gamma/2$；$\Delta\varepsilon_1/2=\Delta\varepsilon/2$；$\Delta\gamma/2$ 和 $\Delta\varepsilon/2$ 分别为切应变和拉应变幅。

5.5.2　疲劳断裂的预防措施

预防疲劳断裂的措施与疲劳断裂发生的原因是相对应的。预防措施为：改善零件的结构设计，提高表面精度，尽量减少或消除应力集中作用；提高零件的疲劳强度。提高金属零件的疲劳强度是防止零件发生疲劳断裂的根本措施，其基本途径有以下三个方面。

1. 延缓疲劳裂纹萌生的时间

延缓金属零件疲劳裂纹萌生时间的措施及方法主要有喷丸强化、细化材料的晶粒尺寸，以及通过形变热处理，使晶界成锯齿状或使晶粒定向排列并与受力方向垂直等。

喷丸强化是提高材料疲劳寿命的最有效方法之一，其作用超过表面涂层和改性技术及其复合处理。在镀铬之前进行有效的喷丸强化，可以抵消由于镀铬引起的材料疲劳强度降低。研究表明，喷丸强化的各因素对钛合金微动疲劳强度均有改进作用，且按表面加工硬化、降低表面粗糙度值、引入表面残余压应力的顺序递增。在应力集中程度较严重的接触载荷下，残余压应力的作用更显著。

应该说，各种能够提高零件表面强度但不损伤零件表面加工精度的表面强化工艺，如表面淬火、渗碳、渗氮、碳氮共渗、涂层、激光强化、等离子处理等，都可以提高零件的疲劳强度，延缓疲劳裂纹的萌生时间。

2. 降低疲劳裂纹的扩展速率

对于一定的材料及一定形状的金属零件，当它已经产生疲劳微裂纹后，为了防止或降低疲劳裂纹的扩展，可采用如下措施：对于板材零件上的表面局部裂纹，可采取止裂孔法，即在裂纹扩展前沿钻孔以阻止裂纹进一步扩展；对于零件内孔表面裂纹，可采用扩孔法将其消除；对于表面局部裂纹，采取刮磨修理法等。除此之外，对于零件局部表面裂纹，也可采用局部增加有效截面面积或补金属条等措施以降低应力水平，从而达到阻止裂纹继续扩展的目的。

对于疲劳裂纹扩展过程的各种阻滞效应已有很多研究。采用大电流脉冲处理已经证实可有效延长低碳钢、钛及钛合金等的疲劳寿命。大电流脉冲对 Ti-6Al-4V 合金的疲劳裂纹扩展行为影响的研究结果表明，在疲劳裂纹扩展过程中，大电流脉冲影响裂纹尖端的扩展行为，裂纹尖端对裂纹的再扩展有阻滞效应，减缓疲劳裂纹的扩展，延长疲劳裂纹的扩展寿命，如图 5-32 所示。图 5-32b 表明，疲劳裂纹扩展过程中的短时卸载对 N-a 关系曲线没有影响（与图 5-32a 类似），短时卸载再经大电流脉冲处理改变了疲劳裂纹的扩展行为，即在 N-a 关系曲线中出现了一个缓慢的扩展区段，这个扩展区的大小约为 0.30mm。超过了这个区域后疲劳裂纹扩展又恢复到正常的状态。由此可见，大电流脉冲改变了裂纹尖端的力学行为，从而影响了裂纹尖端这一区域的裂纹扩展。

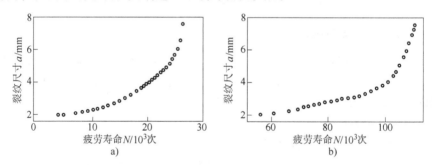

图 5-32　电脉冲处理对疲劳裂纹扩展 N-a 关系曲线的影响

a）未加电脉冲处理试样　b）电脉冲处理试样

3. 提高疲劳裂纹的门槛值

疲劳裂纹的门槛值（ΔK_{th}）主要决定于材料的性质。ΔK_{th} 值很小，通常只有材料断裂韧度的 5%~10%。例如：碳素结构钢、低合金结构钢、18-8 不锈钢和镍基合金的 $\Delta K_{th} = 5.58$~$6.82\text{MPa} \cdot \text{m}^{1/2}$，铝合金和高强度钢的 $\Delta K_{th} = 1.1$~$2.2\text{MPa} \cdot \text{m}^{1/2}$。$\Delta K_{th}$ 是材料的一个重要性能参数。对于一些要求有无限寿命、绝对安全可靠的零件，就要求它们的工作 ΔK 值低于 ΔK_{th}。

正确地选择材料和制订热处理工艺是十分重要的。在静载荷状态下，材料的强度越高，所能承受的载荷越大；但材料的强度和硬度越高，对缺口敏感性越大，这对疲劳强度是不利的，承受循环载荷的零件应特别注意这一问题。应从疲劳强度对材料的要求来考虑，一般从下列几方面进行选材：在使用期内允许达到的应力值，材料的应力集中敏感性，裂纹扩展速度和断裂时的临界裂纹扩展尺寸，材料的塑性、韧性和强度指标；材料的耐蚀性、高温性能和微动磨损疲劳性能等。

合理选择材料的先决条件是，设计者要充分了解各种材料的各种力学性能和所适用的工作条件。

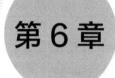

第 6 章

磨损与腐蚀失效分析

6.1 磨损失效分析

6.1.1 磨损及磨损失效

1. 磨损

（1）磨损的概念 当相互接触的零件表面有相对运动时，表面的材料粒子由于机械的、物理的和化学的作用而脱离母体，使零件的形状、尺寸或质量发生变化的过程称为磨损。

（2）磨损程度的度量 为了评价材料磨损的严重程度，一般采用长度（线）磨损量 W_L、体积磨损量 W_V 和质量磨损量 W_W 来表示。

此外，还有其他一些磨损量，如磨损率、磨损速度等。各种磨损量的评定指标和意义见表 6-1。

表 6-1　磨损量的评定指标和意义

类别	名　称	意　义
磨损量	长度磨损量	磨损过程中的长度改变量，基本量
	体积磨损量	磨损过程中的体积改变量，基本量
	质量磨损量	磨损过程中的质量改变量，基本量
磨损率	长度磨损率	单位时间或单位滑动距离的磨损长度
	体积磨损率	单位时间或单位滑动距离的磨损体积
	质量磨损率	单位时间或单位滑动距离的磨损质量
磨损速度	长度磨损速度	单位工作量下的磨损长度
	体积磨损速度	单位工作量下的磨损体积
	质量磨损速度	单位工作量下的磨损质量

（3）耐磨性 材料的耐磨性是指在一定的工作条件下材料抵抗磨损的能力，可分为绝对耐磨性和相对耐磨性两种。

绝对耐磨性（简称耐磨性）通常用磨损量或磨损率的倒数来表示。

相对耐磨性是指两种材料磨损量的比值，其中一种材料是参考试样。相对耐磨性一般用符号 ε 来表示：

$$\varepsilon = \frac{标准试件的磨损量}{被测试件的磨损量}$$

2. 磨损失效

机械零件因磨损导致尺寸减小和表面状态改变，并最终丧失其功能的现象称为磨损失效。磨损失效是个逐步发展、渐变的过程，不像断裂失效事故那样突然。磨损失效过程短则几小时，长则几年。有时磨损会造成零件的断裂失效。在腐蚀介质中，磨损也会加速腐蚀过程。磨损是个动态过程，磨损机理是可以转化的。

磨损与断裂、腐蚀并称为金属失效的三种形式，其危害是十分惊人的。除由于磨损造成巨大的经济损失外，由于磨损还导致零件断裂或其他事故，甚至造成重大的人身伤亡事故。

6.1.2　磨损失效分析的步骤与内容

磨损失效分析可以概括为：用宏观及微观分析方法对磨损失效零件的表面、剖面及回收到的磨屑进行分析，同时考虑工况条件的各种参数对零件使用过程造成的影响，再考虑零件的设计、加工、装配、工艺和材质等原始资料，综合分析磨损发生、发展的过程，判断早期失效的原因，或耐磨性差的原因，从而使选材、加工工艺和结构设计更趋合理，以达到提高零件使用寿命及设备稳定可靠的目的。

1. 磨损失效分析的步骤

（1）现场调查及宏观分析　详细了解零件的服役条件和使用状况，零件的设计依据、选材原则及制造工艺，如零件的正常状态与使用情况（载荷、速度、温度、工作时间与环境等），零件工作图上的技术要求（冶金要求、力学性能、安装、润滑等）。

服役条件和环境对零件的磨损失效至关重要，如冲击载荷、腐蚀条件、温度等都可能导致金属磨损机理和磨损率发生变化，并影响耐磨材料的使用效果。

确定分析部位并提取分析样品，分析样品应包括摩擦副、磨屑、润滑剂及沉积物等。对磨损表面进行宏观分析，记录表面的划伤、沟槽、结疤、蚀坑、剥落、锈蚀及裂纹等形貌特征，并初步判断磨损失效的模式。

（2）测量磨损失效情况　确定磨损表面的磨损曲线。这可与该表面的原始状态比较而定。通过磨损前后表面几何形状的变化，不仅可以发现磨损表面各处的磨损变化规律，还可以查明最大磨损量及其所处部位。

确定磨损速率，分析磨损情况是否正常，是否属于允许的范围。

（3）检查润滑情况及润滑剂的质量　检查润滑剂的类型（油、脂及添加剂的种类、含量等）与使用效果，是否变质等。检查润滑方式是否合理，过滤装置是否有效等。

（4）摩擦副材料的检查　检查摩擦副材料的各种性质，如力学性能、组织状态、化学成分及钢中气体与夹杂物含量等。注意摩擦副工作前后的变化情况，如表层及附近金属有无裂纹、异物嵌入、二次裂纹、塑性变形及剥落等情况。

（5）进行必要的模拟试验　在对磨损失效零件具有模拟性的实验室装置上进行选材的模拟试验，并分析磨损表面、亚表面及磨屑的组织结构、形貌特征。一方面与上述分析对照；另一方面可改变磨损参量，观察材料耐磨性与磨损参量的相关关系。筛选出最佳材料，作为提出改进措施的依据之一。

（6）分析失效原因并提出改进措施　综合上述分析，判定早期磨损失效的机制及原因。磨损机制及失效原因往往不是单一的，而是多重耦合作用的，应确定它们之间的主次关系，并按照主要机制提出提高零件耐磨性的措施。当然，这应在实际生产条件下进行验证。

2. 磨损失效分析的内容

磨损是一种表面损伤行为。发生相互作用的摩擦副在作用过程中，其表面的形貌、成分、结构和性能等都随时间的延长而发生变化，次表面由于载荷和摩擦热的作用，其组织也会发生变化，同时，不断的摩擦使零件表面磨损增加并产生磨屑。因此，磨损失效分析的内容主要有下述三方面：

（1）磨损表面形貌分析　磨损零件的表面形貌是磨损失效分析中的第一个直接资料。它代表了在一定工况条件下设备运转的状态，也代表了磨损的发生发展过程。

1）宏观分析。可以通过放大镜、光学显微镜观察等，得到磨损表面的宏观特征，初步判定失效的模式。

2）微观分析。利用扫描电子显微镜对磨损表面形貌进行微观分析，可以观察到许多宏观分析所不能观察到的细节，对确定磨损发生过程和磨屑形成过程十分重要。

（2）磨损亚表层分析　磨损表面下相当厚的一层金属，在磨损过程中会发生重要变化，这就成为判断磨损发生过程的重要依据之一。

在磨损过程中，磨损零件亚表层发生的主要变化如下所述：

1）冷加工变形硬化，且硬化程度比常规的冷作硬化要强烈得多。

2）由于摩擦热、变形热等的影响，亚表层可观察到金属组织的回火组织、回复再结晶组织、相变组织、非晶态层组织等。

3）可以观察到裂纹的形成部位、裂纹的增殖和扩展情况及磨损碎片的产生和剥落过程，为磨损理论研究提供重要的依据。

（3）磨屑分析　磨屑是磨损过程的产物，一般可分为两类：一类是从磨损零件的服役系统中回收的和残留在磨损零件表面上的磨屑，这类磨屑对判断磨损过程和预告设备检修，可提供非常有价值的信息；另一类磨屑是从模拟磨损零件服役工况条件的实验室试验装置上得到的、具有原始形貌的磨屑。当第一类磨屑不易得到时，就用第二类磨屑研究磨损的发生过程。

6.1.3　磨损失效模式的判断

各种不同的磨损过程都是由其特殊机制所决定的，并表现为相应的磨损失效模式。因此，进行磨损失效分析，找出基本影响因素，并进而提出对策的关键就在于确定具体分析对象的失效模式。

磨损失效模式的判断，主要根据磨损部位的形貌特征，按照此形貌的形成机制及具体条件来进行。

下面着重讨论六种主要磨损失效的特征及判断问题。

1. 黏着磨损的特征及判断

两个配合表面（摩擦副），只有在真实接触面积上才发生接触，局部应力很高，使之产生严重塑性变形，并产生牢固的黏合或焊合，才可能发生黏着。

当摩擦副表面发生黏合后，如果黏合处的结合强度大于基体的强度，剪切撕脱将发生在相对强度较低的金属亚表层，造成软金属黏着在相对较硬的金属的表面上，形成细长条状、不均匀、不连续的条痕，而在较软金属表面则形成凹坑或凹槽。

黏着程度不同，磨损严重程度也不同。黏合处强度进一步增加，使剪切断裂面深入到金属内表面，并且由于磨损加剧及局部温升，在以后的滑动过程中拉削较软金属表面形成犁沟痕迹，严重时犁沟宽而且深，此称为拉伤。

当黏着区域较大，外加切应力低于黏着结合强度时，摩擦副还会产生"咬死"而不能相对运动，如不锈钢螺栓与不锈钢螺母在拧紧过程中就常常发生这种现象。

当外加压应力增加，润滑膜严重破坏时，表面温度升高，产生表面焊合。此时的剪切破坏深入金属内部，形成较深的坑，磨损表面有严重的烧伤痕迹。

2. 磨料磨损的特征及判断

磨料磨损是零件在磨料中运动发生的磨损。其主要形貌特征是，表面存在与滑动方向或硬质点运动方向相一致的沟槽及划痕。

在磨料硬而尖锐的条件下，如果材料的韧性较好，此时磨损表面的沟槽清晰、规则，沟边产生毛刺；如果材料的韧性较差时，则磨损产生的沟槽比较光滑。

材料的韧性较好，如果磨料不够锐利，则不能有效地切削金属，只能将金属推挤向磨料运动方向的两侧或前方，使表面形成沟槽，沟槽前方材料隆起，变形严重。

材料的韧性很差或材料的硬质点与基体的结合力较弱，在磨料磨损时，则会出现脆性相断裂或硬质点脱落，在材料表面形成坑或孔洞。

在有些工况条件下，硬磨粒被多次压入金属表面使材料发生多次塑性变形。如此反复作用，材料亚表层或表面层出现裂纹，裂纹扩展形成碎片，在表面上留下坑或断口。

3. 疲劳磨损的特征及判断

疲劳磨损引起表面金属小片状脱落，在金属表面形成一个个麻坑，麻坑的深度多在几微米到几十微米之间。当麻坑比较小时，在以后的多次应力循环时，可以被磨平，但当尺寸大时，麻坑呈下凹的舌状，或呈椭圆形。麻坑附近有明显的塑性变形痕迹，塑性变形中金属流动的方向与摩擦力的方向一致。在麻坑的前沿和坑的根部，还有多处没有明显发展的表面疲劳裂纹和二次裂纹。

4. 腐蚀磨损特征及判断

腐蚀磨损的主要特征是在表面形成一层松脆的化合物。当配合表面接触运动时，化合物层破碎、剥落或者被磨损掉，重新裸露出新鲜表面，露出的表层很快又产生腐蚀磨损。如此反复，腐蚀加速磨损，磨损促进腐蚀，在钢材表面生成一层红褐色氧化物（Fe_2O_3）或黑色氧化物（Fe_3O_4）。

当摩擦表面在酸性介质中工作时，材料中的某些元素易与酸反应，在摩擦表面生成海绵状空洞，并在与摩擦面相对运动时，引起表面金属剥落。

5. 冲蚀磨损特征及判断

冲蚀磨损兼有磨料磨损、腐蚀磨损、疲劳磨损等多种磨损形式及脆性剥落的形貌特征。

由于粒子的冲刷，形成短程沟槽，则是磨料切削和金属变形的结果。磨损表面宏观粗糙。当有粒子压嵌在金属表面上时，其形貌是"浮雕"状。有时粒子会冲击出许多小坑，金属有一定的变形层，变形层有裂纹产生，甚至出现局部熔化。

6. 微动磨损特征及判断

微动磨损表面通常黏附一层红棕色粉末，此乃磨损脱落下来的金属氧化物颗粒。当将其除去后，可出现许多小麻坑。

微动初期常可看到因形成冷焊点和材料转移而产生的不规则凸起。如果微动磨损引起表面硬度变化，则表面可产生硬结斑痕，其厚度可达$100\mu m$。

微动区域中可发现大量表面裂纹，它们大都垂直于滑动方向，而且常起源于滑动与未滑动的交界处。裂纹有时被表面磨屑或塑性变形层掩盖，须经抛光才可发现。

6.1.4 磨损失效的预防措施

预防磨损失效，通常从以下几个方面考虑：

1. 改进结构设计及制造工艺

摩擦副正确的结构设计是减少磨损和提高耐磨性的重要条件。为此，结构要有利于摩擦副间表面保持膜的形成和恢复、压力的均匀分布、摩擦热的散失和磨屑的排出，以及防止外界磨料、灰尘的进入等。例如：风扇磨煤机的打击板，在观察其磨损表面时，发现板的磨损不均匀，各板磨损严重的部位都相同，而其他部位磨损都比较轻微，如图 6-1 所示。分析认为，进料口挡板角度不合适，使煤进

图 6-1 风扇磨煤机打击板的磨损表面

入设备一面多一面少。在挡板上加焊了一块钢板后使煤能均匀进入，则打击板的耐磨性有所提高。

制造工艺直接影响产品的质量。某些经过实践考验的老产品又出现成批报废的现象，这往往属于生产工艺控制不严造成的质量事故，如加工制造出现的尺寸偏差，表面粗糙度不符合要求，热处理组织不当，残余应力过大，以及装配质量差等。

内燃机中的活塞环和缸套衬这一运动的摩擦副，如不考虑燃气介质的腐蚀性，主要表现为黏着磨损。通常情况下摩擦表面只有轻微的擦伤，当缸套衬内孔的镗孔精度降低和表面粗糙度增大时，会加剧黏着磨损。

2. 改进使用条件并提高维护质量

使用不当往往是造成磨损的重要原因。在使用润滑剂的情况下，润滑冷却条件不良，很容易造成磨损。其原因主要有油路堵塞、漏油、润滑剂变质等。此外，使用过程中如出现超速、超载、超温、振动过大等均会加剧磨损。例如：正常情况下轴在滑动轴承中运转，是一种流体润滑情况，轴颈和轴承间被一楔形油膜隔开，这时其摩擦和磨损是很小的。但当机器开机或停机，换向以及载荷运转不稳定时，或者在润滑条件不好的情况下，轴和轴承之间就不可避免发生局部的直接接触，处于边界摩擦或干摩擦的工作状态，这时轴承易产生黏着磨损。

新产品在正式投产前应经过试用跑合。因为新加工金属表面的凸凹不平现象易造成快速磨损，磨损脱落下来的磨屑易造成磨料磨损或堵塞油路，所以在跑合后应清洗油路，更换润滑剂，有时需要反复数次才可投入正常使用。

零件产生磨损后应及时进行维修。如轴心不正、间隙过大或过小，若不及时修正会造成工作状态的严重恶化，从而加速磨损失效。

为提高维修质量，应制订必要的技术条件及维修后的检查制度，并采用先进的工夹具、测量仪器与合格的备件，要有训练有素的维修人员。

失效分析——基础与应用

3. 工艺措施

工艺问题可以分为冶炼（或铸造）和热处理两个方面。冶炼（或铸造）的成分控制、夹杂物和气体含量都影响材料的性能，如韧性、强度。这些性能在某些工况条件下，与零件的耐磨性有密切关系。热处理工艺决定了零件的最终组织，而多种多样的工况条件要求不同的组织。因此，各种零件要提高耐磨性都要选择最合适的热处理工艺。

4. 材料选择

正确选择摩擦副材料是提高机器零件耐磨性的关键。材料的磨损特性与材料的强度等力学性能不同，它是一个与磨损工况条件密切相关的系统特性。因此，耐磨材料的选择必须结合其实际使用条件来考虑。世界上没有一种万能的处处皆适用的耐磨材料，而只有最适合于某种工况条件和具有最佳效果的耐磨材料。这种准确的判断和选择来自于对磨损零件的失效分析、正确的思路以及丰富的材料科学知识，应该根据零件失效的不同模式选择适合该工况条件的最佳材料。

（1）黏着磨损选材　为减少黏着磨损，合理选择摩擦副材料非常重要。当摩擦副是由容易产生黏着的材料组成时，则磨损量大。试验证明，两种互溶性大的材料（相同金属或晶格类型、晶格间距、电子密度、电化学性质相近的金属）所组成的摩擦副，黏着倾向大，容易引发黏着磨损；脆性材料比塑性材料的抗黏着性高；熔点高、再结晶温度高的金属抗黏着性好；从结构上看，多相合金比单相合金的抗黏着性低；生成的金属化合物为脆性化合物时，黏着的界面易剪断分离，则使磨损减轻；当金属与某些聚合物材料配对时具有较好的抗黏着性。表6-2为常用纯金属与钢铁摩擦副的黏着磨损性能。

表6-2　常用纯金属与钢铁摩擦副的黏着磨损性能

金属	与Fe的互溶性（%）	与钢的抗黏着性	与铁的抗黏着性	金属	与Fe的互溶性（%）	与钢的抗黏着性	与铁的抗黏着性
Be	>0.05	差	差	Cu	4	良或可	良
C	1.7	良	良	Zn	0.009~0.0028	可	良
Mg	0.026	可	优	Ge	化合物	优	差
Al	0.03	可	良	Ag	0.0004~0.0006	优	优
Ca	不溶	差	良	Cd	0.0002~0.0004	优或可	良
Ti	6.5	差	可	Sn	化合物	优	优
Cr	100	差	差	Sb	化合物	优	优
Fe	100	差	可	Ta	7	差	可
Co	100	差	差	W	32.5	可	差
Ni	100	差	差	Au	34	差	优

178

（2）磨料磨损选材　一般来说，提高材料硬度可以增加其耐磨性。若在重载条件下，则首先要注意材料的韧性，再考虑材料的硬度，以防折断。退火状态的工业纯金属和退火钢的耐磨性，随硬度的提高而提高；经过热处理的钢，其耐磨性随硬度的提高而提高。材料的显微组织对于材料的耐磨性有非常重要的影响。化学成分相同的钢，如果基体组织不同，其性能将千差万别，耐磨性按铁素体、珠光体、贝氏体和马氏体顺序递增。钢中碳化物是最重要的第二相，高硬度的碳化物可以起到阻止磨料磨损的作用。例如：目前我国煤矸石发电厂破碎煤矸石使用的锤式破碎机的锤头大都采用 45 钢，而此类钢的硬度、耐磨性均较差，很难适应高冲击条件下的强磨粒磨损作用，磨损速度快。采用 EDTCrWV-00 型耐磨堆焊焊条对锤头进行表面堆焊，堆焊层基体组织为马氏体+少量残留奥氏体，由于 EDTCrWV-00 型堆焊焊条药皮中含有较多的合金元素和适量的碳，而使堆焊层碳化物含量较多（见图 6-2）。堆焊层与母材结合部呈互熔扩散状态（见图 6-3），使堆焊层与母材牢固地结合在一起。

图 6-2　堆焊合金相照片（400×）　　　图 6-3　堆焊层与母材熔合区（400×）

堆焊合金硬度的平均值为 63HRC，基体硬度的平均值为 839HV，碳化物硬度的平均值为 1293HV。

经高合金耐磨堆焊的锤头，由于堆焊层较厚，高硬度的碳化物在堆焊层组织中形成骨架，强烈地抵抗磨粒的切削作用，而且堆焊层与 45 钢之间属冶金结合牢固，不易剥落，从而提高了锤头的抗磨粒磨损能力。

此外，还要考虑工作环境、磨料数量、速度、运动状态及材料的耐磨料磨损特性等因素。表 6-3 所列为常用的抗磨料磨损材料。

（3）疲劳磨损选材　疲劳磨损是由于循环切应力使表面或表层内裂纹萌生扩展的过程。

表 6-3　常用的抗磨料磨损材料

材料类型	典型材料名称	特　　点
铸铁	镍硬化马氏体白口铸铁、高铬马氏体白口铸铁、合金球墨铸铁、各种合金白口铸铁、各种合金铸铁	改善合金元素含量能得到不同性能的材料，制造容易，可调整韧性和硬度的关系，也可制成烧结及堆焊的原材料
铸钢	ZGMn13 奥氏体铸钢、3.5Cu-Mo 合金铸钢、1.5Cu-Mo 合金铸钢	
钢材	低合金钢板、中碳钢、热处理提高硬度的钢材	
表面硬化	堆焊与喷焊耐磨合金	
陶瓷	铸造铝矾土-氧化锆-二氧化硅、铸造炉渣陶瓷、铸石、耐酸陶瓷砖、玻璃板、石板砖	硬度高，韧性差，易破碎，适于低应力条件及磨料磨损条件下使用
混凝土	水泥	价格低廉，成形好，但维护困难，易破损
橡胶	各种橡胶	主要优点是有弹性，密度小，适于在冲刷条件下低应力或凿削式磨料磨损，但应注意与基体金属的黏结强度
其他塑料及合成黏结树脂	聚四氟乙烯、尼龙、酚醛树脂或环氧树脂	低的摩擦因数，好的抗胶黏性能，适于低应力磨料磨损条件下使用

　　一般来说，材料的弹性模量增加，磨损程度也要增加，但脆性材料则随弹性模量增加而磨损减少。材料的抗断裂强度越大，则磨损微粒分离所需的疲劳循环次数也越多，材料的耐磨性也越好。硬度与抗疲劳磨损大体成正比。因此，提高表面硬度，一般有利于抗疲劳磨损，但硬度过高、太脆，则抗疲劳磨损能力下降，如轴承钢 62HRC 时疲劳磨损能力最好。

　　为控制钢中初始裂纹及非金属夹杂物（尤其是脆性夹杂物），材料应严格控制冶炼和轧制过程。因此，轴承钢常采用电炉冶炼，甚至采用真空重熔、电渣重熔等技术。

　　钢中的碳化物应细、匀、圆，以 $0.5\sim6\mu m$ 为好。未溶解的碳化物量的体积分数应小于 6.5%，否则，晶粒粗大，易出现带状组织。固溶体中 $w(C)$ 以 0.53% 为好，过多时马氏体粗大、脆，且残留奥氏体增多。

　　（4）腐蚀磨损选材　应该选用耐蚀性好的材料，尤其是在其表面形成的氧化膜能与基体牢固结合，氧化膜韧性好，而且致密的材料，通常采用含 Ni 和含 Cr 的材料。而含 W 与 Mo 的材料能在 500℃ 以上的高温条件下生成保护膜并降低摩擦因数，因此可以作为高温耐腐蚀磨损材料。WC 及 TiC 等硬质合金有很好的耐腐蚀磨损能力。

（5）冲蚀磨损选材　无论金属、陶瓷或高分子聚合物都有可能被选作抗冲蚀材料，但只有根据实际工作条件，才能选择出合适的材料。

当材料硬度大于磨料硬度时，质量磨损率一般很低。要提高金属及合金的耐磨性，通常采用合金强化和热处理强化。热处理得到的硬度对材料抗冲蚀能力的影响随攻角的改变而改变。在低攻角时，热处理工艺提高硬度可以提高材料的相对耐磨性；在攻角为90°时，热处理工艺提高硬度的同时，材料变脆，从而降低了材料的耐磨性。

（6）微动磨损选材　微动磨损是一种复合磨损形式。目前应对微动磨损的措施还不很完备，但一般来说，适合于抗黏着磨损的材料匹配也适合于微动磨损。实际上，能在微动磨损整个过程中的任何一个环节起抑制作用的材料匹配都是可取的。表6-4列出了各种材料配对的抗微动磨损能力。

表6-4　各种材料配对的抗微动磨损能力（在无润滑、空气中进行试验）

良好	中　等	不好
铸铁与铸铁（带磷酸盐覆盖层、带橡胶衬垫、带橡胶黏合物、带硫化钨、带二硫化钼粉末）	铸铁与铸铁（包括光滑、粗糙和未加工的表面）	铸铁与带虫胶覆盖层的铸铁
铸铁与不锈钢（带二硫化钼粉末）	铸铁与铜覆盖面	铸铁与铬覆盖层
冷轧钢与冷轧钢	铸铁与汞铜覆盖面	铸铁与锡覆盖层
淬火工具钢与工具钢	铸铁与银覆盖面	淬火工具钢与不锈钢
薄层塑料与金覆盖物	铜与铸铁	铝与不锈钢
铝与钢	黄铜与铸铁	铝与铬
银覆盖层与钢	锌与铸铁	锰与铸铁
磷覆盖层的钢与钢	镁与铜覆盖层	电木与铸铁
银覆盖层与铝覆盖层	锆与锆	薄层塑料与铸铁
	锌与钢	金覆盖层与金覆盖层
	镉与钢	铬覆盖层与铬覆盖层
	铜合金与钢	钢与钢
	锌与铝	镍与钢
	铜覆盖层与铝	铝与铝

5. 表面处理

提高材料耐磨性的表面处理方法大致上可以分为三类：

（1）机械强化及表面淬火　机械强化是在常温下通过滚压工具（如球、辊子、金刚石辊锥等）对工件表面施加一定压力或冲击力，把一些易发生黏着的较高微凸体压平，使表面变得平整光滑，从而增加真实的接触面积，减少摩擦因数。强化过程引起工件表面层塑性变形，可产生加工硬化效果，形成有较高硬度的冷作硬化层，并产生对疲劳磨损和磨料磨损有利的残余压应力，因而可提高工件的耐磨性。

表面淬火是利用快速加热使工件表面迅速奥氏体化，然后快速冷却获得马氏体组织，使工件的表面获得高硬度及良好的耐磨性，而心部仍为韧性较高的原始组织。

火焰淬火一般是利用氧乙炔火焰加热工件表面，在热量尚未传至工件心部时，即迅速喷水（或其他介质）冷却。火焰淬火设备简单，成本低，不受工件大小形状的限制，灵活性大；淬硬层可达 2~8mm，特别适用于特大件、形状复杂件及小批生产件的表面淬火。

感应淬火是将工件放在交变电磁场中，由于电磁感应的作用，在工件表面产生涡流，同时由于表面效应，电流集中在工件表层，而使工件表面迅速加热到淬火温度，随后喷水淬火。

高能束淬火是利用激光束、电子束、太阳能等对工件进行表面淬火。其原理是激光束和电子束等高能束可以把功率集中在一个很小的表面上，产生的功率密度比用常规方法提高 3~4 个数量级，这些高能束轰击工件表面时，把大部分能量转换成热量而使工件迅速加热。由于加热时间极短，热量来不及传递到工件内部，射束移走后，工件表面很快冷却，其冷却速度极快，工件自然冷却就能实现表面淬火。淬火层深度为 0.2~2.5mm，一般认为在 0.75~1.0mm 范围内效果较好。

激光淬火后的硬度值比感应淬火得到的硬度值高。经过激光淬火后，几种钢的表层硬度为：T12 钢，1050HV；T8 钢，980HV；45 钢，780HV；W18Cr4V 高速钢，1000~1100HV。激光淬火对提高材料的耐磨性是很显著的。

激光束、电子束等高能束表面热处理，主要用于常规表面淬火方法难以处理的、形状复杂，以及要求变形很小的零件的局部表面淬火，如柴油机气缸衬套、铸铁活塞环槽、动力驾驶盘齿轮箱等。

（2）化学热处理　化学热处理是将工件放在某种活性介质中，加热到预定的温度，保温预定的时间，使一种或几种元素渗入工件表面，通过改变工件表面的化学成分和组织，提高工件表面的硬度、耐磨性、耐蚀性等性能，而心部仍保持原有的化学成分。这样可以使同一材料制作的零件，表面和心部具有不同的组织和性能。

目前比较常用的化学热处理方法有：渗碳、渗氮、碳氮共渗、渗硼、渗金属和多元共渗等。

（3）表面镀覆及表面冶金强化　表面镀覆技术是将具有一定物理、化学和力学性能的材料转移到价格便宜的材料上，制作零件表面的表面处理技术。应用较为普遍的表面镀覆技术有：电镀、化学镀与复合镀、电刷镀、化学气相沉积、物理气相沉积、离子注入等。

表面冶金强化是利用熔化与随后的凝固过程，使工件表面得到强化的工艺。目前应用较多的方法是使用电弧、火焰、等离子弧、激光束、电子束等热源加热，使工件表面或合金材料迅速熔化，冷却后工件表面获得具有特殊性能的合金组织，如热喷涂、喷焊、堆焊、激光熔覆等技术。

6.2 腐蚀失效分析

6.2.1 腐蚀及腐蚀失效

1. 腐蚀

（1）腐蚀的定义　金属腐蚀有多种定义方法，通常的定义为：金属与环境介质发生化学或电化学作用，导致金属的损坏或变质。或者说，在一定环境中，金属表面或界面上进行的化学或电化学多相反应，结果使金属转入氧化或离子状态。这些多相反应就是金属腐蚀研究的对象，金属腐蚀学科是在金属学、金属物理、物理化学、电化学和力学等学科基础上发展起来的一门综合性学科。

腐蚀与断裂、磨损是金属损伤的最重要形式。与金属零件的断裂不同，金属的腐蚀和磨损是一个渐进的过程，而且在很多情况下，两者通常是相互作用，导致金属零件的早期失效；同时，腐蚀可为金属零件的断裂提供条件，甚至直接导致断裂的发生。在现代工程结构中，特别在高温、高压、高质流作用下，金属腐蚀造成的危害尤其严重。因此，金属腐蚀引起人们的特殊关注，研究金属腐蚀已成为当今材料科学与工程不可忽视的内容，在研究金属材料的任何性能时，都必须考虑腐蚀的作用。

（2）腐蚀介质　人们通常并不把所有的介质都称为腐蚀介质。例如：空气、淡水、油脂等虽然对金属材料均有一定的腐蚀作用，但并不称为腐蚀介质。一般仅把腐蚀性较强的酸、碱、盐的溶液称为腐蚀介质。

（3）耐蚀金属　习惯上把普通的碳钢、铸铁及低合金钢视为不耐蚀材料，而把高合金钢、高合金铸铁、铜合金、铝合金及钛合金等称为耐蚀材料。但绝对不耐蚀和完全不受腐蚀的材料是不存在的。

在工程上有时把金属材料在全面腐蚀（均匀腐蚀）的腐蚀率分成若干等级。例如：将腐蚀率（可用年腐蚀深度表示，单位为 mm/a）小于 0.1mm/a 的金属称为耐腐蚀金属；将腐蚀率为 0.1~1.0mm/a 的金属称为尚耐腐蚀的金属；而将腐蚀率大于 1.0mm/a 的金属称为不耐腐蚀的金属。显然，这只具有特定的工程意义，而不具备普遍意义。

（4）腐蚀系统　某种材料是否发生腐蚀取决于"材料—环境"体系的特征。也就是说，同一种材料在不同的环境中，其耐蚀性是不同的。例如：18-8 型不锈钢在稀硝酸中有很好的耐蚀性，但在盐酸中却很不耐腐蚀，有时还不如碳素钢的耐局部腐蚀性能好。再如：普通铸铁通常被认为是不耐腐蚀的，但在常温的浓硫酸中却具有较好的耐蚀性，甚至比某些不锈钢还好。

2. 腐蚀失效

（1）**腐蚀失效形式**　腐蚀造成的失效形式是多种多样的，主要有以下五种：

1）腐蚀造成受载零件截面面积的减小而引起过载失效（断裂）。例如：阀门的阀体因腐蚀而使壁厚减薄，致使强度不足而失效。

2）腐蚀引起密封元件的损伤而造成密封失效。例如：阀门的密封元件因腐蚀造成的泄漏，泵的机械密封件因腐蚀造成介质外漏等。

3）腐蚀使材料性质变坏而引起失效。例如：氢腐蚀及应力腐蚀使材料脆化而失效。

4）腐蚀使高速旋转的零件失去动平衡而失效。例如：离心机转鼓因腐蚀不均匀，不能保持动平衡而引起振动、噪声加大，甚至断裂。

5）腐蚀使设备使用功能下降而失效。例如：水泵叶轮因腐蚀而降低效率，加大能耗，以致不得不提前报废。

（2）**腐蚀失效的危害**　腐蚀失效的危害是非常严重的。它所造成的经济损失超过地震、水灾、风灾和火灾的总和。许多工业发达国家对腐蚀造成的直接经济损失进行专门调查，得出的结果是惊人的。世界上每年因腐蚀报废的钢材约为全年钢产量的1/3，其中约有1/10的钢材无法回收。专家估计，如能采取正确的腐蚀防护措施，这一损失至少可降低25%～30%。

而腐蚀失效所造成的间接经济损失比直接经济损失要大得多。例如：化工厂的一台关键设备因腐蚀失效而停机，可能造成全厂停产，其经济损失比设备本身的经济价值要大得多。除经济损失外，腐蚀失效通常还会造成环境的污染和人身伤亡，这就更难以经济数字来衡量。

3. 腐蚀的分类

金属的腐蚀类型很多，其分类方法主要有以下两种：

（1）**按照金属与介质的作用性质分类**　按照金属与介质的作用性质可将腐蚀分为化学腐蚀和电化学腐蚀两类。

1）化学腐蚀。化学腐蚀是指金属与环境介质间发生的纯化学作用引起的损伤现象。其特点是在腐蚀过程中无电流产生。化学腐蚀又分为气体腐蚀和非电解液中的腐蚀。

气体腐蚀是指金属在各种干燥的气体中发生的腐蚀。金属在高温气氛下发生的氧化就是气体腐蚀的一种常见形式。

非电解溶液中的腐蚀是指金属在不导电的溶液中发生的腐蚀。例如：金属在有机液体（乙醇、汽油、石油等）中发生的腐蚀，铁在盐酸中发生的腐蚀及铜在硝酸中的腐蚀均属化学腐蚀。

2）电化学腐蚀。电化学腐蚀是指金属与环境介质间发生的带有微电池作用的损伤现象。与化学腐蚀的不同点在于，在腐蚀过程中伴有电流产生。大多数的金属腐蚀属于电化学腐蚀。例如：金属在潮湿的大气中的腐蚀、土壤腐蚀、电解质腐蚀及熔盐腐蚀等均属电化学腐蚀。

电化学腐蚀的基本条件是金属在电解质溶液中存在电位差。不同的金属在电解质溶液中接触时，由于各自的电位不同，产生宏观的电位差。同一金属材料由于种种原因可以出现不同的电极电位，如局部化学成分上的差异、残余应力的影响（应力高的部位为阳极）、腐蚀介质浓度的不均匀性（与低离子浓度区介质相接触的部位为阳极）以及温度差异（温度高的部位为阳极）等。在上述情况下，金属表面如吸附有水膜，并将不可避免地溶解少量的电解质（如金属盐等），工业大气中的 SO_3、SO_2 等气体，这就构成了形成电化学腐蚀的充分条件。因而，金属材料的电化学腐蚀现象是普遍存在的，潮湿的环境条件将促使电化学腐蚀过程的进行。

金属的腐蚀与金属热力学的稳定性有关，可以近似地用金属的标准电位值来评定，见表 6-5。金属的电极电位可以衡量该金属溶入溶液的能力。如果某金属的电极电位越负，则溶入溶液的倾向就越大，也就越易被腐蚀。当两种金属在电解质中接触时，电极电位负的金属加速腐蚀，电极电位正的金属则减缓腐蚀。

表 6-5　几种金属的标准平衡电极电位

金属	标准平衡电极电位/V	金属	标准平衡电极电位/V
Mg	-2.34	Co	-0.23
Ti	-1.75	Ni	-0.25
Al	-1.67	Pb	-0.12
Mn	-1.04	Sn	-0.13
Zn	-0.76	Cu	+0.34
Cr	-0.40	Pt	+0.80
Fe	-0.48	Ag	+1.20
Cd	-0.40	Au	+1.68

（2）按腐蚀的分布形态分类　腐蚀分布形态如图 6-4 所示。按腐蚀的分布形态可将腐蚀分为全面腐蚀（又称均匀腐蚀）和局部腐蚀两大类，其中局部腐蚀又分为点腐蚀（又称点蚀或孔蚀）、晶间腐蚀、剥蚀、电偶腐蚀、缝隙腐蚀、应力腐蚀、疲劳腐蚀等。

1）全面腐蚀。全面腐蚀是指腐蚀发生在整个金属表面上。全面腐蚀是机械设备腐蚀失效的基本形式，耐全面腐蚀是金属材料的基本性质。

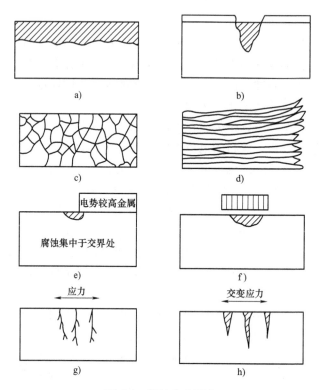

图 6-4　腐蚀分布形态

a）全面腐蚀　b）点腐蚀　c）晶间腐蚀　d）剥蚀　e）电偶腐蚀

f）缝隙腐蚀　g）应力腐蚀　h）疲劳腐蚀

全面腐蚀的程度通常用平均腐蚀速度来评定，常用的表示方法有单位时间试样厚度的减薄量和单位时间、单位面积上试样的失质量。

2）局部腐蚀。局部腐蚀是指腐蚀从金属表面局部开始，并在很小的区域内选择性地进行，进而导致金属零件的局部损坏。

局部腐蚀比全面腐蚀的危害性大得多。前面曾提到过的应力腐蚀、氢致损伤及磨耗腐蚀等也属于局部腐蚀。

6.2.2　腐蚀失效的基本类型

1. 点腐蚀失效

（1）基本概念　点腐蚀又称孔蚀、点蚀，是电化学腐蚀的一种形式。其形成过程是，介质中的活性阴离子被吸附在金属表层的氧化膜上，并对氧化膜产生破坏作用。被破坏的地方（阳极）和未被破坏的地方（阴极）则构成钝化-活化电池。由于阳极面积相对很小，电流密度很大，很快形成腐蚀小坑。同时电流流向周围的大阴极，使此处的金属发生阴极保护而继续处于钝化状态。溶液中的阴离子在小孔内与金属正离子组成盐溶液，使小孔底部的酸度增加，使腐蚀过程进一步进行。典型的点腐蚀是不锈钢在含氯离子中性介质中的点腐蚀。

点腐蚀是一种隐蔽性较强、危险性很大的局部腐蚀。由于阳极面积与阴极面积比很小，而阳极电流密度非常大，这样虽然宏观腐蚀量极小，但活性溶解继续深入，再形成应力集中，从而加速了设备破坏，由此而产生的破坏事例仅次于应力腐蚀。同时点腐蚀与其他类型局部腐蚀，如缝隙腐蚀、应力腐蚀和腐蚀疲劳等具有密切关系。

（2）发生的条件　采用不锈钢或其他具有钝化-活化转变的金属材料制造的机械设备，只有在特定的介质中才能发生点腐蚀。当介质中的氯离子和氧化剂（如溶解氧）同时存在时，容易发生点腐蚀。大部分设备发生的点腐蚀失效都是由氯化物和氯离子引起的，特别是次氯酸盐，其点腐蚀倾向很大。如果在氯化物溶液中含有铜、铁及汞等金属离子，其危害更大。

一般认为，只有特定介质中的离子浓度达到一定值后才会发生点腐蚀，这个浓度与使用材料成分和状态等因素有关，一般采用产生点蚀的最小 Cl^- 浓度作为评定点蚀趋势的一个参量，卤素离子浓度与点蚀电位的关系可以表示为

$$E_{x^-} = a + b \lg C_{x^-}$$

式中　E_{x^-}——临界点蚀电位；

C_{x^-}——离子浓度；

a 和 b——随钢种和卤素离子种类而定，例如：Fe-17Cr 在 Cl^- 中，$a = 0.020$、$b = -0.084$，在 Br^- 中，$a = 0.130$、$b = -0.098$；18Cr-9Ni 在 Cl^- 中，$a = 0.247$、$b = -0.115$，在 Br^- 中，$a = 0.294$、$b = -0.126$。

（3）形貌特征　大多数的点腐蚀，其外观形貌有如下几种特征：

1）大部分金属表面的腐蚀极其轻微，有的甚至光亮如初，仅在局部出现腐蚀小坑。

2）有的点腐蚀凹坑仍有金属光泽，若将凹坑的表皮去掉，则可见严重的腐蚀坑。

3）蚀坑的表面有时被一层腐蚀产物所覆盖，将其去除后，则可见严重的腐蚀坑。

4）在某种特定的环境条件下，腐蚀坑会呈现出宝塔状的特殊形貌。

一些国家对点腐蚀的程度及剖面形状已制定了相应的标准，如图 6-5 及表 6-6 所示。

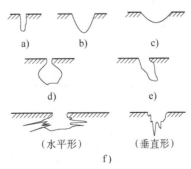

图 6-5　点腐蚀坑的各种剖面形状（ASTM G46）

a）楔形　b）椭圆形　c）盘碟形　d）皮下囊形　e）掏蚀形　f）显微结构取向

表 6-6　点腐蚀的评级标准（ASTM G46）

评级	蚀坑密度/（个/m²）	蚀坑尺寸/mm²	蚀坑深度/mm
1	2.5×10^3	0.5	0.4
2	1×10^4	2.0	0.8
3	5×10^4	8.0	1.6
4	1×10^5	12.5	3.2
5	5×10^5	24.5	6.4

（4）影响因素

1）合金元素。钢材的化学成分对钢的耐点腐蚀性能有很大的影响。对于不锈钢在氯化物溶液中的耐点腐蚀性能来说，镍、铬、钒、硅、钼、银、氮等元素表现为有利的影响，硫、锰、钛、锑、硒、镉、铈、钆等表现为有害的影响，钴、锆、钨、锡、铅、磷等基本上无影响。提高不锈钢耐点腐蚀性能的合金元素首先是铬。

2）组织结构。金属材料的组织结构对其耐点腐蚀性能具有重要的影响。许多异相质点，如硫化物夹杂、δ-铁素体、α 相、α′相，敏化晶界及焊缝等缺陷组织都可能成为点腐蚀的敏感地区。

对于组织状态复杂的铸造不锈钢来说，组织不均匀性引起的选择性点腐蚀现象更为明显。含 Al_2O_3 的复合硫化锰杂质是点腐蚀的最敏感部位。因此，在冶炼不锈钢时，应避免采用铝脱氧剂。

3）介质流速。金属材料在静止的介质中易产生点腐蚀，而在流动的介质中不易产生点腐蚀。例如：泵及离心机叶片等，在其运行过程中是不易产生点腐蚀的，而在停运期间浸泡在介质中便易产生点腐蚀。金属与潮湿的环境相接触也易产生点腐蚀，如输送水、油及气体的管道埋在地下也易发生点腐蚀。海水流速对焊接的不锈钢点腐蚀形态的影响见表 6-7。

表 6-7　海水流速对焊接的不锈钢点腐蚀形态的影响

材料	流速为 1.2m/s			流速为 0m/s		
	蚀点的数目	最大点蚀深度/mm	点蚀平均深度/mm	蚀点的数目	最大点蚀深度/mm	点蚀平均深度/mm
06Cr17Ni12Mo2	0	0	0	87	1.98	0.96
焊缝	0	0	0	47	3.30	1.93
06Cr25Ni20	0	0	0	19	2.70	0.96
焊缝	0	0	0	23	6.35	3.05

4）介质性质。含氯离子的溶液最易引起点腐蚀。材料的耐点腐蚀性能（点腐蚀电位）与氯化物的浓度有很大关系。通常，随氯化物浓度的增加，材料的点腐蚀电位降低，即点腐蚀倾向性加大。

介质中如存在有氧化性的阴离子，对点腐蚀的产生往往有不同程度的抑制作用。对于 18Cr-8Ni 不锈钢来说，其抑制效果依次为：$OH^- > NO_3^- > Ac^- > SO_4^{2-} > ClO_4^-$；对于铝来说，其抑制效果的次序为：$NO_3^- > CrO_4^- > Ac^- >$ 苯甲酸根 $> SO_4^{2-}$。

5）介质温度。升高介质温度通常使材料的点腐蚀电位降低，即加大点腐蚀倾向性。

6）表面状态。粗糙的表面会增加水分及腐蚀物质的吸附量，这将促进材料的加速腐蚀。一般来说，金属表面越光洁、越均匀，其耐蚀性越好。零件在装配或运输过程中造成的机械损伤，会增加材料对点腐蚀等局部腐蚀的敏感性。对于一个给定的材料-环境体系，决定材料点腐蚀电位的主要因素是材料的表面状态。图 6-6 所示为表面粗糙度对 06Cr19Ni10 不锈钢点腐蚀电位的影响。由图 6-6 可看出，在同样的材料-环境体系中，若表面粗糙度不同，其点腐蚀电位的差可在 0.4V 以上，因而造成点腐蚀倾向性的极大差别。

2. 缝隙腐蚀失效

（1）基本概念　缝隙腐蚀是在电解质中（特别是含有卤素离子的介质中），在金属与金属或金属与非金属表面之间狭窄的缝隙内

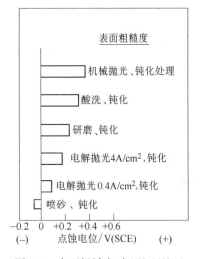

图 6-6　表面粗糙度对 06Cr19Ni10
不锈钢点腐蚀电位的影响

注：在 20℃ 充气的 5%（质量分数）
NaCl 溶液中。

产生的一种局部腐蚀。在狭缝内由于溶液的移动受到阻滞，溶液中的氧逐渐消耗，使缝隙内的氧浓度低于在周围溶液中的浓度，由此造成缝隙内金属为小阳极，而周围的金属为大阴极。电解质溶液中的氯离子从缝隙外不断向缝隙内迁移，以及由于金属氯化物的水解自催化酸化过程，导致钝化膜的破坏，从而形成了电化学腐蚀的微电池条件，造成沿缝隙深度方向的局部腐蚀。

在如螺栓连接、垫圈、衬板、缠绕和金属重叠处，在金属表面沉积氧化物或污泥，在普通钢的涂膜下等都可以发生缝隙腐蚀。

（2）发生的条件　产生缝隙腐蚀的狭缝的尺寸及形状，应满足腐蚀介质（主要是溶解的氧、氯离子及硫酸根）进入并滞留在其中的几何条件。狭缝的宽度为 0.1~0.12mm 时最为敏感，大于 0.25mm 的狭缝，由于腐蚀介质能在其中自由流动，一般不易产生缝隙腐蚀。在通用机械设备中，法兰的连接处，与铆

钉、螺栓、垫片、垫圈（尤其是橡胶垫圈）、阀座、松动表面的沉积物，以及附着的海洋生物等相接触处，都易发生缝隙腐蚀。

（3）形貌特征　缝隙腐蚀一般只出现在设备或部件存在有狭缝的局部区域，而不是整个表面，通常呈现出有一定形状（视缝隙的形状而异）的溃疡般沟槽或类似点腐蚀连成的片状破坏。

（4）影响因素

1）合金元素。钢材的化学成分对缝隙腐蚀有很大的影响。镍、铬、铝对提高钢材的耐缝隙腐蚀性能表现为有利的影响。对于含铜的奥氏体不锈钢，硅、铜、氮对提高钢材在海水中的耐缝隙腐蚀性能有利。在已有的研究工作中，发现铑、钯对钢材的耐缝隙腐蚀性能具有不利的影响，钛、镉的影响不明显。

2）组织结构。金属材料的组织结构对缝隙腐蚀的影响与对点腐蚀的影响相似。合金中的夹杂物和第二相、许多异相质点，如硫化物夹杂、δ-铁素体、α相、α′相，对耐缝隙腐蚀性能均有不利的影响。对于双相不锈钢来说，奥氏体和铁素体的相界面是缝隙腐蚀的萌生和扩展的敏感地区，使双相不锈钢呈现深度的缝隙腐蚀。

3）几何因素。缝隙腐蚀的主要因素有几何形状、间隙的宽度和深度以及内外面积比。

缝隙宽度对缝隙腐蚀的深度及腐蚀率有很大的影响。缝隙宽度变窄时，腐蚀率随之升高，腐蚀深度也随之变化。缝隙宽度为 0.1~0.12mm 时，腐蚀深度最大；缝隙宽度超过 0.25mm 时，几乎不发生缝隙腐蚀。

缝隙腐蚀量与缝隙外部面积呈近似线性关系，即随缝隙外部面积的增大，腐蚀量呈直线增加。

4）环境因素。影响缝隙腐蚀的环境因素主要有溶解氧量、电解质的流速、温度、pH 值、Cl^- 及 SO_4^{2-} 的含量等。对于不锈钢的缝隙腐蚀来说，上述因素的增加均使缝隙腐蚀的腐蚀率增加。

3. 晶间腐蚀失效

（1）基本概念　金属的晶界是取向不同的晶粒间原子紊乱结合的界域。因而，晶界通常是金属中的溶质元素偏析或化合物（如碳化物及σ相等）沉淀析出的有利区域。在某些腐蚀介质中，晶界可能优先发生腐蚀，使晶粒间的结合力减弱，由此而引起的局部破坏，称为晶间腐蚀。

不锈钢的晶间腐蚀，曾是化工机械中的泵、阀及离心机等零部件最严重的腐蚀形态。为防止晶间腐蚀破坏，从钢材的化学成分和热处理工艺等方面做了大量工作，取得了很大的效果，但晶间腐蚀失效的现象，仍时有发生。例如：不锈钢的晶界上由于碳化物的析出，使附近的金属中贫铬而成为小阳极，而含铬较高的晶粒本体成为大阴极，在存在电解质的情况下，则构成了电化学腐蚀的有利条件，从而造成严重的晶间腐蚀现象。

（2）发生的条件　某种材料是否发生晶间腐蚀取决于材料-介质体系的特征。在这种体系中，材料的晶界区域比晶粒本体的溶解速度大，所发生的腐蚀即为晶间腐蚀。

对于不锈钢来说，发生晶间腐蚀的条件除化学成分不均匀外，还有特定的敏化温度范围。镍铬系奥氏体不锈钢的敏化温度一般为400~900℃（相当于焊接接头的热影响区，即离熔合线3~5mm处）；铁素体不锈钢的敏化温度在925℃以上（相当于焊接接头的熔合线处）。对于铬锰氮系奥氏体-铁素体双相不锈钢，如果其铁素体呈连续网状分布，则晶界具有腐蚀敏感性。处于敏化状态的不锈钢，也并非在所有的工作环境中都会发生晶间腐蚀，只有那些能使不锈钢的晶界呈现活化状态，而晶粒呈现钝化状态的介质环境，才会发生晶间腐蚀。表6-8列出了某些镍铬不锈钢产生晶间腐蚀的介质条件。

含稳定化元素 Ti 的不锈钢，如其中的 Ti 与 C 的质量比值偏低（一般应为4以上），超低碳不锈钢在一定的条件下（如强氧化性的工作介质），均会发生晶间腐蚀。

铝及铝合金晶界存在较多的杂质和金属间化合物（如 $CuAl_2$），在某些介质中也会发生晶间腐蚀。镍钼合金和镍铬钼合金在敏化温度下析出 M_6C 型碳化物、δ 相和 Ni_7Mo_6 相，使邻近晶界部位的钼和铬含量下降，将会增加晶间腐蚀的敏感性。

表6-8　某些镍铬不锈钢产生晶间腐蚀的介质条件

介质（质量分数）	温度/℃	介质（质量分数）	温度/℃
硝酸（1%~60%）+氯化物、氟化物	68~88	硫酸（98%）	43
硝酸（20%）+金属硝酸盐（6%~9%）+硫酸盐（2%）	88	硫酸（78%）	—
		硫酸（13%）	45
硝酸（5%）	101	硫酸（4%）	88
硝酸铵	—	硫酸（1%）	65
硝酸钙	—	硫酸（0.1%）+硫酸铵（1%）	105
硝酸+盐酸	—	硫酸铜	—
硝酸+氢氟酸	—	硫酸铁+氢氟酸	
工业乙酸	—	亚硫酸盐蒸煮液	
乙酸+水杨酸	—	亚硫酸盐+二氧化硫	
乙酸+硫酸	—	硫酸+硫酸亚铁	
乙酸+乙酸酐	230	硫酸+硝酸	
乙酸丁酯	257	硫酸+甲醇	
尿酸熔融物（高、中压）	高温	亚硫酸	—

（续）

介质（质量分数）	温度/℃	介质（质量分数）	温度/℃
硫酸铝	—	甲酸	—
磷酸	—	氯氰酸	—
磷酸+硝酸+硫酸	—	氢氰酸	—
马来酸（顺丁烯二酸）+二甲苯	232	氢氟酸	—
粗脂肪酸	245	乳酸	—
氧化的牛皮纸浆（pH值为2.4）	75	乙二酸	—
玉米淀粉浆（pH值为1.5）	—	苯二酸	—
海水	环境	硫酸氢钠	—
油田污水	环境	氢氧化钠+硫化钠	—
原油	—	次氯酸钠	—
氯化铁	—	人体液	37

（3）形貌特征　金属发生晶间腐蚀后，在宏观上几乎看不到任何变化，几何尺寸及表面金属光泽不变，但其强度及断后伸长率显著降低。当受到冷弯变形、机械碰撞或流体的剧烈冲击后，金属表面出现裂纹，甚至呈现酥脆，稍加外力，晶粒即行脱落，同时失去金属声。在微观上，进行金相检查时，可以看到晶界或邻近地区发生沿晶界均匀腐蚀的现象，有时还可看到晶粒脱离。在对断裂件的断口进行扫描电子显微镜观察时，可见冰糖块状的形貌特征（见本书第2章沿晶断裂部分）。

4. 接触腐蚀失效

（1）基本概念　通常把由于腐蚀电池的作用而产生的腐蚀称为接触腐蚀，又称电偶腐蚀或异金属腐蚀。习惯上，研究和工程中所谓的接触腐蚀或电偶腐蚀，是指两种不同金属在电解质溶液中接触时，导致其中一种金属腐蚀速度提高的腐蚀现象。

接触腐蚀是局部腐蚀中的一种特殊形态，但它不是腐蚀的根本原因。

（2）产生的条件　接触腐蚀发生的条件是两种或两种以上的具有不同电位的物质在电解质溶液中相接触，从而导致电位更负的物质的腐蚀加速。

焊缝、结构中的不同金属部件的连接处等部位易于发生接触腐蚀。在一些类似于导体、半导体的物质中，与之接触的金属也会发生腐蚀加速的现象，如在有一定导电性的煤的环境中。

（3）影响接触腐蚀的因素

1）接触材料的起始电位差。电位差越大，接触腐蚀倾向越大。

2）极化作用。这一因素比较复杂。

阴极极化率的影响：如在海水中不锈钢与铝、铜与铝所组成的接触电偶对，两者电位差是相近似的，阴极反应都是氧分子还原。由于不锈钢有良好的钝化膜，阴极反应只能在膜的薄弱处，电子可以穿过的地方进行，阴极极化率高，阴极反应相对难以进行。因此，实际上不锈钢与铝的接触腐蚀倾向较小。铜表面的氧化物能被阴极还原，阴极反应容易进行，极化率小，导致铝与铜接触时的腐蚀明显加速。

阳极极化率的影响：如在海水中低合金钢与碳钢的自腐蚀电流是相似的，而低合金钢的自腐蚀电位比碳钢高，阴极反应都是受氧的扩散控制。当这两种金属偶接以后，低合金钢的阳极极化率比碳钢高，所以偶接后碳钢腐蚀速率增大。

3）接触腐蚀时两者的面积。一般情况下，阳极面积减小，阴极面积增大，将导致接触时的阳极金属的腐蚀加剧，即所谓的"小阳极、大阴极"现象，可能导致灾难性的腐蚀事故。不管在什么条件下，接触腐蚀时，通过阳极和阴极的电流是相同的，而腐蚀效应与这两者面积的比值成正比。因此，阳极面积越小，其上的电流密度越大，金属的腐蚀速率也就越大。

4）溶液电阻的影响。通常阳极金属腐蚀电流的分布是不均匀的，距离两金属的接触面越近，电流密度越大，接触腐蚀效应越明显，导致的阳极金属损耗量也就越大。由于电流流动要克服溶液电阻，所以溶液电阻大小影响"有效距离"效应。电阻越大，则"有效距离"越小。

5. 空泡腐蚀失效

（1）基本概念 空泡腐蚀又称气蚀，也称空化腐蚀，是指在液体与固体材料之间相对速度很高的情况下，由于气体在材料表面的局部低压区形成空穴或气泡迅速破灭而造成的一种局部腐蚀。这种腐蚀的产生是由于材料表面的空穴或气泡破灭的速度极高，有人估计，在一个微小的低压区内每秒钟可能有 $2×10^6$ 个空穴破灭。在空穴破灭时，产生强烈的冲击波，压力可达 410MPa，在这样巨大的机械力作用下，金属表面保护膜遭到破坏，形成蚀坑。蚀坑形成后，粗糙不平的表面又成为新生空穴和气泡的核心。同时，已有的蚀坑产生应力集中，促使材料表层进一步耗损。因此，空泡腐蚀属于磨耗腐蚀的一种特殊形式，它是力学因素和化学因素共同作用的结果。

（2）产生的条件 空泡腐蚀产生的基本条件是液体和工件表面间处于相对的高速运动状态。由于液体的压力分布不均及压力变化较大，从而造成机械力和液体介质对金属材料的腐蚀。

在液体管道的拐角处、截面突变部位、泵的叶片等地方易于产生空泡腐蚀。

（3）形貌特征 空泡腐蚀的外部形态与点腐蚀相似，但蚀坑的深度较点腐蚀浅很多，蚀坑的分布比点腐蚀紧密很多，表面往往变得十分粗糙，呈海绵状。

6. 磨耗腐蚀失效

（1）基本概念　材料在摩擦力和腐蚀介质的共同作用下产生腐蚀加速破坏的现象，称为磨耗腐蚀，也称为腐蚀磨损。

（2）发生的条件　磨耗腐蚀发生的基本条件是：

1）工艺介质具有较强的腐蚀性。

2）流动介质中含有固体颗粒。

3）介质与金属表面的相对运动速度较大且流向一定。

如泵、阀、搅拌桨叶、螺旋桨的轮叶、管道系统的弯头及三通等，易发生磨耗腐蚀。

对于耐蚀性较高的材料，若腐蚀环境不甚恶劣，即使含有固体颗粒也不易发生磨耗腐蚀。在材料表面与介质流体接触的部位，如果出现湍流或液流撞击时，会加速磨耗腐蚀。

（3）形貌特征　磨耗腐蚀的主要形貌特征是金属表面呈现方向性明显的沟、槽、波纹及山谷形花样。

根据零件工作环境和状况，不难判断是否为磨耗腐蚀。

7. 应力腐蚀失效

应力腐蚀也是金属腐蚀失效的一种重要形式，在第 4 章中已做介绍，在此不再赘述。

6.2.3　腐蚀失效分析的步骤与内容

（1）详细勘查事故现场　失效分析人员应与有关人员一起及时到事故现场了解第一手资料，这对于正确地分析事故原因是十分重要的。在事故现场应深入了解以下几方面的情况：

1）损坏设备的基本情况。包括设备的名称、生产厂家、运行历史、事故日期、损坏的部位、现场记录、有无特殊气味及声响等。

2）损坏部位的宏观情况。腐蚀的宏观形态（数量、尺寸、分布、特点等），腐蚀部位有无划伤、打磨痕迹、焊渣、加工痕迹，有无铸造、锻造缺陷等。

3）材料及制造情况。采用何种材料，材料来源、供货状态、使用状态，加工制造流程等。

4）设备使用的环境条件。设备在使用过程中曾接触过何种介质，介质的成分、浓度、温度、压力、流速、pH 值等。

5）应力条件。应力状态、大小及其变化；残余应力及应力集中情况；是否实测过应力大小，计算情况如何。

6）表面处理情况。是否有镀层、涂层、钝化层、堆焊层，以及表面处理的质量如何。

7）现场拍照及取样。损坏的设备太大或损坏的部位太多，可拍下损坏外观或切取有代表性的部位，以做进一步分析。必要时，对介质也要取样分析。

8）经济损失的估算。包括直接经济损失估算和因事故引起的间接经济损失估算。

（2）腐蚀形貌的宏观分析

1）首先分析产物的形貌，如腐蚀产物的颜色、尺寸大小、分布，蚀坑的深浅等。

2）分析断裂面的特征，如裂纹起源位置、走向，变形情况，有无贝纹花样，是否分叉等。

宏观分析与断口的分析方法同前所述。

（3）腐蚀产物分析　对产物的成分、含量及相结构进行分析，这对于分析腐蚀失效的原因十分重要。采用 X 射线衍射、波谱、俄歇电子能谱、光电子谱等手段，能很好地确定断口表面、晶界界面产物的化学成分及价态情况。

（4）腐蚀形貌的微观分析　去除产物后，对断裂部位的微观形貌做进一步分析，确定裂纹的走向、相析出部位，以及裂纹是否起源于腐蚀坑等。

（5）对材料进行复验　包括材料的化学成分、力学性能、显微组织及电化学行为等。这有助于确定选材及热处理是否正确，从而有助于分析事故原因。

（6）失效模式的判断及重现性试验　根据腐蚀产物、材料性质、设备结构的特点及环境条件的综合分析，对腐蚀失效的模式提出初步判断。对于重大事故，必要时对上述分析所得的初步结论进行验证。

（7）综合讨论及总结　得出结论，提出处理方案及预防措施，最后写出总结报告。

6.2.4　几种腐蚀失效模式的区别

1. 晶间腐蚀与沿晶型应力腐蚀的区别

晶间腐蚀与沿晶型应力腐蚀开裂有某些相似之处，比如均以沿晶界分离为其特征，但两者却存在着本质性的区别，在失效分析时应予以特别注意。晶间腐蚀与沿晶型应力腐蚀开裂的区别见表6-9。

表6-9　晶间腐蚀与沿晶型应力腐蚀开裂的区别

特征	晶间腐蚀	沿晶型应力腐蚀开裂
裂纹的分布	晶间腐蚀裂纹出现在介质与设备相接触的整个界面上	裂纹仅仅出现在应力与介质相适宜的设备的局部区域
裂纹的形态	裂纹没有分叉，裂纹的深度较均匀。深度与其宽度之比没有数量级的差别	裂纹通常有主干和分支，裂纹的深度与宽度之比相差很大

(续)

特征	晶间腐蚀	沿晶型应力腐蚀开裂
与应力特殊的关系	与所受应力的性质（拉或压应力）、数值的高低以及应力的方向性等均无关。晶间腐蚀除沿晶扩展外，其方向性紊乱，没有一定的规律	裂纹与所受应力的性质、数值的高低以及应力的方向有密切关系。只有拉应力才能产生裂纹
发生腐蚀的环境条件	既可在强腐蚀介质中又可在弱腐蚀介质中发生，介质温度的影响不大	介质有明显的特定性，介质温度的影响显著，在温度≤50℃时一般较难发生
腐蚀产物	腐蚀产物一般较明显，表面腐蚀程度也较严重	一般没有明显的全面腐蚀，腐蚀产物也较少
金属声音	一般失去金属声音，呈哑音	保持金属声，呈清脆音

2. 应力腐蚀开裂与腐蚀疲劳的区别

应力腐蚀开裂与腐蚀疲劳也有许多相似之处，但存在着本质性的区别。应力腐蚀开裂与腐蚀疲劳的区别见表6-10。

表6-10　应力腐蚀开裂与腐蚀疲劳的区别

特征	应力腐蚀开裂	腐蚀疲劳
应力条件	1) 高于临界应力的静拉应力、压应力不产生 2) 低应变速率的动应力 3) 多为残余应力	1) 临界值以上具有振幅的动应力（包括压应力） 2) 静应力不产生 3) 多为工作应力和热应力
材料与介质条件	1) 材料与介质一般要有特定的配合 2) 容易在材料极耐全面腐蚀的介质中产生 3) 温度多在50℃以上	1) 材料与介质没有特定的配合，任何介质中均可产生 2) 介质的腐蚀性越强，越易产生 3) 没有温度限制
裂纹内、外介质pH值	裂纹内介质pH值显著低于裂纹外整体工艺介质的pH值	裂纹内介质pH值与裂纹外工艺介质的pH值相近
电位条件	多出现在钝态不稳定的电位，在活化态也能产生	在活化态和钝化态均能发生
表面腐蚀状态	一般没有明显的全面腐蚀（仅有少数例外）	通常有较明显的全面腐蚀和点蚀（也有少数例外）
出现的部位	多出现在焊接部位、截面形状突变处以及造成应力集中的表面缺陷处（如键槽、点蚀坑、加工划伤等）	在光滑表面上较难产生，多出现在零件的表面缺陷和形状突变处以及点蚀坑部位

（续）

特征	应力腐蚀开裂	腐蚀疲劳
裂纹特征	1）宏观裂纹较平直，但多可见分叉、花纹及龟裂 2）微观裂纹一般有既有主干又有分支，裂纹的尖端较锐利	1）宏观裂纹常见切向和正向扩展的特征，并多呈锯齿状和台阶状 2）微观裂纹一般没有分叉（仅少数例外），较为平直或略呈锯齿状，裂纹尖端较钝
断口形貌	1）宏观断口粗糙，多呈结晶状、层片状、放射状和山形形貌，无贝壳状花纹 2）微观断口：穿晶型为解理或准解理，常有撕裂棱，晶间型呈冰糖块状花样，无辉纹出现	1）宏观断口较平整，呈现有较明显的贝壳状花纹 2）微观断口上可见疲劳辉纹（特别是裂纹的扩展后期），有蚀坑、蚀沟等

3. 点腐蚀与空泡腐蚀的区别

点腐蚀和空泡腐蚀都是以在零件表面形成蚀坑为其特征，但两者有本质上的区别，因此，所采取的防护措施也是不一样的，应加以识别。点腐蚀与空泡腐蚀的区别见表6-11。

表6-11 点腐蚀与空泡腐蚀的区别

特征	点腐蚀	空泡腐蚀
介质状态	1）一般在静止的或流动极其缓慢的介质中发生 2）在流动的介质中一般不发生	1）在高速流动的介质中，特别是当液体流动过程中，遇到分支、旋转或振动时易发生 2）当介质静止或流动极其缓慢情况下不会发生
腐蚀出现部位与压力的关系	与压力无关	一般出现在介质的低压区
设备类型	一般出现于静止设备，转动部件不易发生	多出现于泵、螺旋桨、水轮机之类的转动部件
形貌特征	宏观上呈点域状，分布较散，蚀坑较深；蚀坑中心截面的微观形貌通常呈现各种几何形状的孤岛（有时也部分相连）	表面粗糙，呈密集分布的蜂窝状。截面的微观形貌呈锯齿状

6.2.5 腐蚀失效的预防措施

1. 预防腐蚀失效的一般原则

导致腐蚀失效的原因很多，不能提出一种适合所有腐蚀失效的预防措施。在失效分析时，只能根据具体的失效情况提出具体的预防措施。这里仅就预防腐蚀失效的一般原则提出以下几点：

（1）正确分析腐蚀失效原因和确定腐蚀失效模式　对于发生腐蚀失效的设备、零件，或需要进行腐蚀防护的设备和装置，通过腐蚀失效分析，正确地确定腐蚀发生的原因和腐蚀模式，尤其是局部腐蚀，是进行腐蚀防护的前提。一些在其他场合被证明是行之有效的腐蚀防护措施，在某些环境下并不一定有效，甚至会产生相反的结果。必须注意，腐蚀与防护是一个复杂的系统工程，单独或过分地对材料提出要求是不恰当的。

（2）正确地选择材料和合理设计金属结构　在腐蚀介质是工况所要求的情况下，正确地选择金属材料是十分重要的。现在已有一系列的耐腐蚀钢种及其他材料可供选择，耐腐蚀金属材料通常分为耐蚀铸铁、不锈钢、镍基合金、铜合金、铝合金及钛合金六大类，可以根据对金属材料的耐蚀要求、适用性、使用经验、工艺性能及经济因素等进行选用。

在结构设计方面，减小应力集中及残余应力有助于防止或减轻应力腐蚀、腐蚀疲劳等失效；避免异类金属的接触或采用绝缘材料将其隔开，将有助于减轻或杜绝缝隙腐蚀与接触腐蚀；减小流体停滞和聚集现象，可降低多种类型的腐蚀速度；使流体匀速流动，避免压力变化过大，将有助于减轻管壁的空泡腐蚀现象。

（3）查明外来腐蚀介质的性质并将其去除　常用的办法是向介质加入缓蚀剂和去除介质中的有害成分。例如：对于锅炉用水中的氧气导致的高温氧化，可以对其用水进行去氧处理予以解决。除氧措施可在减压下加热及加入肼联氨等办法处理。再如：对于锅炉加热管壁向火侧发生的煤灰腐蚀，可以利用提高煤的质量品位（减少有害元素硫）予以减少。选用适当的缓蚀剂加入，可使电化学腐蚀过程减慢。

（4）隔离腐蚀介质　在零件表面上涂覆防护层，用于隔绝介质的腐蚀作用是广泛应用的防腐措施。例如：涂覆油漆、油脂，采用电镀及阳极氧化等防护技术，均是有效的防腐措施。在干燥的环境中储存零件，是防止潮湿大气腐蚀的有效办法。

（5）采用电化学保护措施　利用改变金属与介质间的电极电位来达到保护金属免受腐蚀的办法，称为电化学保护。电化学保护的实质是通以电流进行极化。把金属接到电池的正极上进行极化，称为阳极保护；接到负极上进行极化，称为阴极保护。

阳极保护常用于某些强腐蚀介质（如硫酸、磷酸等），并且仅用于那些在氧化性介质中能发生钝化的金属防护上。阴极保护常用于地下管道及其他地下设施、水中设备、冷凝器及热交换器等方面。

2. 常见腐蚀失效的预防措施

（1）点腐蚀失效的预防措施　防止机械设备发生点腐蚀失效，主要从改善设备的环境条件及合理选用材料等方面采取措施。

1）降低介质中的卤素离子的浓度，特别是氯离子的浓度。同时，要特别注意避免卤素离子的局部浓缩。

2）提高介质的流动速度，并经常搅拌介质，使介质中的氧及氧化剂的浓度均匀化。

3）在设备停运期间要进行清洗，避免设备处于静止介质的浸泡状态。

4）采用阴极保护方法，使金属的电位低于临界点蚀电位。

5）选用耐点腐蚀性能优良的材料。例如：采用高铬、含钼、含氮的不锈钢，并尽量减少钢中硫及锰等有害元素。

6）对材料进行合理的热处理。例如：对奥氏体不锈钢或奥氏体-铁素体双相不锈钢，采用固溶处理后，可显著提高材料的耐点腐蚀性能。

7）对零件进行钝化处理，以去除金属表面的夹杂物和污染物。由于硫化锰夹杂物在钝化处理时要形成空洞，为了中和渗入空洞中的残留酸，在钝化处理后可以用氢氧化钠溶液清洗。

（2）缝隙腐蚀失效的预防措施 防止机械设备发生缝隙腐蚀失效的措施通常有以下几点：

1）结构设计要合理，避免形成缝隙或使缝隙尽可能地保持敞开。尽量采用焊接代替铆接和螺栓连接。

2）尽可能不用金属和非金属材料的连接件，因为这种连接往往比金属连接件更易形成发生缝隙腐蚀的条件。

3）在阴极表面涂以保护层，如涂防腐漆等。

4）在介质中加入缓蚀剂。

5）选用耐缝隙腐蚀性能高的金属材料，如选用钼含量高的不锈钢或合金。减少钢中的夹杂物（特别是硫化物）及第二相质点，如 δ-铁素体、α' 与 α 相以及时效析出物等。

（3）晶间腐蚀失效的预防措施 导致金属材料（主要指不锈钢）发生晶间腐蚀失效的原因是碳化物和氮化物沿晶界析出而引起邻近基体的贫铬。因此，防止晶间腐蚀失效的主要措施基本上与贫铬理论一致。其具体措施有：

1）尽可能降低钢中的碳含量，以减少或避免晶界上析出碳化物。钢中的 $w(C)$ 降至 0.02% 以下时，不易产生晶间腐蚀。为此，对于易发生晶间腐蚀失效的零件，可选用超低碳不锈钢，如 022Cr19Ni10、022Cr17Ni14Mo2 及 022Cr19Ni13Mo3 等。

2）采用适当的热处理工艺，以避免晶界沉淀相的析出或改变晶界沉淀相的类型。例如：采用固溶处理，并在冷却时快速通过敏化温度范围，可避免敏感材料在晶界形成连续的网状碳化物，这是防止奥氏体不锈钢发生晶间腐蚀的有效措施。

3）加入强碳化物形成元素铬和钼，或加入微量的晶界吸附元素硼，并采用稳定化处理（如 840~880℃）使奥氏体不锈钢中的 $Cr_{23}C_6$ 分解，使碳和钛及铌化合，以 TiC 和 NbC 形式析出，可有效地防止 $Cr_{23}C_6$ 析出引起的贫铬现象。

4）选用奥氏体-铁素体双相不锈钢，这类钢因铬含量高的铁素体分布在晶界上及晶粒较细等有利因素而具有良好的耐晶间腐蚀性能。

（4）空泡腐蚀失效的预防措施

1）改进设计，尽量减小流体压差，减少空泡及气穴的形成。

2）降低工件的表面粗糙度值，以减少空泡和气穴的形成核心。

3）选用抗空泡腐蚀的材料。对海水而言，通常采用奥氏体不锈钢、沉淀硬化不锈钢及铝合金等，这些材料具有较好的耐空泡腐蚀性能。

（5）磨耗腐蚀失效的预防措施

1）采用耐磨耗腐蚀性能较好的材料。因为金属材料的磨耗腐蚀是机械力引起的磨损和介质的腐蚀共同作用的结果，所以采用既耐蚀（如采用镍、铬、钼、铜合金化）又抗磨耗（如硬度较高）的材料将是行之有效的预防措施。

2）在设计方面，应降低流速、减少湍流及适当加厚易损部位的几何尺寸。

3）改善环境条件，如减少介质中的固体颗粒，降低温度或加入缓蚀剂等。

4）在工件表面堆焊一层耐腐蚀的硬质合金材料。

（6）应力腐蚀开裂的预防措施

1）合理地选用材料。根据机械设备产生应力腐蚀的不同情况，选用相应的金属材料，是防止应力腐蚀开裂的重要措施。应力腐蚀条件下不锈钢的选用见表6-12。

表 6-12　应力腐蚀条件下不锈钢的选用

环境条件及开裂特点	不锈钢的选用
海水及高温水	高铬铁素体不锈钢、铁素体-奥氏体双相不锈钢、超低碳含钼不锈钢及高镍不锈钢
高浓度氧化物	不含或少含镍、铜的低碳、氮高铬铁素体不锈钢及高硅铬镍不锈钢
含硫化氢的油气田	材料硬度在 22HRC 以下的奥氏体不锈钢或铁素体不锈钢
裂纹沿晶扩展	含钛、铌或超低碳不锈钢
裂纹穿晶扩展	奥氏体-铁素体双相不锈钢
裂纹起始于点腐蚀坑	含钼或高铬、钼不锈钢

2）消除或减小残余拉应力。采用热处理的方法去除设备及零件的残余拉应力，或采用机械方法（如喷丸处理）使表面处于残余压应力状态，将有利于降低应力腐蚀开裂的敏感性。

3）控制工艺介质和改善使用、操作条件。例如：降低介质温度、浓度，防止 Cl⁻、OH⁻等离子浓缩及定期清洗设备等。

4）合理的结构设计。例如：应减小应力集中，避免缝隙存在，尽量不采用铆接结构。

5）采用缓蚀剂、涂层及电化学保护。

（7）腐蚀疲劳失效的预防措施

1）合理地选择材料。所用材料在相应的环境条件下应具有良好的耐蚀性。一般来说，材料耐点腐蚀性能较好的材料，其耐腐蚀疲劳性能也较好。在耐蚀性良好的前提下，材料的强度越高，其耐腐蚀疲劳性能也越高。

2）表面处理。常用的表面处理方法有喷丸、滚压、抛光等表面冷作变形，渗碳、渗氮、渗金属等化学热处理。

3）阴极保护。

第7章

金属零件加工缺陷与失效

金属零件的主要加工方法有：铸造、锻造、焊接、切削加工及热处理等，其加工缺陷直接影响产品质量和使用寿命。对 1980 年、1984 年及 1988 年中国机械工程学会召开的三次全国机械装备失效分析会议论文中的 292 例典型案例，按失效原因统计，由零件加工和装配问题引起的失效达 45.4%，几乎占全部原因的 1/2。而在加工缺陷引起的失效中，热加工问题最多，占 30.5%，其中仅热处理就占 16.2%。对 1995—2023 年发表在相关工程杂志上的失效分析案例进行统计，统计结果见表 7-1。从统计数据来看，由于加工缺陷与装配问题导致的失效仍然占到 42.0%~50.85%，其中热处理质量导致的失效占 16.1%~25.15%。上述数字，从一个侧面反映了加工缺陷对零件失效的严重影响。由此可见，研究各种加工缺陷的形态特点，进一步找出减少及防止产生加工缺陷的方法，保证产品质量，提高零件寿命是一项十分有意义的工作。

表 7-1　1995—2023 年部分失效案例统计结果[①]

原因[②]	设计		冶金因素与材质					加工缺陷与装配						环境因素			其他
	设计	选材	材质问题	夹杂物	脆性相	异金属	错用材料	切削加工	铸造	锻造	焊接	热处理	装配不良	温度	腐蚀	磨损	使用与润滑等
1995—2005 年案例数	5	8	10	8	2	1	2	13	1	8	10	23	5	5	18	12	12
	13		23					60						35			12
1995—2005 年百分数（%）	3.5	5.6	7.0	5.6	1.4	0.7	1.4	9.1	0.7	5.6	7.0	16.1	3.5	3.5	12.6	8.4	8.4
	9.1		16.1					42.0						24.5			8.4
2006—2015 年案例数	167	95	160	162	47	12	19	239	91	115	215	500	140	138	461	66	255
	262		400					1300						665			255
2006—2015 年百分数（%）	5.79	3.30	5.55	5.62	1.63	0.42	0.66	8.29	3.16	3.99	7.46	17.35	4.86	4.79	16.00	2.29	8.85
	9.09		13.88					45.11						23.08			8.85

（续）

原因[2]	设计		冶金因素与材质					加工缺陷与装配						环境因素			其他
	设计	选材	材质问题	夹杂物	脆性相	异金属	错用材料	切削加工	铸造	锻造	焊接	热处理	装配不良	温度	腐蚀	磨损	使用与润滑等
2016—2023年案例数	103	14	34	149	16	2	2	153	55	79	272	650	105	76	615	132	120
	115		203					1314						832			120
2016—2023年百分数（%）	3.99	0.54	1.32	5.77	0.62	0.08	0.08	5.92	2.13	3.06	10.53	25.15	4.06	2.94	23.80	5.11	4.64
	4.53		7.87					50.85						31.85			4.64

① 主要资料来源于 cnjk 镜像站点收录刊物上发表的论文。

② 失效原因按本书第 2 章所述原因分类。

　　本章重点介绍各种金属零件加工缺陷的形貌特点、表现形式、识别方法及对机械失效的影响，有关缺陷形成的机理及过程不做详细描述，请参阅有关著作。

　　缺陷分析（产品质量检验）与缺陷对失效的影响是有很大区别的，这里探讨的是缺陷与金属零件失效的关系，两者之间的联系与区别请参阅本书 1.1.2 节的内容和有关专著。

7.1　铸造缺陷与失效

7.1.1　常见的铸造缺陷与特征

1. 冷隔

　　冷隔是存在于铸件表面或表皮下的不连续组织，是由两股未能相互熔合的金属液流汇合所形成的不规则线性缺陷。

　　冷隔多呈裂纹状或具有光滑边缘的水纹外貌。其显微特征是冷隔部位的组织比基体组织粗大，树枝状结晶明显，周围常被氧化皮所包围，因而与基体组织有明显界线。冷隔缺陷一般出现在铸件顶壁上、薄的水平面和垂直面上、厚薄转接处及薄肋处等部位。

2. 气孔

　　金属在熔融状态溶解大量气体，在冷凝过程中，绝大部分气体逸出，残余的少量气体则在金属零件内部形成气孔。在砂型铸造时，砂中的水分与金属液发生作用，也可能形成气孔。此外，金属液在浇注过程中和在铸型腔内流动的过程中，空气或铸型内的特殊气氛可能被机械地卷入而引起气孔。

　　气孔常呈大小不等的圆形、椭圆形及少数不规则形状（如喇叭形），产生于钢锭边缘一带的气孔常垂直于型壁。气孔内一般无氧化物和夹杂物。气孔的断口形貌特征为具有光滑、干净的内壁，但因空气卷入而引起的气孔，则常因氧化而呈现暗蓝色或褐黑色。

气孔常出现在铸件最后凝固的厚大处或厚薄截面的交接处。

3. 针孔

针孔是溶解于合金液中的气体在凝固过程中析出时，因某种原因而残留在铸件中形成的针状孔洞，是小于或等于1mm的小气孔。针孔在铸件中呈狭长形，方向与表面垂直，有一定深度。针孔内表面光滑，一般在表面处孔径较小，向内逐渐增大。

通常，针孔无规则地分布在铸件的各个部位，特别是厚大截面处、内转角及冷却速度缓慢的部位，但在有色金属内有时也在晶粒内呈规则的排列。

4. 缩孔

由于金属从液态至固态的凝固期间，产生的收缩得不到充分补缩，使铸件在最后凝固部位形成具有粗糙的或粗晶粒表面的孔洞称为缩孔。缩孔一般呈倒锥形。

5. 疏松

铸件组织不致密，存在着细小且分散的孔穴称为疏松。疏松产生的基本原因与缩孔相似。在凝固过程中，当合金存在着相当宽的液固相共存区时，由于枝晶生长致使局部区域处于孤立状态，阻碍了合金液的充分补缩，于是形成了晶间微小孔洞，即为枝间疏松。在有色金属铸件内，有时会发现沿晶界分布的疏松，也称为晶间疏松，钢铁材料中很少见。通常，疏松细小而分散，表面或内壁不光滑，常可见到明显的较粗大的树枝状结晶，严重时可产生裂纹。一般情况下，疏松区域的夹杂物也比较集中。

疏松常出现在铸件厚壁处、厚薄截面交接处及散热差的内孔、凹角等处。

在经切削加工后的表面上，大的疏松用肉眼或低倍放大镜即可观察到，而小的疏松则须经侵蚀后才能发现，或甚至需用显微镜进行观察。

6. 夹杂物

夹杂物是固态金属基体内的非金属物质。铸件中常见的夹杂物包括耐火材料、熔渣、熔剂、脱氧产物及铸造金属氧化物等的颗粒，一般又可分为硫化物、氧化物、氮化物和硅酸盐等。绝大多数非金属夹杂物没有金属光泽；不同的夹杂物具有不同的色泽与形状，其熔点和性质也各不相同。非金属夹杂物在反射光下的色泽，随显微镜观察时所用光源的性质不同而有改变；只有在暗场或偏振光下，才能看到夹杂物的固有色彩。

夹杂物的类型、大小、分布形态对金属零件失效的影响是至关重要的，因此，对夹杂物的正确鉴别是很重要的。鉴别夹杂物的方法有宏观的和微观的两大类鉴别法。

1）宏观鉴别法：较为常用的有断口鉴别法、硫印、酸侵和热蚀、超声波鉴定法等。

2）微观鉴别法：常用的有化学分析法、岩相法、金相法、X射线衍射和电子显微镜观察等，可以确定夹杂物的种类、形状、性质和分布，其中金相法的使用最为广泛。

几种常见夹杂物的性质与鉴别见表7-2。对于塑性和脆性夹杂物，其变形或破碎状态有助于判断金属的加工工艺。

表7-2　几种常见夹杂物的性质与鉴别

夹杂物类型	夹杂物形状	性质	金相特点
MnS与FeS固溶体型夹杂物	球状或共晶状	良好的塑性，抛光时不易剥落	明场中FeS为淡黄色，MnS呈蓝灰色，随MnS含量的增加由带浅蓝的灰色变为深灰色，然后再变得稍微透明而具有黄绿色；暗场下不透明；偏光下各向异性，不透明
SiO_2夹杂物	石英（六方晶系）、磷石英（斜方晶系）、方石英（α属立方晶系，β属四方晶系），非晶体SiO_2	大小不同的典型小球	明场中呈深灰色，常随其中所含的杂质不同而具有不同的色彩，中心有亮点，边缘有亮环；暗场中无色透明，鲜明地发亮；偏光下透明并有暗十字
Al_2O_3夹杂物	无确定形状	硬脆，不易磨光，易剥落，常在磨光面上留下曳尾	明场中呈深灰带紫色；暗场中透明，呈亮黄色；偏光下各向异性，但颗粒小时各向异性不明显
铬铁矿夹杂物	立方晶系，呈三角形或六边形等几何形状		明场中为深灰稍带紫色；暗场中有亮边，薄层者透明，呈红色，随厚度的增加，色泽自红褐到暗红；偏光下各向同性
TiN夹杂物	立方晶系，呈有规则的几何形状，如正方形或长方形等	无塑性，易剥落	明场中呈淡黄色，随基体中碳含量的增加，其色彩依淡黄→粉红→紫红而变动；暗场中不透明，周界为光亮的线条所围绕；偏光下各向同性，不透明
铁锰硅酸盐夹杂物	多呈玻璃状、球状	有塑性，抛磨时不易剥落	明场中色灰、中心有亮点，并有环状发亮的反射光，常随脱氧方法与钢锭质量不同而变为紫灰色；暗场中透明，随锰含量的增加，由淡黄变到红色；偏振光下各向同性，但随硅含量增加而变为透明，并呈暗黑十字

（续）

夹杂物类型	夹杂物形状	性质	金相特点
铝硅酸盐夹杂物	立方晶系，碎块状	无塑性，抛磨时易破碎	明场中呈深灰色；暗场中色彩较丰富，略带绿色；偏光下为各向同性
铁硅酸盐夹杂物	斜方晶系，常呈球状	略带塑性，抛磨时不易剥落	明场中为深灰色；暗场中色彩自淡黄到褐色，透明；偏光下呈各向异性，有暗十字，但玻璃质的铁硅酸盐则为各向同性

7. 偏析

合金在冷凝过程中，由于某些因素导致的化学成分不一致称为偏析。偏析可分为区域偏析、重力偏析、枝晶偏析等。

（1）区域偏析　在整个铸件截面上，各部分成分不一致。铸件尺寸越大，偏析越严重。

（2）重力偏析　当液相和固相共存或相互不溶合的液相之间存在着密度差时，在缓冷凝固过程中，先析出的相（晶体）可能上浮或下沉，导致铸件组成相的上下分布或成分上的不均匀，从而产生重力偏析。晶体与余下的液相之间的密度差越大，重力偏析倾向也越大；冷却越缓慢，重力偏析也越强烈。

（3）枝晶偏析　在同一个晶粒内部，各部分化学成分不一致，往往是初晶轴线上含高熔点的组元多，而在最后结晶的晶轴间含低熔点的组元多。其产生的主要原因在于，在凝固过程中，合金成分的均匀化扩散来不及进行所致。在钢中，碳、硫、磷、氮、镍、铬等元素都具有强烈的偏析倾向，其中尤以碳、磷、硫的倾向为最大。

基于不同成分和不同组织对侵蚀的反应不同，用适当的侵蚀剂可使枝晶偏析清晰显示出来，用维氏硬度检查也可以间接地检查出偏析。区域偏析可以用宏观方法检验，常用的是 1∶1（体积比）盐酸水溶液的热酸蚀试验。

8. 热裂纹

热裂纹是在金属完全凝固之前，在固相线附近的液固共存区，由于收缩受阻而形成的裂纹。该裂纹常常延伸到铸件表面，暴露于大气之中，受到严重氧化和脱碳或发生其他大气反应。显微形貌特征为呈连续或断续分布，有时呈网状或半网状，裂纹短而宽，无尖尾，形状曲折，无金属光泽（呈氧化色）。微观上为沿晶断裂，伴有严重的氧化脱碳，有时有明显的偏析、疏松、夹杂物和孔洞等。

铸造热裂纹的形成原因主要有：铸件冷却时，在形成热裂的温度范围内收缩应力过大；铸件在砂型中收缩受阻；冷却严重不均匀；铸件设计不合理，厚薄悬殊；铸件中有害杂质较多。

9. 冷裂纹

冷裂纹是在金属凝固之后，由于冷却时所形成的热应力、组织应力及搬运、清理、校正时的热振作用而形成的裂纹。冷裂纹不如热裂纹明显，裂纹细小，呈连续直线状。微观上为穿晶扩展，基本上无氧化脱碳，两侧组织和基体相差不大。

冷裂纹大多出现在铸件的最后凝固部位，特别是在应力集中的内尖角、缩孔、夹杂物及结构复杂的部位。

10. 其他缺陷

除上述缺陷外，还有许多或不常见，或影响不大的缺陷，主要有：

（1）白点（发裂）　白点是由于金属中氢与组织应力联合作用所致。

（2）鼠尾　鼠尾是指由于铸型受热膨胀而造成的铸件表面上的印痕，或细小而不规则的线状皱纹。

（3）缩裂　缩裂是指铸件在凝固收缩过程中，由于补缩不充分形成缩松，随后在铸造应力作用下进一步延伸、扩展，沿晶形成的线性疏松。其外观多呈断续条状或枝杈状，粗细较均匀。显微形貌特征呈断续状沿晶扩展，有枝杈，并伴有疏松、夹杂物等缺陷。

（4）缺肉　缺肉是指铸件没有全部成形，是由于金属液在未充满铸型前已凝固所致。

（5）铁豆　铁豆是指凝固前嵌入铸件表面而没有完全熔合的金属小丸。

（6）砂眼　砂眼是指砂型铸件表面的小孔，孔眼内充满型砂，是铸型表面上附着的脱落砂粒造成的。

此外，还有其他缺陷，如错型（错箱）、粘砂、错芯、偏芯、尺寸不合格、石墨粗大、反白口、过烧等。

7.1.2　铸造缺陷对失效行为的影响

1. 表面不连续性缺陷的影响

危害最大的表面不连续性缺陷包括热裂纹、冷裂纹、延伸到铸件表面的缩孔、缩裂，以及表面疏松、夹杂物、冷隔、砂眼等。在一般情况下，有些表面缺陷如铁豆、鼠尾、缺肉、砂眼等仅影响铸件外观，很少会造成铸件的早期失效。当然也有例外，如在某些情况下，铁豆与铸件之间的交界面可能起腐蚀电池的作用，从而导致局部腐蚀和引起疲劳裂纹。

通常，铸件所承受的主要应力多存在于表面或靠近表面之处，因此，表面缺陷对铸件失效的作用更直接、更显著。例如：冷隔破坏了铸件组织的连续性与完整性，严重时还可造成欠铸，降低铸件的强度，可能成为引起疲劳断裂的应力集中部位；热裂纹和冷裂纹严重地破坏了铸件的连续性，裂纹处易形成应力集中，并在使用中因疲劳作用而扩大，从而导致铸件的早期失效；其他表面缺陷如表面缩孔、疏松、气孔、针孔、夹杂物，均较严重地破坏了金属表面的连续性，易导致铸件的过早失效。

2. 内部不连续缺陷的影响

内部不连续缺陷的基本形式是气孔和针孔、缩孔和缩裂及夹杂物等。

（1）气孔和针孔　气孔破坏了铸件内部组织的连续性，若数量较多，内部气孔可显著降低有效截面面积，削弱承载能力。针孔可降低铸件的持久极限，或导致铸件在使用中被腐蚀，降低铸件的承载能力。

（2）缩孔和缩裂　缩孔破坏了铸件内部的连续性，将显著降低铸件的力学性能及耐蚀性，在使用中会成为断裂源或腐蚀侵入部位而导致铸件失效。缩裂的危害更为明显。

（3）夹杂物　夹杂物对铸件质量有很大影响，往往成为引起铸件失效的常见原因。它不仅降低材料的承载能力、塑性、韧性和耐蚀性，而且显著降低材料的疲劳性能。疲劳源也常发生在非金属夹杂物处。

夹杂物的危害性取决于其在母体金属中的形状、大小和分布情况，以及熔点和其他物理化学性质。夹杂物越呈尖角形，造成的局部应力集中越大，越容易出现裂纹而导致铸件服役中失效。夹杂物以连续的网状或以串链状存在时，对铸件的危害性最大；尖锐的、条状夹杂物比圆钝的、颗粒状的夹杂物危害要大。

3. 偏析的影响

偏析的存在使铸件各部位乃至晶内化学成分不一致，导致性能不一致，易形成应力集中，降低铸件的力学性能、耐蚀性及锻造、焊接性能。尤其是晶内偏析，显著降低了材料的韧性和耐蚀性，从而降低了铸件的抗失效性能。

综上所述，铸造缺陷破坏了铸件金属表面及内部的连续性，往往成为应力集中源和断裂源，直接导致铸件在使用过程中失效。同时，铸造缺陷还使铸件组织致密性变差，降低了铸件的强度、韧性和耐蚀性，而铸造应力的存在，会促使裂纹扩展，从而导致铸件失效。

7.1.3　石墨形态对铸铁件热疲劳行为的影响

1. 铸铁件热疲劳裂纹的萌生

1）不规则球状石墨对铸铁件热疲劳裂纹萌生的影响如图 7-1 所示。微裂纹大多数萌生于石墨与基体的界面处，那些不呈球状的石墨，在凸角和凹坑处容易产生应力集中，裂纹即在这些部位易于形成。

2）蠕状石墨对铸铁件热疲劳裂纹萌生的影响如图 7-2 所示。一般在曲率半径小的蠕状石墨一端引起裂纹的萌生。同球状石墨相比较，在相同的循环次数下，蠕状石墨萌生的裂纹长度大于球状石墨萌生的裂纹长度。

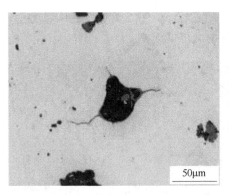
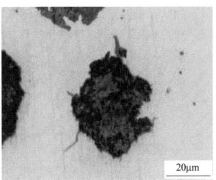

图 7-1 不规则球状石墨对铸铁件热疲劳裂纹萌生的影响

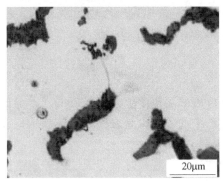
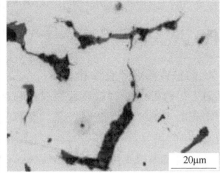

图 7-2 蠕状石墨对铸铁件热疲劳裂纹萌生的影响

3）不规则团絮状石墨对铸铁件热疲劳裂纹萌生的影响如图 7-3 所示。不规则团絮状石墨比球状石墨更容易引起裂纹的萌生，裂纹萌生所需要的热循环次数少于球状石墨和蠕状石墨萌生裂纹的循环次数，而且其引起裂纹的长度明显大于不规则球状石墨以及蠕状石墨引起的裂纹长度。

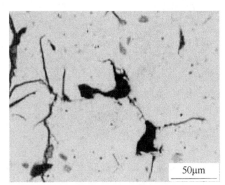
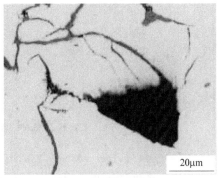

图 7-3 不规则团絮状石墨对铸铁件热疲劳裂纹萌生的影响

4）片状石墨对铸铁件热疲劳裂纹萌生的影响如图 7-4 所示。热疲劳裂纹在片状石墨的尖端萌生，而且在几次热循环后即可形成。

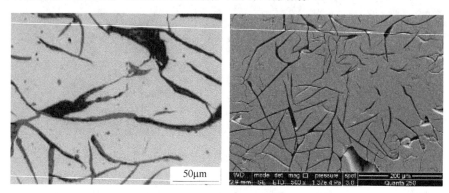

图 7-4　片状石墨对铸铁件热疲劳裂纹萌生的影响

2. 铸铁件热疲劳裂纹的扩展

对于铸铁件试样，热疲劳裂纹是在试样表面随机萌生并且扩展的，不会出现完全领先的主裂纹导致断裂失效。实际生产中的失效也是表面形成热疲劳龟裂所致的。

下面通过模拟实际工况的热疲劳试验方法，来观察热疲劳裂纹的扩展路径。

1）团絮状石墨对铸铁件热疲劳裂纹扩展的影响如图 7-5 所示。从图 7-5 可以看出，裂纹由团絮状石墨凸角处萌生后，随即进入扩展生长阶段，长大的过程并不是沿着热应力垂直的方向，而是朝着相邻石墨的凸角处弯曲或者穿过石墨扩展。

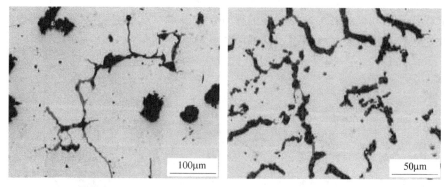

图 7-5　团絮状石墨对铸铁件热疲劳裂纹扩展的影响

2）对于蠕墨铸铁件，蠕状石墨尖端处萌生的裂纹朝着最近的蠕状石墨尖端扩展，并穿过蠕状石墨继续扩展，进而连接形成大裂纹。

3）片状石墨产生的裂纹多沿石墨-金属界面扩展，界面裂纹的长度和片状石墨相同，初生的界面裂纹呈张大的形式。与团絮状石墨产生的裂纹相比较，在相同的循环次数下，片状石墨铸铁件的裂纹宽又长。

综合以上分析，研究表明，蠕状石墨铸铁件、团絮状石墨铸铁件、片状石墨铸铁件的热裂纹都是沿石墨扩展的，裂纹的扩展方向并不是直线，而是按照相邻石墨间的最短路径，穿过石墨继续扩展，直至形成大裂纹。

7.1.4 铸造缺陷致使机械零件失效实例

铸造缺陷致使机械零件失效实例见表7-3。

表7-3 铸造缺陷致使机械零件失效实例

名　　称	失 效 分 析
座舱盖传动拉杆铸造缩裂致使破裂失效	ZG35CrMnSi 钢座舱盖传动拉杆，使用 500h 后，返修检查时，因机械手柄失灵，操作者改用 5MPa 压力上锁，但座舱盖仍关闭不上，此时听到咔嚓声响，拆下传运拉杆检查发现破裂失效 于破裂部位截取金相试样观察有严重疏松及缩裂，裂纹从边缘沿疏松向内扩展，长度约为 5.56mm，该处断面实际宽度约为 8.24mm。这说明裂纹快穿透了，并且裂纹起始于边缘较宽的裂口。因此，该零件破裂失效是由于铸造缩裂缺陷所致
机轮卡圈铸造枝晶偏析致使破裂失效	ZG35CrMnSi 钢制机轮卡圈装机飞行 583.44h，996 次起落后检查发现裂纹 裂纹位于零件耳子与圆圈垂直交界处。金相观察发现有严重枝晶偏析，硬度为 48~52HRC（无枝晶偏析处硬度为 32~34HRC） 裂纹位于零件应力集中耳子的根部，该处又恰好是内浇口部位。当浇注温度高，此处冷却速度较慢时，易在该处形成严重枝晶偏析，硬而脆区域与其他部位形成软硬不均分界线；在应力作用下易在该处形成微裂纹，随后沿枝晶偏析的交界面扩展，致使破裂失效 因此，该零件破裂失效原因是耳子根部铸造时存在枝晶偏析缺陷，使用过程中在外应力作用下而导致破裂失效
铸造螺栓粗大柱状晶致使装配断裂	ZG35CrMnSi 铸造螺栓经调质处理（硬度为 32~34 HRC）后，于装配过程中多次发生断裂 螺栓的化学成分、硬度符合要求；断口和光学显微组织可观察到十分明显的柱状组织，柱状晶从断面中心开始一直延伸至表面 对于铸造等轴晶或柱状晶，其硬度值差别不大，但强度有较明显差别。由于铸造柱状晶的形成，使得互相平行的柱状晶接触面及相邻垂直的柱状晶区交界面较为脆弱，并常聚集有易熔杂质和非金属夹杂物，造成明显的各向异性，因此易在装配时沿脆弱面破裂；而细小的等轴晶无择优取向，没有明显的脆弱界面，同时取向不同的晶粒彼此咬合，强度较高，不易产生破裂 因此，铸造螺栓装配时多次断裂是由于粗大铸件柱状晶所致

（续）

名　　称	失　效　分　析
轮毂铸造夹杂物及孔洞致使疲劳破裂	ZM5 镁合金铸造轮毂在使用中有 11.2% 的轮毂于同一部位发生破裂（裂纹长短不一，最长为 200mm，数量最多者可达数十条）。沿裂纹制备断口观察，断口平滑，有较深的氧化色，并可清晰地观察到从外圆产生的多处疲劳源、疲劳扩展区和瞬断区三部分。经光学显微组织分析，疲劳源区存在着氧化夹杂物、疏松、熔渣及孔洞等多种铸造缺陷。此外，还发现有锰偏析和 Al_3Mg_4 化合物 因此，轮毂使用中疲劳破裂是由于铸造缺陷所致
环形件铸造粗大硬脆相致使脆断	ZL401 压铸环形件在切削加工过程中发生脆断，严重时碎为多块，车刀严重磨损。铸件切削表面有许多肉眼可见的小亮点 经光学显微组织观察，与正常铸件组织比较，含有较多的条、块状的 β（Fe-Si）相，其显微硬度为 580HV，比基体坚硬、性脆；经化学分析，其中铁的质量分数大于 0.8% 经现场调查发现，由于合金在熔炼过程中使用铁制坩埚和工具，在高温下铁被熔蚀到铝液中，为节约用料又将已报废零件回收重熔，这样就增加了压铸件的铁含量；同时，由于压铸温度较低，使 $α_1$ 和 β（Fe-Si）相在液-固两相区停留，长大了的 $α_1$ 和 β（Fe-Si）随金属液进入型腔而凝固于压铸件中，造成粗大硬脆的 β（Fe-Si）相，致使铸件容易发生脆断和切削故障 为了排除故障，确定了最佳压铸温度为 620℃，同时注意了压铸操作过程尽量敏捷，不让金属液压铸前在炉内或勺内停留，并控制回炉废料的加入量，使该缺陷不再发生
壳体破裂漏油失效	ZL105 合金压铸壳体，在使用中发生破裂漏油失效 壳体的化学成分和力学性能符合要求。经光学显微组织观察发现，裂纹沿枝晶间扩展，且附近有较多的缩松和呈细针状晶的富铁相（AlSiFe） 由于裂纹产生部位靠近铸造浇冒口，金属液凝固较晚，各种杂质含量较多，于是局部地区有害杂质及铁相富集，并沿枝晶间分布，形成粗大针状，增大了合金脆性。当零件在使用应力作用下，微裂纹首先从缺陷处萌生，逐渐扩展，最后导致宏观破裂致使铸件漏油失效
铸造铅青铜轴套失效分析	损坏的铸造铅青铜轴套为行星减速器的轴套部件。行星减速器的功率为 30kW，安装使用 1 个月后，发现减速器运行噪声增大。停机检查发现轴套内壁有许多凹坑和碎粒，并有部分氧化，造成轴套失效 经检查，轴套内部存在着较多的褐灰色非金属夹杂物，其形状较大，呈不规则颗粒状分布。明暗场及偏振光和电子探针分析，该类夹杂物为氧化铁夹杂物。分析确定，轴套中存在数量较多、颗粒较大的硬脆氧化铁夹杂物是造成轴套失效的主要原因。这些氧化铁夹杂物为冶金缺陷，在合金熔炼过程中，应避免氧化铁夹杂物的混入和形成

7.2　锻造缺陷与失效

7.2.1　常见的锻造缺陷与特征

1. 折叠

锻件一部分表面金属折入锻件内部，使金属形成重叠层缺陷，称为折叠。

折叠是金属在锻造过程中，变形流动金属与已氧化的金属汇合在一起而形成的，通常是由于材料表面在前一道工序中产生有突出尖角、耳子或凹陷（皮下气孔、擦伤、刮伤等），在随后的锻造中被压入金属基体所致。锻造时产生的尖角、耳子一般均较薄，冷却速度比基体快，易氧化而形成一层氧化皮，因而不能再与基体金属互相焊合而产生折叠。在锻件的截面突变处、枝杈结构处，由于金属的多向流动易于形成折叠。

形成折叠的主要原因有：铸锭或坯料表面存在缺陷（疤痕和不平整、粗大的刮伤，轧辊表面有磨损或剥落，模具表面缺陷）；锻模、轧槽设计不合理；锻造前金属加热不良，锻造工艺或操作不当等。

锻件表面上存在的折叠，在很多情况下与裂纹等缺陷难以区别。正确地判断与区分这些缺陷的性质，对失效件的分析和以后采取相应的工艺和措施以防止其产生，是极其重要的。

折叠从表面开始，其高倍特征是开口较大，两侧较平滑，有程度不同的氧化脱碳现象，尾端圆秃，内存氧化物夹杂，一般与金属表面呈锐角，或与金属流线方向一致。

对有色金属型材上的折叠进行微观分析时，在折叠缝内及其两侧，通常见不到氧化物夹杂，两侧无脱碳组织。这些缺陷的性质可借助于截面上金属纤维的分布情况来进行判断。

2. 分层

锻件金属局部不连续而分隔为两层或多层称为分层。

该缺陷产生的主要原因是金属中存在未焊合的裂纹、非金属夹杂物、缩孔、气孔等缺陷，在锻造后使金属局部不连续而分隔为两层或多层。

3. 锻入的氧化皮

一般情况下，金属表面极易氧化，尤其在锻造加热过程中，极易形成表面氧化皮，如 Fe、Si 和 Mn 的氧化物，铝合金则形成 Al_2O_3 氧化膜。这些氧化皮（氧化膜）是在合金熔炼、浇注或锻造加热中形成的，并且在锻造之前或之中都不能消除。它的作用如同非金属夹杂物。其显微特征为沿金属流线呈点状或线状（条状）分布。

4. 流线不顺

锻件流线不沿零件主要轮廓外形分布，严重时会形成涡流流线、穿流流线或紊流流线。

1）涡流流线呈漩涡状或树木年轮状。

2）穿流流线是指在锻件肋条或凸台根部被穿断的流线。

3）紊流流线是指呈不规则而紊乱的流线。

5. 裂纹

锻件的裂纹有：内部纵向裂纹、内部横向裂纹和龟裂等。

1）内部纵向裂纹在锻坯横断面上呈十字形（所以也称为十字裂纹）或条状，有的裂纹甚至穿透锻坯中心延伸至表面与空气接触而被氧化，有的裂纹没有暴露在锻坯端部，因此不与大气相通，开裂面未被氧化。由于在锻造过程中开裂面之间存在摩擦，当剖开时可以观察到开裂面有磨光和发亮的情况。

内部纵向裂纹产生的原因是锻造温度低，锻坯拔长时，沿着切应力最大的对角线上产生了交变应力。当锻坯中保留着粗大柱状晶时易导致裂纹形成。高速钢由于内部组织中存在着莱氏体共晶、网状及块状碳化物或疏松等缺陷，在锻造过程中易出现此种裂纹。

2）内部横向裂纹主要位于锻坯中心部位，裂纹断面呈粗糙状，属沿晶断裂性质。

内部横向裂纹产生的原因是毛坯在加热或锻造过程中，由于加热不均或工艺参数不当，其表层金属的变形（如伸长）大于心部金属的变形，而导致心部受到了拉应力。当拉应力超过材料自身的抗拉强度时，心部将出现横向裂纹。

3）龟裂是指锻件表面呈龟壳网络状的裂纹，也称网状裂纹。其形成的主要原因是过热、过烧、渗硫、渗铜等。

锻件加热温度过高，引起晶粒粗大或过烧，氧沿晶渗入生成氧化物，削弱了晶粒间结合力，降低了塑性，或热疲劳使锻件局部强度降低，应力增大，以致在锻造时沿晶界出现表面龟裂。

钢材或燃料中硫含量过高，引起晶界渗硫，在晶界上形成低熔点的 FeS 和 Fe 的共晶体。其共晶温度为 985℃，在正常的锻造温度（1100~1200℃）下，晶界即被熔化，经锻造后形成龟裂（称为热脆）。

镍及其合金在煤气炉中加热时，由于炉内气氛含有硫，硫会扩散到金属中，与镍形成低熔点共晶体（$Ni+Ni_3S_2$）。其熔点为 645℃，主要分布于晶界，造成镍及其合金的热脆性，锻轧时容易开裂。

锻件铜含量过高 [$w(Cu)>0.2\%$]，并在氧化气氛中加热，在钢的表面氧化皮下，富集一层熔点低于 1100℃ 的富铜合金，在锻造加热温度下即熔化，并浸蚀表面层的晶界，锻造时形成龟裂（称为铜脆）。在加热炉中含有残存的铜杂质时，也会因熔融的铜沿晶界渗入而引起龟裂。

6. 过热与过烧

锻件加热温度超过始锻温度，或在高温下长时间保温，致使奥氏体晶粒迅速长大，或终锻温度过高而剩余变形量（剩余锻造比）又小，这时高温引起的晶粒长大，不能由剩余变形量对晶粒的破碎作用所抵消，因而形成粗晶粒组织的现象，称为过热。过热钢锻件的断面粗糙灰暗，属沿晶断裂。

锻件加热温度接近熔点温度，或长时间在氧化性气氛的高温炉中保温，不仅使奥氏体晶粒极为粗大，而且炉中的氧以原子形式渗入晶界处，使 Fe、S 等元素氧化，形成低熔点的氧化物或共晶体，造成晶界早期熔化，破坏了晶粒间的联系，这种现象称为过烧。过烧的钢锻件在锻造时一触即裂，裂口宽大，裂纹沿晶扩展，两侧严重氧化脱碳，沿晶界形成网状氧化物夹杂及脱碳组织。

7. 脱碳与增碳

锻件在加热过程中，其表层的钢与介质中的 O_2、CO_2、H_2O 等发生反应，引起表面碳含量减少或完全失去的现象称为脱碳。

碳含量较低的锻件，在加热过程中引起表层碳含量增加的现象称为增碳。

8. 带状组织

在锻造时，停锻温度位于两相区时（Ar_1 和 Ar_3 之间），铁素体沿着金属流动方向从奥氏体中呈带状析出，尚未分解的奥氏体被割成带状。当冷到 Ar_1 时，带状奥氏体转化为带状珠光体。

7.2.2　锻造缺陷对失效行为的影响

1. 锻造加热缺陷的影响

（1）过热与过烧　过热钢锻件由于晶粒粗大，且存在着晶界杂质，致使其力学性能较差，尤其是强度、塑性和韧性明显下降，且魏氏组织往往与粗大晶粒伴生。这种钢在锻造时，虽然一般不会产生裂纹，但有可能导致产生龟裂、淬火裂纹或性能下降。

过烧会使锻件的力学性能急剧恶化，且所发生的相变是不可逆的，因而无法用热处理或其他方法挽救，只有报废或回炉重炼。

（2）脱碳与增碳　脱碳与增碳均使表面力学性能与内部不一致，使表面与心部界面处产生内应力，特别是增碳件，其表面塑性、韧性的降低更加明显，更易产生表面裂纹。在交变载荷或者应力作用下，致使裂纹扩展，疲劳性能下降。

（3）带状组织　带状组织的存在会使金属的力学性能呈各向异性，沿带状组织方向的力学性能明显优于其垂直方向。压力加工时易于从交界处开裂。对于需要后续热处理的零件，带状组织轻则会导致热变形过大，重者会造成应力集中，甚至出现裂纹。这种组织可通过提高终锻温度、增大锻造比或扩散退火、正火的方法来改善或消除。如果带状组织非常多，应进行高温扩散退火，在1050℃以上加热，使碳原子扩散均匀，消除带状组织。

2. 锻造工艺缺陷的影响

（1）分层与折叠　分层与折叠的内表面上存在着氧化物，阻止缝隙中的金属结合，形成一种尖锐的不连续缺陷，引起应力集中，有可能成为疲劳裂纹源，造成疲劳失效，或在热处理淬火时，扩展成为裂纹，造成零件报废。

（2）锻入的氧化皮　锻入的氧化皮是锻件最普遍的表面缺陷之一。钢中锻入的氧化皮（铝合金中锻入的氧化膜），如同锻件中的非金属夹杂物一样，破坏了金属的连续性，引起明显的应力集中，降低锻件的疲劳性能，经常成为锻件疲劳破坏的疲劳源。

（3）流线不顺　锻件中不合乎要求的流线（涡流流线、穿流流线和紊流流线），使纤维中断，组织突变，降低了锻件的力学性能和疲劳强度，同时，造成许多潜伏的裂纹源，导致脆性（或韧性）断裂、疲劳断裂或应力腐蚀开裂。

（4）裂纹　锻件内部横向及纵向裂纹，严重破坏了锻件组织的连续性，有的甚至穿透锻坯暴露在空气中，往往有明显的氧化物网络和脱碳现象，导致力学性能下降，或裂纹源进一步扩展，致使锻件失效。

表面龟裂将显著降低锻件的力学性能致使锻件失效。

如上所述，锻造缺陷不仅破坏了锻件金属的连续性，成为应力集中源、裂纹源、疲劳源，而直接导致锻件在使用中失效，而且显著降低锻件的力学性能，尤其会大大降低锻件对由疲劳、冲击或应力腐蚀引起的裂纹扩展的抗力，在一定载荷条件下导致锻件完全失效。

此外，几乎所有锻件都是用铸锭或铸锭加工成的棒材，或预成形件作为原始材料的，因此，锻件的质量直接与铸锭的状态有关，而且无论经过多少次热加工过程，都能发现锻件中的很多缺陷起源于铸锭的缺陷。例如：来自铸造的非金属夹杂物，常常是引起锻件失效的重要原因。因此，加强对原材料锻造前的无损检测是保证锻件质量的重要措施之一。

7.2.3　锻造缺陷致使机械零件失效实例

锻造缺陷致使机械零件失效实例见表7-4。

表7-4　锻造缺陷致使机械零件失效实例

名　　称	失　效　分　析
耳环套筒折叠致裂	2A50（LD5）铝合金耳环套筒是飞机平尾助力器前操纵拉杆的耳环套筒，经使用后机场检查发现裂纹 裂纹分布在耳环套筒头部与操纵拉杆相连接的过渡圆弧处（该处处于承受拉应力的支点）。金相观察显微组织正常。缝隙内夹有杂物，尾部圆秃，与零件呈锐角，深约0.25mm。在其尾部有穿晶扩展的裂纹 从缺陷形态特征分析，由于铝坯表面凹凸不平的"耳子"在模锻时压入金属内形成的折叠，机械切削加工未完全切除留下残余；该处又是两个零件的连接点，处于受拉应力的支点，易产生应力集中，故在使用过程中，在拉应力作用下，残余折叠扩展致裂而失效

（续）

名　称	失　效　分　析
下框板锻造穿流致裂	2A50（LD5）铝合金下框板，大修返厂进行检查，发现与座舱地板相连接的上缘条根部过渡圆弧处有裂纹
	宏观检查，裂纹分布在框板与转轴接头配合缺口两侧的缘条根部过渡圆弧处，左侧长约 59mm，右侧长约 88mm，与裂纹相对应的外侧表面也能看到裂纹。断口平整，有明显的疲劳弧线和放射台阶；裂纹起源于缘条根部过渡圆弧处，从内侧向外扩展。检查锻件毛坯及半成品发现，同一部位有穿流和裂纹 裂纹发生在框板与转轴接头配合槽两侧，该处存在装配间隙。当连接螺栓拧紧时，使框板上缘条根部承受较大的装配拉应力，同时该处有穿流缺陷及裂纹残余，它直接破坏了金属的连续性，也使局部产生高应力，使用时在交变应力作用下导致疲劳扩展失效
水平尾翼支臂锻造裂纹致使失效	2A50（LD5）铝合金水平尾翼支臂使用 90.5h 后，发现缘条的转角处有两条裂纹。金相检查，裂纹始部两侧有氧化膜，裂纹中部及尾部没有氧化膜。裂纹于零件最大变形处，且沿流线方向扩展。裂纹附近及基体组织正常 从裂纹产生部位和裂纹形态分析，该零件在锻造过程中已产生表面裂纹，机械切削加工未完全切除而残留于零件表面，故裂纹始部两侧有氧化膜。零件使用过程中，在应力作用下，裂纹残余继续扩展而导致破裂失效
排气门摇臂锻造氧化皮嵌入致使疲劳失效	40CrNiMoA 钢制排气门摇臂经模锻、调质处理后，于使用过程中发生断裂失效 断口宏观形貌平坦、光滑，部分区域有磨损现象。整个断口可分为三个区域：表面源区具有色深的小平面；扩展区域较为平坦，具有清晰的放射棱线；瞬断区具有粗糙的断口组织 对源区取样进行光学显微组织观察，抛光后不侵蚀，发现有灰色的氧化皮嵌入基体金属；侵蚀后观察，氧化皮附近的基体有严重的氧化脱碳现象 失效零件的基体组织为索氏体，晶粒度为 8 级，力学性能及化学成分均符合技术条件要求 摇臂在工作中主要承受单向弯曲交变载荷，断口上的裂纹源区和瞬断区分别位于相应的两侧，它们所占的面积远小于平坦光滑的扩展区所占面积。以上特征表明，该件属低应力高循环导致的疲劳断裂。其原因是锻造操作不当，使氧化皮嵌入锻件次表面残留在零件表层，导致零件使用过程中产生早期疲劳失效
牵引电动机轴锻造过热致使早期疲劳失效	35CrMoA 钢制牵引电动机轴在使用过程中于轴肩处产生短寿命断裂 断口附近无明显变形，断口组织粗糙呈暗灰色。断裂源始于外圆表面，瞬断区靠近中心部位 根据沿圆周分布的源区台阶观察，该失效是多源扭转疲劳失效 对失效件取样进行光学显微组织观察，整个组织（包括基体）晶粒较粗大，且沿晶界析出有网状铁素体 锻造工艺规定，始锻温度为 1150~1220℃；终锻温度为 850℃，锻后缓冷 调质工艺规定，860℃油淬+600℃空冷 牵引电动机轴是低周疲劳失效，原因是锻造过热，组织粗大，降低了疲劳性能

（续）

名　称	失效分析
液压泵斜盘晶界氧化致使疲劳失效	18Cr2Ni4WA 钢制液压泵斜盘，在使用中发生过两次从支承轴的中间部位断裂，造成轴尾折断，垫板和柱塞座严重损坏的事故，斜盘累积使用时间仅为额定寿命的 7% ~ 20% 工作时所加弯矩使斜盘背面受拉应力，正面受压应力，周期交变作用，承受最大应力点即是断裂源区。断裂部位都在斜盘内径 ϕ40mm 对称中心圆孔的边缘，与锻造批号钢印"丁"相重合。断口具有明显的疲劳损伤特征，疲劳源位于斜盘非加工面，靠近内孔的圆弧部位 对源区取样进行光学显微组织观察，发现在整个未加工的锻造毛坯面上有一层灰黑色的网状物。网状物由孔洞和灰色不规则氧化物组成，深度为 0.15 ~ 0.19mm。腐蚀后观察，灰黑色氧化物沿晶界分布，并伴有脱碳现象，硬度明显降低 斜盘断裂的主要原因是锻造表面层存在着晶界氧化，加上钢印尖角等综合因素的作用，导致局部应力升高，形成疲劳裂纹并扩展而发生失效
六角连杆螺栓锻造过烧致断	40Cr 钢拖拉机六角连杆螺栓在装配过程中用扳手轻轻一扭，六角头即断。断口无塑性变形，呈脆性断裂。杆部硬度为 32HRC，金相组织为回火索氏体。但晶界呈过烧特征并有裂纹，裂纹两侧有脱碳，内腔有氧化物 螺栓断裂的主要原因是螺栓在煤气炉加热局部过烧，热锻六角头过程中形成不规则裂纹，但并未贯穿螺栓截面，以致装配时才暴露出来，导致断裂
热压模锻造比不足崩裂	3Cr2W8 热压模具经 1000 ~ 1200℃ 加热，空冷淬火，500℃ 回火数次后硬度达 47HRC。使用过程中，发现模具崩裂，其断口呈纤维状，局部带刺 检查马氏体组织及晶粒度，发现带状碳化物呈网状分布于晶界，没有完全破碎；网络一经形成，断口就呈带刺的纤维状。这表明锻造比不够，导致产生了较大的应力和脆性，致使热压模崩裂 后采取增加锻造比，以及在淬火过程中加快 800 ~ 900℃ 间的冷却速度（如油冷）等措施，避免了崩裂的发生
一级涡轮盘承力环模锻裂纹	GH2036 合金一级涡轮盘呈圆盘状，外径为 ϕ452mm，裂纹出现在凹槽底部，呈圆圈断续分布。承力环呈"面盆"状，盆顶内径为 ϕ320mm，盆底内径为 ϕ225mm。裂纹绝大部分分布在内侧壁，呈纵向分布，极小部分出现在盆底内壁，呈无规则分布。这些裂纹都出现在上模面，即锤头直接冲击的表面 经裂纹分析属模锻裂纹，是由于裂纹产生区域的实际变形量（冲击吸收能量）超过了材料的最大允许变形量（冲击吸收能量）所致，因而裂纹总是在锻造接近终了时产生。此时整个锻件处于模具的强大压力之下，产生的裂纹两侧不能张开，所以这些裂纹在锻后无法用肉眼发现。但在存放过程中，由于锻件压应力的松弛，使变形过程中裂纹才逐渐张开，成为可见裂纹。应严格控制材料质量、锻造加热温度，充分发挥材料的塑性，并防止使用重锤以防止裂纹产生

（续）

名　　称	失　效　分　析
05Cr17Ni4Cu4Nb 钢锻件固溶时效处理后延迟断裂	某厂在生产过程中，某零件的锻件毛坯共四件。按下料、锻造、锻后时效处理的工艺过程生产的锻件，在固溶时效处理两天后，其中三个锻件在机械加工之前，另一个在机械加工过程中出现严重开裂现象，致使锻件全部报废。裂纹贯穿锻件长度方向，裂纹深几乎使锻件一分为二 沿裂纹将失效锻件剖开检查发现，宏观断口呈典型的放射状花样，在锻件表面存在约 2mm 宽的剪切唇，裂纹源在锻件中部距表面约 6mm 处。断口上存在明亮的反光小刻面，宏观断口为岩石状。另外，从锻件表面有明显折叠痕迹处起，发现有长达 200mm 的二次裂纹。SEM 断口分析表明，宏观断口上的反光小刻面为穿晶断裂面，可见少量撕裂痕迹，周围是晶间断裂区，断口上未见明显的塑性变形痕迹，锻件的断裂为穿晶断裂和沿晶断裂的混合断裂。对裂纹源及附近区域进行微区成分分析，未发现 Cu、Nb 等合金元素有明显偏聚现象。裂纹源附近金相组织为不均匀的、较粗大的板条状时效马氏体+少量 δ 相组织；SEM 组织分析表明，在板条状马氏体基体上有明显富铜相析出的痕迹。失效锻件心部组织为粗大的淬火马氏体组织。表面至约 20mm 处的硬度为 30HRC，从约 20mm 处往心部，硬度值迅速升高至 38~40HRC 05Cr17Ni4Cu4Nb 钢锻件在固溶处理过程中，心部未冷透至 Ms 温度以下便进行时效处理，使其产生较大的残余应力；在锻造过程中，因工艺参数控制不准产生了折叠、混晶等锻造缺陷，在时效后产生应力集中，这是导致锻件延迟开裂失效的主要原因

7.3　焊接缺陷与失效

7.3.1　常见的焊接缺陷与特征

1. 焊接裂纹

焊接裂纹是指焊件在焊接或焊后的退火、存放、装配以及使用过程中产生的各种裂纹，它是焊接缺陷和焊接应力共同作用的结果。

熔焊焊件中的裂纹通常分为热影响区裂纹和焊缝裂纹两种。常见的焊接裂纹及其特征见表 7-5。

表 7-5　常见的焊接裂纹及其特征

类型	部位	温度	时间	主要原因
凝固开裂	焊缝、熔合线	热	焊接冷却时	过包晶反应
液化开裂	熔合线	热	焊接加热或冷却时	晶界液化膜
焊后加热开裂	熔区、热影响区	热	去应力退火或使用时	应力松弛的蠕变断裂

（续）

类型	部位	温度	时间	主要原因
分层开裂	热影响区、基体	冷	焊接冷却时	中心层状夹杂物
马氏体开裂	热影响区、熔合线	冷	焊接冷却或存放时	马氏体转变
氢裂	热影响区、熔合线	冷	焊接冷却或存放时	氢脆

焊接裂纹按其性质可分为热裂纹、冷裂纹、延迟裂纹、再热裂纹和层状撕裂等。

（1）热裂纹　热裂纹大部分是在结晶过程中产生的裂纹，所以又称为结晶裂纹或高温裂纹。根据所焊材料不同，产生热裂纹的形态、温度区间和主要原因也各有不同，因此又把热裂纹分为结晶裂纹、液化裂纹和多边化裂纹三种。

通常认为，热裂纹是在液固并存的温度区间产生的。在此区间，结晶晶体（固相体）被不连续的金属液薄膜所包围。当金属冷却收缩时，包围圈不断扩大，而金属液又无法补充，特别是当在金属液冷凝的后期，其晶粒间存在有未凝固的低熔点共晶层，如采用铜焊条焊接时，易沿晶先析出 Cu-CuO 共晶体等；或因焊接材料的化学成分及焊接环境的影响，沿晶产生非金属夹杂物（如 FeS），或有低熔点金属（焊料）及脆性相析出时，在拉应力作用下，极易导致沿晶开裂。

焊接热裂纹必然是沿晶裂纹，呈光滑的锯齿形边缘，连续或不连续地沿着晶界或枝晶边界分布于焊缝下面，有时呈蟹脚状或网状。焊缝内腔及附近晶界或多或少地存在有硫化物、磷化物、碳化物、氧化物、硼化物夹杂，其断口具有明显的氧化色特征。

结晶裂纹主要产生在含杂质较多的碳钢、低合金钢、镍基合金以及某些铝合金的焊缝中。个别情况下，结晶裂纹也在热影响区产生。

液化裂纹主要产生在含有铬镍的高强钢、奥氏体钢以及某些镍基合金的近缝区或多层焊层间部位。母材和焊丝中的硫、磷、硅、碳含量偏高时，液化裂纹的倾向将显著增加。

多边化裂纹多产生在纯金属或单相奥氏体合金的焊缝中或近缝区。

（2）冷裂纹　冷裂纹是在金属焊后冷却过程中形成的裂纹，又称为低温裂纹。这是焊接生产中较为普遍的一种裂纹，焊后立即发生，没有延迟现象，通常出现在热影响区，有时出现在焊缝上。

冷裂纹是焊接热应力、组织应力和机械应力共同作用的结果。钢在冷却过程中，过冷奥氏体如果发生马氏体相变，形成硬而脆的淬硬层组织，在焊接应力作用下，即可能产生焊接冷裂纹。

有些塑性较低的材料在焊接过程中，冷却时由于收缩力引起的应变超过了材料自身的塑性极限或材质变脆而产生裂纹，也称为焊接冷裂纹，又称为低塑性脆化裂纹。

熔焊冷裂纹呈锯齿形，凹凸不平，深浅不一，尾端细而尖锐，与淬火裂纹相似。在淬硬性高的钢中，一般属沿晶裂纹；在淬硬性低的钢中，通常为穿晶裂纹，有时也有混晶特征。断口的氧化色不明显，没有明显夹杂物，大部分属于解理断裂。

（3）延迟裂纹　实质上也是以焊接应力为主要原因的冷裂纹，而且是焊接冷裂纹中的一种普遍形态。它是在焊后几分钟、几十分钟乃至几天以后产生的裂纹，即具有延迟性质。

延迟裂纹的产生，是由于高温下奥氏体中固溶了较多的氢，低温下奥氏体向马氏体转变时，因快速冷却，使保留在马氏体中的氢处于过饱和状态，就在马氏体间形成很大的内应力，即所谓的马氏体脆性，进而导致冷裂纹的产生。在低温下过饱和状态的氢扩散到可引起裂纹的高应力区，并继续向裂纹顶部应力集中区聚集，使裂纹逐渐扩展而开裂，就需要扩散的时间，致使冷裂纹具有延迟性质。产生这种裂纹主要影响因素有钢种的淬硬倾向、焊接接头的应力状态和熔敷金属中的扩散氢含量。

延迟裂纹开裂时，往往伴有响声。

延迟裂纹的断口呈亮晶状结晶断口，无氧化色，微观形态以马氏体的解理断裂为主，并混有沿晶断裂的混合断裂。

（4）再热裂纹　对于某些含有沉淀强化元素的钢种和高温合金（包括低合金高强钢、珠光体耐热钢、沉淀强化高温合金以及某些奥氏体不锈钢等），在焊后并没有发现裂纹，而是在回火处理或在高温下使用过程中产生的裂纹，称为再热裂纹。

再热裂纹都是产生在焊接热影响区的过热粗晶部位，并且具有晶间开裂的特征。在母材、焊缝和热影响区的细晶区均不产生再热裂纹。裂纹的走向是沿熔合线附近的粗大晶粒的晶界扩展，有时裂纹并不连续，而是断续的，遇到细晶组织就停止扩展。

回火之前焊接区存在较大的残余应力，并有程度不同的应力集中，二者必须同时存在，否则不会产生再热裂纹。

再热裂纹的产生与再热温度和时间有关，存在一个敏感温度区，一般低合金钢的敏感温度区为 $500 \sim 700^{\circ}C$。

含有一定沉淀强化元素的金属材料才具有产生再热裂纹的敏感性，普通碳素钢和固溶强化的金属材料，一般不产生再热裂纹。

在工程上和失效分析中，一般可以按照上述再热裂纹的特征进行分析判断。

（5）层状撕裂　对于大型厚壁结构，在焊接过程中常在钢板的厚度方向承受较大的拉应力，于是沿钢板轧制方向出现一种台阶状的裂纹，一般称为层状撕裂。

层状撕裂是一种内部的低温开裂，一般在表面难以发现。其主要特征就是呈现阶梯状开裂，这是其他裂纹所没有的。层状撕裂的全貌基本是平行于轧制表面的平台与大致垂直于平台的剪切壁。在撕裂的平台部位常可发现不同类型的非金属夹杂物（如 MnS、硅酸盐和铝酸盐等）。

层状撕裂常出现在 T 形接头、角接头和十字接头中，一般在对接接头很少发现，但在焊趾和焊根处，由于冷裂纹的诱发也会出现层状撕裂。

层状撕裂的产生与钢种强度级别无关，主要与钢中夹杂物量与分布形态有关。当在沿轧制方向上以片状的 MnS 夹杂物为主时，层状撕裂具有清晰的阶梯状；当以硅酸盐夹杂物为主时呈直线状，以 Al_2O_3 为主时则呈不规则的阶梯状。

2. 气孔

溶入焊缝熔池金属中的气体（CO_2、H_2、N_2、水蒸气等），在金属凝固前未来得及逸出，而在焊缝金属表面或内部形成的孔穴称为气孔。

由 CO_2 形成的气孔，其外形主要呈条虫状，是圆形气孔的连续；由 H_2 形成的气孔，其外形主要有针孔形（似针孔的微小气孔）和圆形；由 N_2 形成的气孔，其外形多呈表面开口的气孔。根据起因不同，气孔可分为孤立的、线状排列的和群集的三类。

3. 夹渣

夹渣是指焊后残留在焊缝金属内部或熔合线上的熔渣或非金属夹杂物。例如：残留在焊条电弧焊、埋弧焊焊缝中的熔渣，CO_2 气体保护焊焊缝中的氧化物夹杂，钨极保护焊焊缝中的钨电极夹杂物等。

4. 焊缝成形不良

不良的焊缝外形包括有焊瘤、咬边和焊缝外形尺寸不符合要求等。

焊瘤是熔融金属流到焊缝根部之外而后凝固所形成的金属瘤。

咬边是在母材和焊缝交界处，于母材表面形成的沟槽或凹陷，在熔融金属深度达到母材高度时，则形成烧穿或穿孔。

焊缝外形尺寸不符合要求，是指焊缝隆起面过高过陡，高低不平，宽度不等，以及焊波粗劣等现象。

5. 未填满

未填满是指焊缝金属不足，沿焊缝长度方向在焊缝表面形成连续或断续沟槽的现象。

6. 未焊透

未焊透是指母材与母材、熔敷金属与熔敷金属、母材与熔敷金属之间局部未熔化的现象。此缺陷一般出现在焊缝的根部或基体金属与熔化金属未熔合（对接或角接时）处，以及焊缝金属向基体金属中熔透不足的部位。

7. 过烧

焊接过程中由于温度过高，使金属中的低熔点组成物熔化，或晶界氧化的现象称为过烧。这类缺陷的特征是，金属强烈氧化，在电极周围有金属熔化的痕迹，有蜂窝孔和较大的外部飞溅。

7.3.2 焊接缺陷对失效行为的影响

金属的焊接过程是一系列物理、化学变化的热过程、冶金过程和结晶过程的复合过程。焊接时，由于局部加热和冷却，引起剧烈的温度及组织变化，极易形成焊接应力，导致焊件失效。

金属焊件中可能存在的应力见表7-6。

表7-6　金属焊件中可能存在的应力

名称	特　　征
热应力	焊接时，由于不均匀加热，各部分膨胀与收缩不一致在焊件中形成的应力
组织应力	焊接时，由于金属组织转变而引起的应力
残余应力	焊接后焊件冷却至室温，残留在焊件中的焊接应力
收缩应力	焊接接头冷却过程中因不能自由收缩而产生的应力

任何一种焊接缺陷，都会破坏金属内部组织的连续性，引起应力集中，成为焊件的失效源，或减少焊缝金属的有效承载面积，降低零件的强度，或增加焊缝金属的脆性，降低零件的韧性。尤其是产生于焊接区的各种裂纹，它们是机械零件最易产生且危害最大的焊接缺陷。焊接裂纹严重地破坏金属的连续性和完整性，降低焊件的强度和韧性，在焊缝尖端处引起应力集中，在表7-6中列举的焊接应力作用下，使裂纹迅速扩展，极易发生脆性断裂。它们对疲劳强度的影响可达到不能补救的程度。焊接接头的残余应力往往是焊接结构发生应力腐蚀断裂的应力来源。

7.3.3 焊接缺陷致使机械零件失效实例

焊接缺陷致使机械零件失效实例见表7-7。

表7-7　焊接缺陷致使机械零件失效实例

名　　称	失　效　分　析
尾轮叉焊缝热影响区微裂纹致断	30CrMnSiA钢焊接尾轮叉已使用400h，经修理后应使用320h，但当使用190h后发生了断裂 宏观检查，断裂位置紧靠焊缝边缘的热影响区，其距离为0~11mm，断裂起始于焊缝边缘的热影响区，随后快速扩展至断裂失效。其原因与焊缝热影响区组织性能比基体低和存在微裂纹有关

（续）

名　　称	失 效 分 析
液化石油气钢瓶焊接过热致使快速破裂	由 20 钢钢板制成的某液化石油气钢瓶，在水压试验后，发现破裂，裂纹起源于焊缝热影响区，向瓶体一方快速扩展。光学显微镜观察，钢瓶的焊缝熔池组织严重过热，晶粒粗大，铁素体呈粗大的魏氏组织形态，塑性膨胀率仅 2.1%，不合格 　　因此，致使快速破裂的原因是焊缝的过热组织未消除，晶粒粗大及粗针状的魏氏组织对塑性有极坏的影响。具体原因是焊接后遗漏热处理工序。焊接后增加正火，即可避免或挽救
焊接组件酸洗脱落	空气压力传感器中的空速管组件是由三根不锈钢管及两根黄铜钎焊与银铜钎料三次焊接，六次表面处理，并经机械加工等工序制造而成的。某次，在生产的 13 套组件中，当用细铁丝插入内腔检查时，稍一用力，不锈钢挡板就掉落。在正常情况下，用 500~600kN 的力也不会造成脱落。当解剖该组件后发现：①不锈钢挡板掉落；②整个内腔中，被一层蓝色的腐蚀产物所覆盖；③焊接零件所用的钎料 H62 还有部分残存；④暴露在内腔的钎料局部呈红色，而在外腔部分，还保持 H62 的黄色 　　光学显微镜观察，发现红色处呈蜂窝状、多孔型，组织中有脱锌现象。其余部分仍是钎料的正常组织 　　因此，不锈钢挡板脱落是因为焊接组件酸洗时，从小管进入到内腔的酸液不能及时排除，而使黄铜钎料严重脱锌，使强度极大降低所致
加力总管焊接过热致使疲劳失效	用规格为 φ10mm×1mm 的不锈钢管弯曲焊接而成的加力总管，装机试车至 114h 即沿焊缝接头处破裂，使燃油外漏导致加力失效 　　管子与接头的连接采用钎焊。钎料牌号系铜基的 HLCu-4，主要成分（质量分数）是：Ni27%~30%，Si1.5%~2.0%，B0.2%，Fe0.5%，(Al+Be) 0.1%，熔点为 1122~1160℃，焊后酸洗表面 　　裂纹均产生于焊接热影响区，表面看不分叉但呈锯齿状。沿裂纹打开断口宏观观察，裂纹为多源且起始于外圆表面；裂纹扩展比较平坦，并有明显的疲劳弧线。放大源区观察，导致疲劳裂纹萌生的焊接热影响区的表面呈现沿晶分离。晶粒间界加宽，并有晶粒松脱现象 　　因此，加力总管破裂属疲劳损伤。产生的原因系钎料温度高，手工操作中易超温过热所致。后改用 HLCu-2 和 HLCu-2a 钎料。该钎料化学成分中降低了 Ni 含量，增加了 Mn 含量，其熔点为 1070~1084℃。改用钎料后没有再发生此故障
船用螺旋桨补焊脱锌失效	0051 船用螺旋桨试航 100h 后，于高速航行时即从一叶的导边断裂。为了修复这只桨，另铸同样材料焊补上，修复的桨装在另一只船上，航行 60h，发现第二桨叶导边断裂长达 775mm，同时发现第一次焊补附近有两条裂纹，其中一条裂纹长达 340mm，另一条裂纹长达 100mm，整个叶片有严重脱锌现象

（续）

名　　称	失　效　分　析
船用螺旋桨补焊脱锌失效	HAl66-6-3-2 黄铜在焊补以后，易在焊缝周围产生单一 β 相。光学显微镜观察，失效件焊缝区组织为 α+β 相，α 相约占 80%；而靠近焊缝区的过热区为魏氏组织；热影响区的组织为单一 β 相，而基体组则为 α 相占 30% 的 α+β 相组织。因此，HAl66-6-3-2 黄铜经焊补后如不进行热处理，不仅热影响区容易产生单一 β 相，而且焊补残余应力较高，在使用过程中很快产生应力腐蚀破断。如采取相应的退火处理，可以大大减轻应力腐蚀破断倾向
前起落架焊接裂纹致断	30CrMnSiA 钢前起落架于飞机着陆时折断。折断位于焊缝处，断口约 1/3 周呈黑色；显微观察黑色部位属氧化铁色 通过对故障件和在制品检查，发现该件在焊接过程中已产生冷裂纹，随后热处理加热时，裂纹两侧被氧化，裂纹尾端在使用应力作用下继续扩展，以致着陆时导致断裂失效
ZG20MnMo 锅炉汽水管道焊接裂纹	某电厂锅炉管道中，连接高压加热器和除氧器阀门的汽水管道用 ZG20MnMo 制成，该管道在焊接时出现了大量裂纹。为此实测了其化学成分、组织和性能，并估算了其焊接性。结果表明，该钢中 C、Mn、Mo 的含量偏高，增加了碳当量，恶化了焊接性，即使在 100℃ 预热条件下焊接，近焊缝区仍为粗大淬硬的马氏体组织，硬度高达 456HV，加上焊接拘束度大，导致产生焊接冷裂纹 为了避免冷裂纹，应采用低氢型焊条，预热温度不低于 170℃；为了提高接头的抗裂性，根部焊道可采用低匹配焊接材料 J507 或 J427，且焊后必须进行消除应力处理
摩擦焊接钻杆焊缝断裂失效分析	钻杆生产厂生产的钻杆采用的接头为外购件，材料为 40CrMnMo 钢，调质处理后硬度为 285~319HBW（30~35HRC）。管体采用已使用过的钻杆切除已损坏的接头后的旧管体。接头与管体采用摩擦压力为 25~30MPa 和顶锻压力为 50~60MPa 的摩擦焊进行焊接。钻杆断裂部位在焊缝靠接头一侧，离焊缝中心 0.5~1.0mm 处。焊缝表面可见残存的粗车刀痕，断裂面较为平整，无明显的宏观塑性变形 经检验，接头的化学成分、夹杂物、晶粒度及硬度均符合接头技术要求。但接头母材的显微组织不均匀，回火索氏体呈带状分布。经分析得出：①钻杆接头材料中的带状组织由合金成分的不均匀性和碳化物沿锻、轧方向分布所引起；②焊缝接头侧组织中条状分布的马氏体由接头母材带状组织中合金成分不均匀性所引起，热处理工艺不当是其重要工艺因素；③条状分布的马氏体降低了焊缝的强韧性，使焊缝产生疲劳断裂 改进热处理工艺后可消除焊缝中条状分布的马氏体，获得较均匀的回火索氏体组织，从而可提高焊缝力学性能

7.4 热处理缺陷与失效

7.4.1 常见的热处理缺陷与特征

1. 氧化、脱碳

所谓氧化是材料中的金属元素在加热过程中与氧化性气氛（氧、二氧化碳、水蒸气等）发生作用，形成金属氧化物层（氧化皮）的一种现象。

所谓脱碳是钢铁材料在加热过程中表层的碳与加热介质中的脱碳气体（氧、氢、一氧化碳、水蒸气等）相互作用而烧损的一种现象。脱碳也是材料的氧化过程。根据脱碳程度可分为全脱碳层和半脱碳层两类，全脱碳层的显微组织为全部铁素体。

2. 内氧化

内氧化是合金内部沿晶界形成氧化物相或脱碳区的现象。其深度可达十几微米。金属材料形成内氧化的倾向与合金中的组元和氧的亲和力大小有关，如在铜合金中含有比铜更活泼易氧化的元素 Zn、Si、Mn、Ti 等，在钢中含有比铁更活泼的易氧化元素 Cr、Mn、Si、Mo 等，极易发生内氧化。在钢材的气体渗碳层和碳氮共渗层中，常常出现由于内氧化形成的组织缺陷。在热处理介质中，若含有不纯物质（如硅酸盐等）时，也易引起零件的内氧化。

发生内氧化的零件，其断口呈粗糙状，或者沿晶形成黑色的氧化物状。

3. 过热

所谓过热是由于加热温度过高或保温时间过长导致奥氏体晶粒剧烈长大的现象。粗大的奥氏体晶粒在以后的退火、正火冷却过程中，形成粗大的铁素体晶粒或魏氏组织，在淬火后形成粗大的马氏体。高碳的粗大马氏体内部及原奥氏体晶界间存在着明显的显微裂纹，它将是导致淬火开裂及脆性断裂的发源地。由于晶粒粗大，沿晶分离的晶界面上分布着细小的韧窝花样。结构钢过热常出现魏氏组织；高速钢过热，断口呈粗瓷状，碳化物颗粒呈角状或晶界出现不同程度的网络状，或形成萘状断口（断口呈粗大的闪光鱼鳞斑点）。

4. 过烧

过烧经常产生在高温扩散退火或高速钢淬火过程中，其基本特征是在粗大晶粒的晶界上出现局部烧化或氧化现象。高速钢过烧后，晶界上产生莱氏体共晶，极易导致淬火开裂。在铝合金中，过烧将会产生严重的晶界裂纹（沿晶界有网状共晶体析出），在零件表面出现气泡及粒状凸起。

过烧的断口表面呈被烧熔的皱皮状，晶粒更为粗大，晶界加粗呈氧化色，无光泽，碳化物呈共晶鱼骨状，还会出现裂纹与熔融的孔洞。

5. 淬火软点

钢件淬火后，局部出现未硬化或者硬度不足的小区域，称为淬火软点。

6. 回火脆性

钢件在某一温度范围内回火后，出现韧性降低的现象，称为回火脆性。通常在250~370℃范围内回火，造成韧性下降、脆性增加的现象称为可逆回火脆性；在450~570℃回火，造成韧性下降、脆性增加的现象称为不可逆回火脆性。

有回火脆性的钢件，其断口组织粗糙，呈银灰色，颗粒状，齐平。电子显微镜下的形貌特征为岩石状或冰糖块花样，裂纹沿晶扩展，某些结晶面上有韧窝花样，但不如过热断口的韧窝花样多，一般有二次裂纹产生。

回火脆性以沿晶断裂为主，局部有解理断裂或准解理断裂。

7. 石墨化脆性

硅含量高的碳素工具钢或弹簧钢，经热处理后常出现硬度不足，加工表面的表面粗糙度值大，或在使用中发生脆性断裂。其断口一般呈黑灰色，无金属光泽，并可见石墨夹杂物或石墨碳颗粒，这种现象称为石墨化脆性或黑脆。

碳素工具钢或弹簧钢在退火处理时，由于加热温度高，保温时间长，冷却缓慢或重复退火次数过多，使钢中析出珠光体和渗碳体，进而渗碳体中析出石墨，并在石墨周围形成大块铁素体，石墨化的结果增加了钢的脆性。

8. 网状或大块状碳化物

如果热处理时碳势过高，保温时间过长，温度过高或冷却速度太慢，钢件热处理后，其表层碳化物呈较大的块状聚集分布，有的逐渐向里层延伸，使碳化物沿晶界呈网状分布。

9. 粗大马氏体和大量残留奥氏体

在淬火过程中，由于加热温度过高，保温时间过长，使晶粒急剧长大，奥氏体中的碳浓度和合金元素浓度增加，Ms 点下移，淬火后出现粗大马氏体和大量残留奥氏体，从而使钢件脆性增加，硬度下降。

10. 淬火裂纹

（1）淬火龟裂　表面脱碳的高碳钢零件，在淬火时因表面层金属的比体积比中心小，在拉应力作用下将产生龟裂。裂纹为沿晶扩展，一般较浅，很少氧化。

（2）淬火直裂　细长零件在心部完全淬透情况下，由于组织应力作用而产生纵向直线淬火裂纹。裂纹为穿晶扩展，一般起源于应力集中或夹杂物处，裂纹尾端尖细。

（3）其他裂纹　金属零件的凹槽、缺口处因冷却速度较小，产生局部未淬透或软点，致使附近的组织过渡区或偏析区在拉应力作用下开裂。裂纹一般呈弧形，穿晶扩展，尾端尖细，很少氧化，常发生于应力集中或组织过渡处。

锻造裂纹在淬火后有氧化现象，裂纹两侧有脱碳现象；而淬火裂纹很少氧化，无脱碳现象。实际分析时，应注意区分锻造裂纹和淬火裂纹。

7.4.2 热处理缺陷对失效行为的影响

金属件在热处理过程中，产生的热处理应力、裂纹、氧化脱碳、过热、过烧、回火脆性等缺陷，是导致热处理变形、开裂、疲劳强度和韧性下降、抗失效性能降低的根源。氧化是钢腐蚀失效表现形式之一；脱碳会降低钢的淬火硬度，中高碳钢脱碳会造成大的表面残余拉应力，从而严重降低疲劳强度，甚至形成淬火裂纹；结构钢过热会降低强度和韧性，产生沿晶断裂失效；高速钢过热会降低强度，增加脆性，易产生崩刃和落齿；淬火软点使零件各部分硬度与性能分布不均匀，软点处往往是零件破断失效的起源处；石墨化脆性、网状或大块状碳化物、内氧化等缺陷，均破坏了组织的连续性，在碳化物与基体组织的交界处，容易萌生疲劳裂纹，造成麻点剥落，致使寿命降低，且易在淬火或磨削加工过程中产生裂纹；各种应力还会促使各种热处理裂纹的产生与扩展，导致零件失效。

7.4.3 热处理缺陷致使机械零件失效实例

热处理缺陷致使机械零件失效实例见表7-8。

表 7-8　热处理缺陷致使机械零件失效实例

名　　称	失 效 分 析
传动轴齿轮碳氮共渗黑色组织致断	18Cr2Ni4WA 钢制传动轴齿轮采用碳氮共渗。技术要求为：渗层深度为 0.3～0.6mm，齿表面硬度>58HRC，中心硬度为 36~45HRC 传动轴是二级减速轴，轴径小，轴齿受力大（设计力矩为 156N·m）。使用寿命要求齿面疲劳剥落应大于 80h，但该轴在鉴定试验中仅 19h20min 即出现轴齿断裂失效 轴齿断裂在和行星齿轮匹配咬合部位。从端面看，齿根有若干条裂纹。除已断掉的齿外，这些裂纹均有可能导致更多的轴齿断裂。断口具有宏观疲劳弧线特征，疲劳源于齿根圆角的碳氮共渗层 未腐蚀观察发现，疲劳裂纹的齿根部具有深度为 0.4～0.06mm 的黑色组织，它平行于表面并成网状（带状）分布。用体积分数为 4% 的硝酸乙醇溶液腐蚀后观察，共渗组织为马氏体+颗粒状化合物，并有较多的残留奥氏体。中心组织为低碳马氏体。渗层深度为 0.45～0.5mm，属于合格范围 因此，传动轴齿轮断齿属于疲劳失效，导致早期疲劳失效的原因是碳氮共渗层中有黑色组织。黑色组织是由内氧化、孔洞及屈氏体组成的，它的存在使表层变得松软，表层的耐磨性和弯曲疲劳强度均会降低；而过多的残留奥氏体，又会减少渗层的压应力，并降低表层强度，也有利于疲劳裂纹扩展

（续）

名　　称	失　效　分　析
连接销强度低致断	30CrMnSiA 钢制连接销，调质后工作部位经发蓝处理使用，在产品寿命试验中工作 99.5h（总循环 1.0×10^5 次），于近螺纹一端断裂，宏观断口具有疲劳弧线特征，多源于表面，瞬断区接近中心部位 裂纹起源部位都有褐色氧化微粒，其外圆表面有明显的摩擦磨损，并有若干微裂纹。失效件硬度为 33HRC（设计要求为 33～39HRC），换算强度为 1050MPa。显微组织为索氏体，但有较多大块的游离铁素体 连接销断裂的两部分均有在运转时与匹配件摩擦而引起的磨损痕迹。工作部位硬度低，经摩擦磨损后产生微裂纹，并扩展而导致疲劳断裂失效。后对其他连接销采取降低回火温度、提高硬度（39HRC）和强度的工艺，使用后未发现断裂失效
波纹管盐浴加热氧化龟裂致使疲劳失效	07Cr19Ni11Ti 不锈钢波纹导管（直径为 ϕ9.5mm，壁厚为 0.12mm），系发动机 O 级叶片调节器温包使用的温度敏感元件。工作中，波纹管主要承受发动机振动和管内充满的温度敏感介质——异戊醇热胀冷缩而产生的交变应力作用。按设计要求，波纹管工作寿命为 100h，但实际使用 28～35h，即于波纹管第七和第八波节的波谷处破裂失效。裂纹长度一般为 0.16～0.35mm 波纹管无宏观塑性变形，波峰间距不变。波谷裂纹为单一裂纹，沿圆周向两侧扩展时，两端均十分尖细。裂纹穿过表面粗晶呈龟裂状 宏观断口具有明显疲劳弧线特征，属多源疲劳断口。疲劳裂纹从管件外表面的波谷产生并扩展。断口邻近波谷表面显示有龟裂。经光学显微镜观察发现，疲劳破裂与龟裂微裂纹扩展直接有关 对疲劳破裂源的分析和工艺分析表明，导致表面氧化龟裂的微裂纹是盐浴固溶处理时产生的，而在化学抛光时未能彻底清除。在交变应力作用下发生疲劳失效。后改用真空热处理没有产生失效
叶片简化热处理工艺致使应力腐蚀-疲劳失效	14Cr17Ni2 叶片是压气机一级叶片，一般若在内陆使用，叶片折断使用寿命都大于 100h；若在沿海使用，折断使用寿命小于 100h，严重的仅 12～15h 即失效。叶片折断部位，基本上是在距叶根 12～15mm 处 失效件宏观断口无塑性变形，存在两个明显特征区。疲劳区平坦光滑，有清晰的疲劳弧线，瞬断区呈暗灰色，结构粗糙，并有剪切唇。疲劳裂纹源位于叶片进气边。裂纹源处断口形貌呈沿晶特征，并发现有大量氯元素存在 对失效件取样进行光学显微镜观察发现，晶界有明显的链状析出物，电子衍射表明该析出物为 $Cr_{23}C_6$ 因此，叶片折断属应力腐蚀-疲劳失效。经工艺检查和对比试验，导致失效的原因是简化了热处理工艺。原工艺为模锻后经 1040℃±10℃ 保温 40min 油淬，530～560℃ 保温 2h 回火，后改为模锻→空冷（代替油淬）回火。原工艺处理的叶片，晶界细窄，没有析出物，抗应力腐蚀能力强。简化热处理工艺后，虽然也能保证叶片硬度要求（41～45HRC），但抗应力腐蚀能力大大降低了

（续）

名　称	失　效　分　析
曲轴轴颈连接圆弧处软带区疲劳断裂	$\phi150mm\times218mm\times750mm$ 小型轧辊，要求 $\phi150mm$ 处表面淬火，硬度>90HS；两端 $\phi100m$ 辊颈表面淬火，硬度为 65~75HS。热处理工艺：先在 $\phi100mm$ 处用高频感应加热步进法淬火，360℃回火，保温 1.5h；然后在 $\phi150mm$ 处用多匝感应器步进法淬火，130℃回火，保温 30h。按此工艺生产的 21 根轧辊，最长的使用 40 天断裂，最短使用 5min 断裂，断裂部位全部在 $\phi150mm$ 和 $\phi100mm$ 的连接圆弧处，圆弧半径为 15mm 分析认为，步进法淬火是加热在前，喷水在后，$\phi100mm$ 淬火时，感应器移动到连接圆弧处，至少有一个感应器宽度的区域只进行加热，不进行冷却，使连接圆弧处的性能较低成为软带区，致使疲劳裂纹在 63.6MPa 的轴向拉应力位置距淬火区边缘 5mm 处形成，导致早期疲劳断裂
轧头淬火加热过烧致使脆断	CrWMn 合金工具钢专用轧头，经热处理后，在使用过程中只轻轻一轧，尾部就断裂。断口晶粒粗细不一，尾端部分晶粒粗，多数晶界交角呈 120°，氧化物镶嵌在晶界。这表明表面加热温度过高，局部具有过烧特征，轧头脆断系局部过烧所致
20CrMo 连杆断裂失效	20CrMo 钢摩托车连杆的制造工艺为：原材料经过机械加工后，在 920℃渗碳 4.5h 后空冷，再经 850℃油淬，600~620℃回火 2h，然后对连杆大头进行高频感应淬火，再经 180℃时效处理 1.5h，最后磨削制成连杆零件。该连杆在试机不到 2h 就发生了断裂。化学成分和夹杂物符合有关标准要求，无明显加工缺陷 经过观察分析，连杆大头表层断口为沿晶断口，而心部则为韧窝断口。表层的沿晶断口形貌上有明显的晶间二次裂纹存在，没有明显的塑性变形；表层组织与心部连接处断口则表现为混合断口 连杆表层形成了粗大的针状马氏体组织是造成连杆断裂的主要原因。应改进高频感应淬火工艺，防止粗大的针状马氏体组织的出现。适当降低调质处理的淬火温度或减少保温时间，使其在高频感应淬火前获得细小的调质组织
40Cr 钢活塞杆断裂失效	某碱厂压滤机在试车时活塞杆发生断裂。该活塞杆由 40Cr 钢制造，活塞杆直径为 $\phi280mm$，长度为 1700mm，经调质处理，热处理工艺为 850~860℃油淬，420~440℃回火，机械加工后，表面镀铬 断口垂直于轴线，很平齐。从断口的粗糙程度看，断口分为 3 个区：①外层，即调质层，厚度约为 46mm，该层粗糙，表现为表面向心部的撕裂特征；②次层的断口较细密，看不出断裂向心部发展的走向；③断口中心区比次层粗糙。断口颜色：整个断口呈现灰白色，有金属光泽和结晶颗粒特征。根据断口撕裂特征，裂纹的走向是由表面向心部扩展，中心最粗为最后断裂区。经扫描电子显微镜观察，其微观形貌主要是解理及准解理脆性断口，有少量韧窝，韧窝中有夹杂物 活塞杆表层组织不正常是由于冷却速度太慢所致。其次，材质中含有较多的非金属夹杂物，增加了材料的脆性。为防止脆性断裂，应加大活塞杆淬火时的冷却速度，以得到马氏体组织，高温回火后，得到回火索氏体，提高材料的综合力学性能

（续）

名　　称	失 效 分 析
喷油器顶杆 失效	某发电厂从国外引进的柴油机组，正常运行约5000h后，其喷油器顶杆工作面发生麻坑剥落失效，顶杆材料为德国牌号90MnCrV8。肉眼观察可看到，在失效喷油器顶杆工作面中间区域，存在较为集中的麻坑剥落。经扫描电子显微镜观察，低倍下发现在工作面上存在深浅不一、集中而分立的麻坑剥落；其中大部分麻坑剥落层较浅，少数则较深，深、浅麻坑已连在一起，成为面积较大的剥落区。微观形貌特征显示为典型的接触疲劳，具有分层剥落的特点。在剥落层的底部，可看到许多大小不一的圆形孔洞，这些孔洞是颗粒状碳化物剥落后所致。同时，个别孔洞已连接成裂纹或诱发形成裂纹。顶杆的热处理工艺不当，碳化物分布不均匀并沿晶界呈网状连续分布，使得材料变得很脆。由于应力和介质的共同作用，裂纹易在次表面晶界形核并沿晶界扩展。当裂纹扩展至材料表面时，引起片层剥落，形成麻坑。在剥落区底部，碳化物剥落后形成细小孔洞。这些孔洞或诱发裂纹，或相互连接进一步扩展，使剥落区变大、变深，以致造成顶杆的早期失效。显然，要延长顶杆的寿命，宜从改进热处理工艺入手，消除网状碳化物
水压机柱塞 失效	根据柱塞表面孔坑形貌、材质、水质及加工工艺分析认为，柱塞表面孔坑是点蚀的结果。材料中含有数量较多的硫化物、氧化物和硅酸盐等夹杂物，因柱塞表面氧化膜厚薄不均，夹杂物的存在容易诱发局部破坏，显露基体金属使之呈活化态，氧化膜是钝态，这样就形成了活性-钝化腐蚀电池。另外，由于感应淬火加热温度低或保温时间短，硬化层组织中出现块状铁素体，表层中的夹杂物与回火索氏体中的铁素体与碳化物（Fe_3C）两相组织也会由于电极电位的差异形成微电池，产生电化学腐蚀。在高压水的冲击下，成串的点蚀边缘被冲刷成凹凸不平的沟槽，最终导致高压水渗漏，柱塞密封失效
重型汽车曲 轴的失效	某重型汽车上路行驶300多km后，发动机曲轴突然断裂。发动机曲轴在工作过程中主要受到交变的弯曲应力和冲击应力的作用。该轴采用45钢制造，经机械加工、整体正火后表面淬火，装机使用。按有关标准的规定，发动机应按整车行驶5万km进行设计，发动机各组成部件的设计寿命应大于整机寿命。因此，该曲轴的突然断裂系早期失效断裂 　　对断口分析表明，该曲轴属于弯曲和冲击疲劳断裂 　　曲轴工作表面淬火后本应全部为细针马氏体组织，而断裂源附近的表面却为铁素体+珠光体混合组织，曲轴表面硬度不均匀，且存在非金属夹杂物是曲轴早期失效断裂的根源所在。该轴其他部位（次裂纹源）Al、Si冶金氧化夹杂物的超标和偏聚是导致快速疲劳断裂的主要原因

7.5 切削加工缺陷与失效

7.5.1 常见的切削加工缺陷与特征

金属切削加工时，由于刀具材料、刀具形状、刀具几何角度、零件材料硬度、切削速度、切削量及冷却条件等因素影响，往往会产生一些缺陷。金属零件常见的切削加工缺陷与特征见表7-9。

表7-9 金属零件常见的切削加工缺陷与特征

名　　称	特　　征
表面粗糙	表面粗糙度不符合工艺图样或设计图样要求
深沟痕	加工表面存在有单独深沟痕。在切削过程中，由于零件材料硬度低、塑性大等原因，可使前刀面形成积屑瘤，它相当于一个圆钝的刃口并伸出刀刃之外，而在已加工表面上留下纵向不规则的沟痕
鳞片毛刺	以较低或中等切削速度切削金属时，加工表面会出现鳞片状毛刺
过渡圆弧半径加工过小	零件过渡圆弧半径太小
加工精度不符合要求	切削加工后，零件的尺寸、形状、位置精度不符合工艺图样或设计图样要求
表面机械损伤	切削加工过程中，零件表面相撞擦伤、碰伤或压伤
切削变形及裂纹	当刀具形状、几何角度、切削参数不正确，刀具不锋利或切削液使用不当时，会导致被加工零件产生切削变形及表面异常纹理——微小裂纹

7.5.2 切削加工缺陷对失效行为的影响

（1）切削裂纹的影响　切削零件表面因加工不当产生的异常纹理，实质上是许许多多的微小裂纹。在应力作用下，这些微小裂纹会成为疲劳源而扩展，将大大降低零件的疲劳寿命，其寿命仅为正常纹理的1/4。

（2）几何形状误差的影响　具有几何形状误差（如零件的直线度、平面度、圆度、圆柱度等误差）的两个表面，只能在轮廓的峰顶接触，当零件表面间产生相对运动时，则峰顶间的接触作用就会对运动产生摩擦阻力，同时使零件产生磨损。一般来说，表面越粗糙，摩擦阻力越大，零件磨损也越快，越易导致磨损失效。

（3）表面粗糙度的影响

1）增大零件的摩擦与磨损。表面粗糙度值过大，会降低零件的外观质量，增大摩擦与磨损，降低零件使用寿命。

2）降低零件的接触刚度。零件的表面粗糙度值过大，使零件表面间只有一部分面积接触。通常，实际接触面积只有公称接触面积的百分之几。因此，表面越粗糙，受力后的局部变形越大，接触刚度越低，零件的工作精度和抗振性就越低。

3）影响配合性质的稳定性。表面微观平面度的峰尖，在工作过程中很快磨平或挤平，使间隙增大，致使过渡配合松动。对于过盈配合，将使有效过盈量减小，连接强度降低。

4）降低机械零部件的结合密封性。过大的表面粗糙度值会导致在密封面上留下渗漏的微隙，影响密封性。

5）增加流体在管道中的流动阻力，增大摩擦损失。

6）表面粗糙度对疲劳极限的影响。表面粗糙度对钢制零件的疲劳强度影响较大，铸铁材料因其组织缺陷多，影响不显著，对有色金属零件的影响也较小。一般来说，表面微观平面度的凹痕越深，谷底曲率半径越小，则应力集中越严重，零件疲劳损坏的可能性越大，疲劳极限就越低。

表面粗糙度与疲劳极限的关系（室温，$N = 10^7$ 次）见表 7-10。

表 7-10　表面粗糙度与疲劳极限的关系

材料及其热处理	加工方法和方式	表面粗糙度 $Ra/\mu m$	疲劳极限/MPa
40CrNiMoA 钢，调质，硬度为 50HRC	精细纵向平磨	0.20	803.6
		1.65	754.6
		3.23	686.0
	精细横向平磨	0.28	823.2
		1.47	686.0
		3.25	588.0
	粗劣纵向平磨	0.74	450.8
		1.63	450.8
		2.46	450.8
TC10 钛合金，固溶处理+时效，硬度为 42HRC	精细端铣	0.33	568.4
		1.40	568.4
		3.18	568.4

（4）刀痕、深沟痕及鳞片状毛刺的影响　刀痕、深沟痕及鳞片状毛刺将成为应力集中源，导致疲劳断裂。

（5）零件过渡圆弧半径加工过小的影响　过渡圆弧半径加工过小，引起局部应力集中，易产生微裂纹，并扩展成疲劳裂纹，导致疲劳断裂。

（6）加工精度不符合要求的影响　加工精度不符合要求将直接影响工件装配质量，以及工件正常工作时的应力状态分布，降低零件抗失效性能。

7.5.3　切削加工缺陷致使机械零件失效实例

切削加工缺陷致使机械零件失效实例见表7-11。

表7-11　切削加工缺陷致使机械零件失效实例

名　称	失 效 分 析
双金属涡圈加工粗糙致裂	双金属涡圈由 3Ni24Cr2 和 Ni38 组成，用于飞机滑油温度调节器。工作介质为滑油，其温度在 50~80℃ 之间反复变化。固定处的螺钉承受交变拉应力 裂纹起源于螺孔尖角处，向内孔壁扩展，多源疲劳裂纹宏观特征明显。经电子显微镜观察，其形貌有疲劳条痕特征 双金属涡圈属于疲劳破裂失效，原因是螺纹孔未倒角，内孔壁加工粗糙
起落架旋转臂加工刀痕致断	30CrMnSiA 钢制飞机前起落架在飞行 475h、858 个起落后，着陆滑跑至 680m 时突然发生断裂 宏观断口形貌疲劳特征明显。断裂源与切削加工刀痕重合，刀痕深 0.04~0.05mm。断裂位置在离中心孔 30mm 处。零件圆周厚度不均，这说明切削加工偏心，图样要求壁厚不小于 4mm，但实测壁厚为 3.7~5.9mm。断裂源始于 3.7mm 处，从内向外扩展 失效属于零件壁厚不均，刀痕太深，表面粗糙度不符合要求，造成应力集中，从而导致疲劳断裂失效
冷气瓶接嘴螺栓加工刀痕致断	45 钢制冷气瓶接嘴螺栓进行冷气瓶高压试验，当充压至 32MPa 约 5min 时被拉断 宏观断口形貌塑性变形特征明显。经电子显微镜观察，其形貌呈韧窝花样。断裂起源于杆部与螺栓头部端面退刀槽处，与刀痕重合。裂纹沿刀痕走向扩展 零件硬度、显微组织符合要求。图样要求壁厚为 2.03mm，实测为 1.0~2.2mm，加工偏心，壁厚不均匀。断裂起始部位与壁厚最薄处重合 失效属于零件壁厚不均，刀痕太深，造成应力集中而导致的超载延性断裂失效
拉杆摇臂打磨损伤致断	30CrMnSiNi2A 拉杆摇臂（设计强度要求 1590~1620MPa），在累计使用 180h46min，起落 531 次后，于再次使用拉起的瞬间突然断裂。断口带有辐射状台阶的破断源，具有二次台阶的疲劳弧线的疲劳扩展区及呈宏观脆性破坏的瞬时破坏区 破断源位于零件表面的打磨凹坑处。此处也是零件受力最大部位。距断口 0.5mm 处有穿晶裂纹。疲劳区占断口总面积不到 10% 和破断源上有较多的台阶，说明零件在使用中的应力水平较高 由于零件在使用中的应力较大，在零件表面的凹坑产生了裂纹源，在继续使用中，裂纹在应力反复作用下不断扩展，最后导致疲劳断裂

（续）

名　称	失　效　分　析
45钢渣浆泵主轴早期疲劳断裂	某发电厂用的渣浆泵主轴安装后运行不足24h即发生断裂。断轴的主断口断面平齐，与轴线基本垂直。断口的大部分为裂纹扩展区，最后瞬断区很小，约占断面的8%。多个裂纹从轴的表面起裂，显示明显的多裂纹源特征。在轴的两侧形成的裂纹最后汇合时形成撕裂台阶，台阶高度为梯形螺纹的一个螺距。裂纹开始扩展时与轴向大约成45°，扩展到一定长度后转向与轴向垂直方向继续扩展，在断面上可观察到裂纹扩展形成的微小台阶，这些台阶几乎与最后断裂区垂直而不是指向轴心。裂纹扩展到一定长度后发生瞬间断裂，贯穿整个轴的直径，宽度只有5~7mm，断面粗糙、平齐，与轴线垂直。微观形态为解理与韧窝的混合断裂 　　结论：①轴的断裂为在旋转弯曲载荷作用下的疲劳断裂，疲劳裂纹从加工表面的类裂纹处扩展形成断裂。轴在危险截面处存在严重的加工裂纹和组织不良是导致轴早期断裂的根本原因。②轴没有严格按正火工艺处理，其金相组织为粗大的珠光体和网状铁素体，使表面加工质量降低并加速疲劳裂纹扩展。③提高轴的使用寿命应从两方面考虑，首先应全面提高轴的加工质量，尽力减小应力集中和改善其金相组织，其次应改善泵的运行工况，使其在接近设计工况点运行

7.6　磨削加工缺陷与失效

7.6.1　常见的磨削加工缺陷与特征

（1）磨削裂纹　磨削裂纹是目前生产中经常出现的一种加工缺陷。工件在磨削过程中，由于磨削力与摩擦力大（磨削力要比其他切削力大数十倍）或砂轮过钝等因素，而形成很复杂的应力状态，它包括原有的残余应力、磨削热引起的热应力、高速磨削时的机械（滚压）应力及磨削过程中发生相变（如表层温度过高引起马氏体相变）所引起的组织应力等，当总应力超过磨削工件本身强度极限时，即导致磨削裂纹。其特征如下：

1）磨削裂纹属于表面裂纹，即一般只发生在工件的磨削表面上，深度较浅，一般为0.01~0.25mm，且深度基本一致。

2）磨削裂纹的宏观形态一般有两种：一种是与磨削方向基本垂直且彼此基本平行分布的条状裂纹；另一种是呈封闭网状分布的裂纹（龟裂）。磨削裂纹也有两种形态混合分布的。

3）磨削裂纹的断口形态一般也有两种：一种是沿晶断裂，如渗碳齿轮和工具钢中的磨削裂纹；另一种是穿晶断裂，如调质类零件上的磨削裂纹。

4）磨削裂纹一般是在磨削过程中产生的，即边磨削边产生裂纹；有时在放置过程中，也可以产生裂纹。

5）在工件最表层的磨削裂纹区，往往能看到磨削烧伤带，甚至可看到有二次淬火现象。

6）磨削裂纹的宏观断裂均为脆性的，但微观机制可能是脆性的，也可能是塑性的。

（2）表面损伤　磨削加工时，工件表面受到磨削力和磨削热的作用，引起表面组织的硬度和应力状态发生变化，致使表面淬硬损伤或回火损伤，即发生磨削变质。有时磨削热可使工件表层瞬时温度达数百摄氏度，甚至使表层金属熔融，从而使工件表层的物理化学性质发生变化。

（3）表面烧伤与剥皮　工件磨削表面呈明显色彩的斑点状、块状、点片状、线状、带状、鱼鳞片状或螺旋线状，甚至整个表面都呈变色的烧伤痕迹。烧伤的同时，往往伴随有磨削裂纹或剥皮。

渗碳零件磨削过程中多产生此类缺陷。渗碳层表面磨削时，砂轮与零件接触面较大，若砂轮过钝，或进给量过大，磨削瞬间温度可达1000℃左右，使表层金属发生加热回火，甚至退火的热处理过程，因而产生一层氧化膜。急冷时，也易于在应力集中区域形成疲劳剥落。

（4）表面残余应力　磨削表面残余应力存在于零件表层内，一般为拉应力、如塑变残余应力、相变残余应力等。它的大小和深度取决于磨削热与工件材料的性质。

7.6.2　磨削加工缺陷对失效行为的影响

磨削加工缺陷往往造成大批磨削件报废，影响装配质量，对机械使用安全及寿命构成隐患，导致失效。

例如：磨削烧伤是轴承在磨削加工中最常见的缺陷。磨削烧伤引起轴承表层组织变坏，破坏了轴承表层组织的均匀性和连续性，加速了轴承在运转时产生疲劳与磨损，尤其是当承受较大交变载荷时，会造成局部应力集中而导致微裂，并扩展失效。

对于较薄的零件，磨削后一般不产生烧伤和裂纹，但由于磨削表面应力的存在，常会引起变形。对于较厚的高强度钢零件，即使有很大的残余应力存在，也无明显的变形，但磨削后，在表层0.3～0.5mm深度内可出现拉应力，严重时拉应力可高达500～600MPa。此时，若零件承受的是交变载荷，则其疲劳寿命会显著下降。

7.6.3　磨削加工缺陷致使机械零件失效实例

磨削加工缺陷致使机械零件失效实例见表7-12。

表 7-12　磨削加工缺陷致使机械零件失效实例

名　称	材料、状态、特征、原因、措施
锥齿轮齿面裂纹	12Cr2Ni4A 钢制涡轮喷气发动机锥齿轮 100h 长期试车后，发现在齿轮的两个齿面（启动面）有两条线状裂纹。两条裂纹的方向一致，均与齿底垂直，长度为 2.82mm 和 1.35mm，深度为 0.34~0.2mm。长裂纹断口覆盖灰黑色氧化物，裂纹的两个端头没有尖细的尾巴，而是带有弧形。断口以沿晶扩展为主，有部分穿晶断裂。断口表面有腐蚀产物 　该裂纹是磨削应力过大而产生的磨削裂纹。原因是磨削加工造成表面应力过大，而在磨削加工以后的一段时间后才显示破裂
齿轮齿牙断裂	18Cr2Ni4WA 钢制涡轮喷气发动机齿轮，使用 5h35min 发现齿根破裂四处，两块已经掉下 　断裂处断口有磨损，氧化变色，在齿根处有 10 条裂纹垂直于磨痕。腐蚀后，出现磨削烧伤特征。微观断口源区疲劳条痕密集，部分区域为沿晶断裂 　该齿轮齿牙断裂是疲劳断裂。原因是根据齿底裂纹的扩展方向、深度及疲劳源区特征可以看出，磨削裂纹在应力作用下，扩展产生的疲劳断裂

　　一个机械零件的加工过程是复杂的，往往要经过锻造、机械加工、热处理等加工环节，因此，每一个环节的缺陷都会对零件的失效产生影响。同时，在零件的失效中，又往往不是单个因素的作用，有时是多个因素共同作用导致的失效，这在失效分析时应引起足够注意。但对于一个零件的失效，毕竟有一个因素是主要因素，其他因素起促进作用或加速裂纹扩展的作用，必须抓住主要因素，才能真正解决问题。

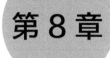

第8章

失效分析实例

本章将给出作者所完成的部分金属零件失效分析实例,其中一些实例比较全面地阐述了零件失效的性质、原因、预防措施等,另一些实例仅对失效的性质及原因做了简要的分析。读者可从这些实例中了解失效分析的一般步骤和基本方法,也可以从中看出失效分析过程不是一成不变的,要根据分析要求、目的,有所侧重。

8.1 风机轴断裂分析

8.1.1 概况

某厂 M5-36-11No. 20.5 风机在使用接近 7 年后,发现风机轴偏斜,轴径表面与风机罩发生摩擦。将该轴取下后发现在叶轮端支撑轴承面台阶处发生开裂,表面裂纹宽度接近 2mm,叶轮附近的轴表面磨损深度达 5mm。

M5-36-11No. 20.5 风机原设计的部分参数:设计功率为 710kW,电动机转速为 1480r/min;飞轮力矩为 36.3N·m,叶轮质量为 788kg,叶轮力臂长度为 575.9mm;主轴质量为 285kg,主轴材料为 45 钢,轴长度为 1890mm,中心距为 817mm,临界转速为 2221r/min,转速系数为 1.5。

风机主轴结构与尺寸如图 8-1 所示。

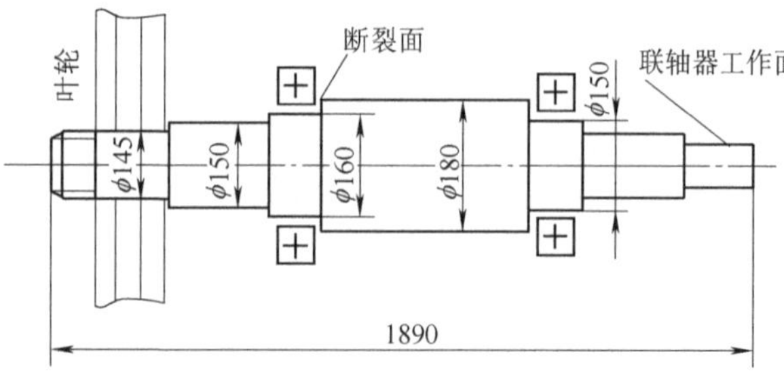

图 8-1 风机主轴结构与尺寸

8.1.2 失效分析过程

1. 受力分析

风机轴受力分析与计算如图 8-2 所示。

经力学计算校核的部分数据:危险截面应力为 16.64MPa,强度系数为 3.3。

在设备安装时,经设计、使用、制造单位同意,增大叶轮直径,将原设计的

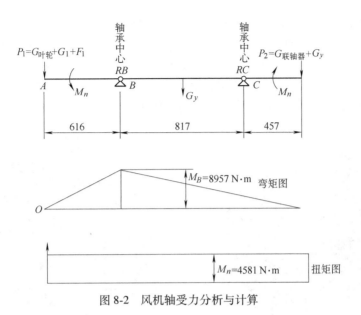

图 8-2 风机轴受力分析与计算

$19D$ 改为 $20.5D$。经计算：叶轮产生的重力 $G_{叶轮}=8470\mathrm{N}$；危险截面计算扭矩 $M_n=4581\mathrm{N\cdot m}$；危险截面应力 $\sigma_{max}=17.25\mathrm{MPa}$。

45 钢许用应力 $[\sigma_n]=55\mathrm{MPa}$，$\sigma_{max}<[\sigma_n]$。

同时，根据行业标准，主轴临界转速系数应不小于 1.3，该风机主轴的临界转速系数为 2.14，符合要求。

轴的断裂位置如图 8-1 所示。由图 8-2 的受力分析可知，其断裂面发生在轴的应力最大面上的台阶过渡处，即使用中的危险截面。检查发现，该轴台阶处过渡圆角半径为 $R5\mathrm{mm}$，但圆弧加工不光滑，在圆弧连接出存在较明显的"切根"现象，在此处可产生较大的应力集中。

另外，现场检测人员发现，在使用中，该轴的振动比其他风机严重。其他风机的水平振动和垂直振动均为 $20\mu\mathrm{m}$ 左右；该轴的水平振动为 $50\sim60\mu\mathrm{m}$，垂直振动为 $40\sim50\mu\mathrm{m}$，均比其他四台风机振动大约 $30\mu\mathrm{m}$。标准规定，该类风机的振动要求（标准参数由使用厂提供）为：$20\mu\mathrm{m}$ 以下为优，$40\mu\mathrm{m}$ 以下为良，超过 $80\mu\mathrm{m}$ 为不合格。由此可见，该风机使用中的振动情况虽然在规定的合格范围以内，但已超出"良"的要求。

2. 断裂过程分析

风机轴断口的宏观形态如图 8-3 所示。断口显示该轴的断裂为疲劳断裂性质。断裂首先由轴近表面的三处缺陷处起源，然后在较低的旋转弯曲交变应力作用下，裂纹慢速扩展。裂纹扩展至轴径的 1/2 处后，扩展加速，在断口上可观察到清晰的疲劳弧线，疲劳弧线的圆心指向最后断裂区。

在宏观断口上可见三处明显缺陷 A、B、C，缺陷 A 根部有明显裂纹起源时形成的台阶。A、B 两处缺陷形成的裂纹基本在一个平面上扩展，很快汇合形成一个的裂纹；C 处的裂纹扩展缓慢，最后断裂时与 A、B 两处的裂纹形成一个不大的撕裂台阶。由此可知，裂纹均从缺陷的根部形成并扩展。

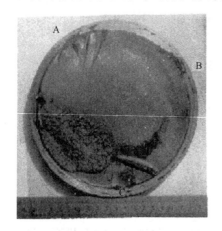 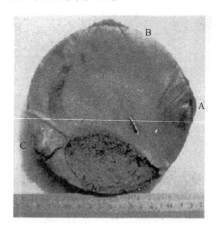

图 8-3　风机轴断口的宏观形态

从宏观断口分析可知，裂纹起源于轴的缺陷处，因此，轴上的缺陷对裂纹的形成有决定性的影响。为了进一步分析缺陷的影响和缺陷处裂纹的形成过程和裂纹形态，在图 8-4 中示出了断口缺陷处裂纹的放大形貌。由此可知，裂纹均从缺陷的根部形成并扩展。在裂纹起始区和扩展区取样，在扫描电子显微镜下分析断口的微观形态，如图 8-5、图 8-6 所示。在裂纹起始区（缺陷根部）可见大量的微观台阶，这些台阶是在局部较大应力集中作用下疲劳裂纹起始时形成的。在裂纹扩展区为典型的解理断裂，可见珠光体解理形貌，这是在调质组织中常见的疲劳裂纹扩展区形态。在交变载荷作用下，金属疲劳裂纹的形成一般经过三个阶段：疲劳源形成阶段、裂纹疲劳扩展阶段和失稳扩展（快速断裂）阶段。疲劳源的形成和形成阶段所需载荷交变循环次数对疲劳断裂有很大影响。在光滑零件表面，当交变载荷（循环应力）低于材料的疲劳极限时，疲劳裂纹源难以形成，即不可能发生名义上的疲劳断裂。但当零件表面存在缺陷时，裂纹源即在缺陷导致的应力集中作用下形成。当缺陷达到一定尺度，尤其是片状缺陷，就为疲劳断裂过程提供了现成的疲劳源，疲劳断裂无须经过疲劳裂纹萌生期，而直接在缺陷根部扩展，这将极大地缩短零件的疲劳寿命。由于缺陷根部存在较大的应力集中，在其根部可见大量的细小的疲劳裂纹台阶，而这每一个台阶间即对应一个疲劳裂纹源，疲劳裂纹源的数目可表示为 $n+1$ 个（n 为对应的疲劳台阶数目）。应力集中程度越大，则形成的疲劳台阶数目越多，疲劳裂纹源就越多。分析图 8-4 的缺陷根部疲劳台阶的数目和形态，可大致确定裂纹首先在 A 处起裂，而 B 处和 C 处的开裂略晚。

a)

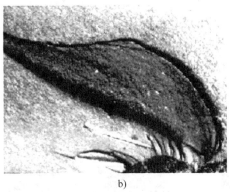
b)

图 8-4　断口缺陷处裂纹的放大形貌（3×）
a）A 处　b）B 处

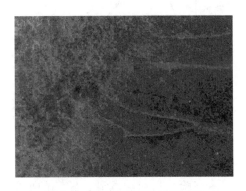

图 8-5　缺陷根部裂纹微观形态

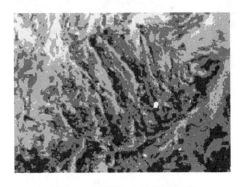

图 8-6　裂纹快速扩展区解理

由以上分析可以确定，该轴的断裂性质为疲劳断裂。疲劳裂纹在断轴危险截面的三处主要缺陷处起裂，然后做低应力扩展。由于所承受载荷为旋转弯曲载荷，因此在轴的圆周上存在多处开裂点。

3. 缺陷与断裂原因分析

（1）缺陷与组织分析　导致此次断轴的主要原因是在风机轴的危险截面处的表面上存在严重的缺陷。因此，要解决断轴的问题有必要查清这些缺陷的性质和形成原因。

金相组织分析显示在轴表面有一厚度约 0.6mm 的白亮层。在扫描电子显微镜上，对缺陷部位和基体金属进行能谱衍射分析，结果显示在缺陷部位的化学成分与基体相同，主要元素为 Fe，有少量的 Mn 元素，未发现其他元素成分。

在缺陷处取样，对缺陷纵向的组织进行分析。缺陷处表层组织形态如图 8-7 所示。图 8-7 中的组织由三层构成，即表面白亮区、黑色组织区和基体组织。表层白亮组织为细小的珠光体+铁素体组织，黑色组织为淬火的板条马氏体组织，基体组织为铁素体+珠光体+魏氏体。组织分析显示，该部位的组织分布形态为焊接组织。表层为焊接的低碳钢组织，铁素体含量高，而珠光体含量相对很低，组织形态与 20 钢相同。白亮层以下为 45 钢（基体）淬火组织。在焊接表层金属的过程中，在焊接热影响区使基体部分金属温度达到其临界温度，从而在其后的冷却中发生马氏体相变。

缺陷处从表面到基体的硬度值测试结果如图 8-8 所示，表层白亮区硬度很低，硬度为 220HV0.1，淬火区马氏体的硬度为 386HV0.1，基体硬度为 250HV0.1。

图 8-7　缺陷处表层组织形态（50×）

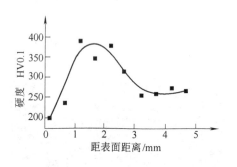

图 8-8　缺陷处从表面到基体
的硬度值测试结果

（2）缺陷的形成与致断原因分析　由上述试验分析可以得到，缺陷的形成过程为：该轴安装轴承的轴表面经过表面补焊或堆焊处理，焊接材料为近似 20 钢。在焊接时，由于轴的台阶结构和散热，在台阶过渡处形成多处虚焊点，即轴上观察到的多处缺陷。这些虚焊表面，形同轴内存在宏观裂纹。轴在运行中，在这些缺陷根部以疲劳裂纹源的形式导致疲劳开裂。

轴的基体组织中珠光体含量偏高，且有明显的魏氏体组织。该组织既不同于 45 钢正常正火组织，也不同于 45 钢调质组织。组织分析认为，该组织的形成与该轴处理时加热温度偏高而冷却时冷速比正常正火快有关。虽然该类组织在此次轴的开裂中不是根本性的因素，但此类组织可降低轴的疲劳强度。尤其是该风机设计安装时将风机叶轮由 19.5D 改为 20.5D，增加了轴的载荷，因此在更换新轴时应注意对轴的热处理工艺的控制。

另外，该风机在运行中的振动比其他风机高，会造成振动疲劳与旋转弯曲疲劳的联合作用，也导致了轴的疲劳寿命降低。导致该风机振动增加的因素可能与表面焊接时形成的缺陷有关，应注意检查。当更换新轴后的振动依然未能解决，应从安装上查明原因，减小其振动。

8.1.3 结论与点评

1. 结论

1）此次风机轴断裂为低应力疲劳断裂，断裂由轴表面三处缺陷的根部起始，扩展后汇合形成开裂。

2）轴疲劳开裂的直接原因是在轴的最大受力面有严重的缺陷。

3）缺陷是轴表面焊接时的焊接缺陷造成的。表面焊接材料为近似 20 钢，在轴的台阶过渡处形成多处虚焊。

4）轴的基体材料组织存在魏氏体，同时风机运行中振动较大，影响轴的使用寿命，建议加以更改。

2. 点评

从断轴断口不难确定此次轴的断裂属于疲劳断裂。但从力学计算和应力分析可知，断裂部位虽然位于高应力危险截面，但不存在明显的应力集中，其实际应力小于许用应力。确定裂纹的起源就是关键。从低应力疲劳断裂形成基础可知，宏观缺陷是重要的原因之一。从该轴维修历史得知，由于磨损导致轴尺寸减小，从而采用热喷涂补充尺寸偏差，由此找到断裂源。虽然 45 钢轴微观组织中存在较粗大的魏氏组织，也是导致疲劳裂纹扩展加速的原因，但不足以导致如此的低应力早期断裂。

8.2 矿井提升绞车减速齿轮早期开裂分析

8.2.1 概况

某矿主井提升绞车减速器二级齿轮在安装使用不到两年时发生齿轮齿面开裂，而该设备按设计要求应正常运行 15 年以上。矿井提升绞车不仅担负着矿井煤炭提升运输的主要任务，而且还承担人员的提升运输，一旦减速器齿轮开裂导致提升机失控，对矿井生产和安全将造成严重影响。因此，有必要对开裂的齿轮进行综合分析，查找造成齿轮开裂的原因，以避免事故的发生。

8.2.2 失效分析过程

1. 开裂齿轮的断口分析

（1）宏观分析 开裂齿轮形态及齿面上裂纹的分布形态如图 8-9 所示。齿圈材料为 ZG340-640（ZG45），加工后热压套装在齿箍上。一对齿轮中的一个发生齿面开裂，另一齿轮未发现开裂情况。齿轮开裂已穿透整个齿轮圈，裂纹最大张开宽度约 5mm。齿面裂纹有 A、B、C 三条，从裂纹尺寸和分布情况，可确定 A 裂纹为主裂纹。当 A 裂纹快速扩展穿透整个齿面时，齿间拟合状态破坏，与断齿相邻的两个齿面在传动过程中被挤压开裂。为了确定齿轮开裂的性质，将开裂齿轮打开，得到的齿轮开裂面形态，如图 8-10 所示。

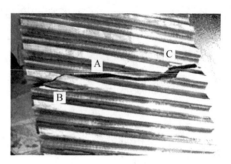

图 8-9　开裂齿轮形态及
齿面上裂纹的分布形态

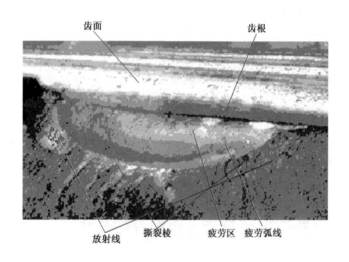

图 8-10　断口宏观特征

（2）微观分析　断口疲劳开裂区的微观形貌如图 8-11 ~ 图 8-14 所示。图 8-11 所示为齿根开裂源区形貌，断面呈现枯木状断裂形态，其上有许多块状碎裂的夹杂物和二次裂纹；图 8-12 所示断面上难以观察到明显的疲劳断裂形成的疲劳条痕，只在局部晶粒上有类似于疲劳条痕的断裂形态；由图 8-13 所示的二次裂纹形貌可以观察到，裂纹内有较多的碎块状夹杂物，两侧晶粒有明显的摩擦痕迹；图 8-14 所示开裂面边缘也有明显的磨损挤压形态，局部的微孔深、孔口小，属于夹杂物脱落导致。

<table>
<tr><td>图 8-11　齿根开裂源区形貌</td><td>图 8-12　断面上大晶粒开裂的形貌</td></tr>
</table>

图 8-11　齿根开裂源区形貌　　　　图 8-12　断面上大晶粒开裂的形貌

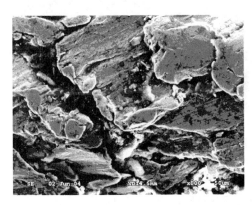

图 8-13　二次裂纹形貌　　　　　　图 8-14　开裂面边缘形貌

2. 齿轮材料金相组织与性能硬度分析

为了进一步确定齿轮开裂的原因，在开裂的齿面不同部位取样，进行金相分析，各部位典型组织形态为粗大的铸态组织，如图 8-15 所示。从图 8-15 可知，齿轮齿面的组织形态与心部基本相同，组织中存在较大的夹杂物和铸造缺陷。这是导致材料疲劳强度降低的主要因素。

取断齿及相邻的轮齿，检验齿轮的硬度，结果列于表 8-1 和表 8-2。齿轮硬度较低，齿顶硬度只有 30HRC 左右，与齿轮心部硬度相差不大。尤其是齿根硬度偏低，只有 25HRC 左右。

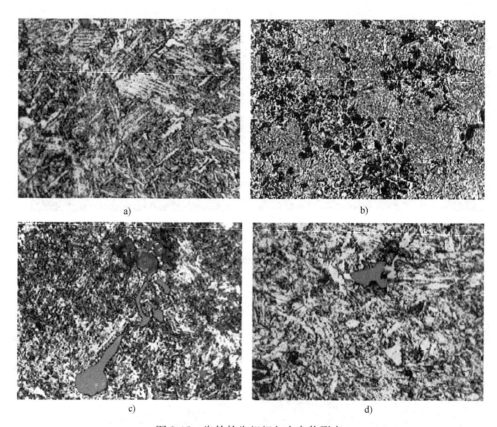

a)   b)

c)   d)

图 8-15　齿轮轮齿组织与夹杂物形态

a）齿轮顶部组织（500×）　b）心部组织中的缺陷（100×）

c）心部组织及夹杂物 1（500×）　d）心部组织及夹杂物 2（500×）

表 8-1　单齿硬度测试结果

位　　置	硬度　HV0.1						
	齿顶————————————————————→齿根						
齿廓中线	335.8、335.8、308.9、335.8、296.7、366.3、335.8、296.7						
	401.2、308.9、264.1、308.9、308.9、264.1、366.3、308.9						
	402.1、388.1、296.7、308.9、308.9、254.4、350.5、285.2、274.3、321.9						
齿廓弧边 1	236.5、296.7、366.3、335.8、350.5、335.8、296.7、296.7						
	308.9、296.7、274.3、285.2、296.7、254.4、254.4、308.9						
	264.1、274.3、264.1、274.3、264.1、285.2、254.4、254.4、228.3、285.2						
齿廓弧边 2	274.3、274.3、308.9、308.9、308.9、335.8、335.8、296.7						
	321.9、350.5、321.9、350.5、321.9、350.5、321.9、335.8						
	296.7、274.3、335.8、321.9、296.7、285.2、296.7、296.7、264.1						

注：测试时，加载 15s，测试间距为 0.5mm，放大倍数 600。

表8-2 不同齿的硬度测试结果

检测部位	实测硬度值 HRC	硬度平均值 HRC
齿顶1	31.5、29.8、30.4、29.5、29.0、27.8	29.7
齿顶2	26.0、29.3、29.8、28.8、28.5、26.8	28.2
齿顶3	29.8、28.8、29.0、29.8、29.7、31.8	29.8
齿根1	25.0、27.5、24.1、23.1、27.5、25.0	25.4
齿根2	23.6、28.8、21.8、26.0、23.1、27.5	25.1

注：齿顶1靠近断口处，齿顶2、3为相邻的齿。

3. 讨论

上述分析可以确定，齿轮的开裂属疲劳开裂。导致齿轮早期开裂的主要原因如下：

1）齿轮表面尤其是齿根部位硬度偏低。一方面，齿轮根部要承受齿轮运转中轮齿啮合时的较大弯曲应力；另一方面，齿轮啮合表面产生较严重的磨损和接触疲劳，形成齿面上的剥落坑，使得齿轮在传动过程中产生冲击和较大的振动。低硬度的齿根不能承受这样的载荷，疲劳裂纹即从轮齿根部形成并扩展。

2）粗大的铸态组织和夹杂物以及钢中的铸造缺陷提高了裂纹的扩展速率，导致疲劳裂纹快速扩展，加速了断裂的过程。

3）从齿轮齿面磨损和剥落坑形态，以及断齿的疲劳区与最后瞬断区的比例可以看出，齿轮的实际运行载荷较大，为裂纹的形成和扩展提供了力学条件。

大量的试验表明，承受交变载荷的零件的表面硬度对零件的疲劳寿命有很大影响。本例中，齿轮轮齿表层硬度与轮齿中心硬度基本相同，而且齿根的硬度还低于齿顶和齿面的硬度。由此可见，该齿轮加工后没有进行有效的热处理，即使对表面进行了火焰淬火处理，也因淬硬层薄，起不到明显的改善材料疲劳强度的作用。

普遍认为，钢中的缺陷对疲劳强度有较大的影响，这一影响要比对静载强度的影响大得多，金属的疲劳极限随晶粒的增大和缺陷的增多而降低，而疲劳断裂概率明显增加。开裂齿的金相组织粗大，有严重的铸造缺陷和夹杂物，降低了齿轮的疲劳寿命。具体分析如下：

1）疲劳裂纹扩展速率与晶粒尺寸呈线性关系。

2）在疲劳裂纹扩展前沿，夹杂物极易形成微裂纹，从而加速了疲劳裂纹扩展。

3）在疲劳裂纹扩展前沿形成应力集中，使实际应力水平提高，从而促进了裂纹扩展。

4）钢中的夹杂物和铸造缺陷导致材料的脆性增大，强度和韧性降低，从而导致了脆性断裂的发生。

8.2.3 结论与点评

1. 结论

1）齿轮的开裂属于疲劳开裂，疲劳裂纹起源于轮齿根部。

2）齿轮材料存在较严重的组织缺陷，有铸造缺陷和较大尺寸的夹杂物，这使得材料的疲劳强度降低。

3）齿面硬度相对较低，致使齿轮在传动过程中齿面形成严重磨损，在接触应力作用下，齿面形成接触疲劳损伤。尤其是齿根硬度偏低，疲劳强度低，不足以承受弯曲应力以及齿面损伤形成的振动和冲击载荷作用。

4）为提高齿轮使用寿命，考虑到设备的重要性，建议采用锻造齿轮，或者采用铸造齿轮时，采取有效的无损检测，确定钢中没有严重缺陷，才可保证安全。

2. 点评

这是典型的制造缺陷导致的开裂。铸造缺陷（粗大夹杂物）、加工缺陷（齿根根部应力集中）、热处理缺陷（齿面硬度不足）的综合作用，导致了该矿井提升绞车减速齿轮的早期断裂，致使该设备的实际使用时间不足设计使用寿命的13.3%。因此，在关键设备的设计和制造方面应引起足够重视，确保设备所用零件的制造质量，从而保证设备的使用寿命。

8.3 振动压路机驱动桥弧齿准双曲面齿轮的失效分析

8.3.1 概况

某对弧齿准双曲面齿轮使用在 YZ10 液压振动压路机驱动桥中，运行约 400h 后磨损严重而失效。失效齿轮的外观形貌如图 8-16 所示。从失效齿轮外观可以看出：主动齿轮的齿面出现严重磨损，齿顶磨成刀刃状，有 3 个轮齿的 4 处发生深层剥落，即局部发生大块剥落，剥落深度约等于整个硬化层的深度；从动齿轮齿面出现严重磨损，硬化层大部分地方全部磨掉，其磨损程度凹面大于凸面，齿顶硬化层及部分心部金属全部磨去，并有明显断裂现象。

a)   b)

图 8-16 失效齿轮的外观形貌

a) 主动齿轮 b) 从动齿轮

8.3.2 失效分析过程

1. 硬度与金相分析

经过对失效主动齿轮进行检测可知：表层硬度约为 60HRC，心部硬度为 36~ 38HRC，显微组织确定的渗层深度为 0.95~1.00mm，均符合技术要求。对渗层的金相组织进行分析可知：共渗表层为密集带状的碳氮化合物，深度约为 0.05mm，次层为针状马氏体和少量的残留奥氏体，无非马氏体的不良组织，共渗层的金相组织如图 8-17 所示；主动齿轮心部的金相组织为低碳马氏体，无未溶铁素体，如图 8-18 所示。维

图 8-17 主动齿轮共渗层的金相组织（400×）

氏硬度计测得的主动齿轮共渗层的维氏硬度分布曲线如图 8-19 所示。由图 8-19 可知：表层的碳氮化合物区的硬度很高，次层的少量残留奥氏体未引起硬度的明显降低，整个硬化层的硬度值及分布均较为良好，有效硬化层深度也较大。按此测定结果所确定的共渗层全深度约 1.10mm。综合以上分析可知，主动齿轮热处理质量较好。

图 8-18　主动齿轮心部的
金相组织（400×）

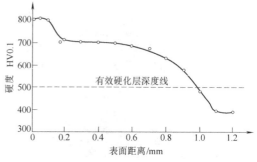

图 8-19　主动齿轮共渗层的
维氏硬度分布曲线

经过对失效从动齿轮进行检测可知：表层硬度约为 60HRC，符合技术要求；心部硬度为 28～29HRC，低于技术要求（35～42HRC）；显微组织确定的渗层深度约为 0.90mm，符合技术要求。对从动齿轮共渗层的金相组织（见图 8-20）进行分析后可知：共渗表层为密集堆状的碳氮化合物，分布深度在 0.10mm 以上，次层为隐针马氏体组织，再次层为点状及爪状二次碳化物加隐针马氏体和非马氏体组织，整个共渗层看不到针状马氏体和残留奥氏体的痕迹，表明该齿轮的基体中碳氮饱和度是不高的。从动齿轮心部的金相组织为低碳马氏体及大量的未溶铁素体，如图 8-21 所示。维氏硬度计测得的从动齿轮共渗层的维氏硬度分布曲线如图 8-22 所示。由图 8-22 可知：除表层碳氮化合

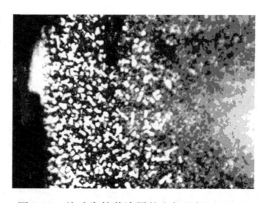

图 8-20　从动齿轮共渗层的金相组织（400×）

图 8-21　从动齿轮心部的金相组织（400×）

物区具有高硬度外，其余区域的硬度值均较低，由表层的高硬度层突然降至很低硬度，而且有效硬化层深度很浅，这样的硬度分布显然是不好的。

根据上述分析，可得出该对齿轮的早期失效的原因主要是：从动齿轮的表层有密集堆积状的高硬度碳氮化合物，次表层金属的硬度很低，其支撑能力很差，

在重载工作条件下，从动齿轮表层的碳氮化合物壳层首先剥落，其形貌如图8-23所示。表层高硬度的壳层剥落后，较软的基体金属发生快速磨损，直至报废。在此过程中，主动齿轮也发生磨损，由于啮合状态的恶化，使磨损加剧，直至硬化层减少到不能承受外加负荷时，在齿面接触应力最大的区域引起大块状的硬化层剥落而失效。

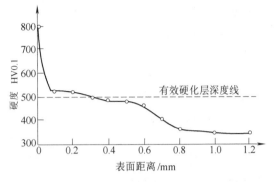

图 8-22　从动齿轮共渗层的维氏硬度分布曲线

导致从动齿轮共渗层质量不良的工艺因素主要是：共渗处理温度偏低，由此而引起共渗表层碳氮化合物的堆积和基体中碳氮饱和度的降低；重新加热淬火时的温度偏低，致使心部出现大量的未溶铁素体，进而引起心部硬度的显著降低；在重新加热淬火时，该齿轮的共渗层发生较为明显的脱碳现象，由此而引起次表层基体强度的降低。主动齿轮在磨损到一定程度后，多处发生的深层剥落失效表明，在啮合状态

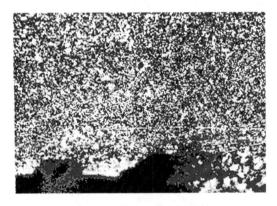

图 8-23　从动齿轮表层碳氮
化合物层剥落形貌（400×）

不良的情况下，即使符合技术要求的主动齿轮，其硬化层深度也显得不足。

2. 热处理工艺分析

现行的齿轮化学热处理工艺属于中温高浓度碳氮共渗工艺，是渗碳和渗氮工艺的综合，兼有两者的长处。该工艺已在多种型号，特别是在双驱动机型的驱动桥传动齿轮的应用中取得了良好的效果。但对于前述单驱动机型的齿轮产品的使用性能则不尽如人意，曾出现多对弧齿准双曲面齿轮的早期失效破坏。

在对多例早期失效齿轮的失效分析中可以得出，弧齿准双曲面齿轮失效的主要形式为：主动齿轮的失效为被动失效，主要表现为深层剥落或磨损，在避免从动齿轮过早失效的前提下，这类齿轮能够保证齿轮副的使用寿命；从动齿轮的失效为主动失效，齿面出现严重磨损和硬化层的大块剥落及断裂，表明渗层的耐磨性和强度不足，引起从动齿轮早期失效的主要原因是共渗层组织状态不良和硬度低。

对主动齿轮热处理工艺的评价和分析：该工艺在有利于减小热处理变形的同时，能够获得较高的耐磨性和较高的承载能力；表层的碳氮化合物的形态不够好，数量相差较大，应严格控制碳氮元素的渗入量，不宜过多；降温扩散及淬火温度力求按上限（830℃＋10℃）控制，或于850℃直接淬火，这有利于增加硬化层深度，有利于防止深层剥落而又不至于造成过量的热处理变形，同时也有利于改善表层的碳氮化合物形态，防止堆积。

对从动齿轮热处理工艺的评价和分析：与主动齿轮的直接淬火不同，从动齿轮是重新加热淬火，共渗温度为850℃，与常规的渗碳温度（930℃）相比，主要差别是奥氏体的饱和碳含量不同，要低很多，淬火后对应的马氏体的碳含量也很低，因而，所得渗层的耐磨性和强度均有很大差别，同是马氏体，温度越低，耐磨性和强度越低；现场采用的共渗介质是煤油＋液态氨，煤油是长链碳氢化合物，860℃以下不能完全分解，温度越低，分解越不完全，产气量越小，析出的焦油量越多，对获得优良的表层组织不利；在相同的煤油加入量的前提下，温度越低，碳势越低，碳原子向金属内部的扩散越慢，结果将造成共渗表层原子碳的堆积和大量的炭黑，使得共渗层的表层组织不易控制；加热到830℃的淬火温度偏低，轮齿心部很难获得像主动齿轮那样的100%低碳马氏体，而出现大量的未溶铁素体；共渗出炉后空冷，将发生脱碳和二次碳化物的析出，重新加热时，特别是保温阶段共渗层中的碳进一步跑出并向内部扩散，致使共渗表层及次层奥氏体的碳含量进一步降低，故在随后的压床淬火时易发生早期分解而形成非马氏体组织，导致共渗层中不易产生针状马氏体和残留奥氏体。

8.3.3　工艺措施与点评

1. 工艺措施

根据前面对弧齿准双曲面齿轮的失效分析和热处理工艺的分析，提出以下几条措施，以确保弧齿准双曲面齿轮的热处理质量。

1）更新热处理设备，引入可控气氛加热炉取代所用的井式电阻炉，以便实现无氧化（脱碳）加热及热处理过程的自动控制。

2）将共渗温度和淬火温度分别提高10~20℃。为了防止温度提高后使热处理变形量增加和脱碳导致硬度不足，可将重新加热淬火的保温时间缩短10~20min，同时尽量缩短工件出炉至淬火冷却的时间和共渗时扩散阶段的时间。

3）严格控制加入介质的质量，如液态氨的水含量、煤油的硫含量等。为控制共渗时的煤油供给量，在系统中可增加一个自动控制的定量装置，以便控制碳势，满足渗碳要求。

4）齿面渗层的深度对齿轮的使用性能有很大影响，渗层较厚，齿面的接触疲劳强度增加，可以防止渗层剥落。但渗层过深，需要共渗的时间较长，表面压应力下降，表层碳含量增高，淬火后残留奥氏体和大块碳化物增多，导致疲劳强度和冲击韧性降低。

按上述措施进行热处理后，齿轮的表层、过渡层和心部组织正常。经过两年多的实际运行，未出现类似的失效现象。

2. 点评

渗碳、碳氮共渗是齿轮处理的常规工艺，业界已积累了丰富的经验。但在实际操作过程中，还时不时地有缺陷产生，从而导致齿轮早期失效。该实例分析对主动齿轮（未失效）和从动齿轮（失效）的渗层进行对比分析，从而发现从动齿轮早期失效的原因。该分析体现了"对比分析"的原则。

8.4 电站锅炉联箱导汽管爆管失效分析

8.4.1 概况

某发电厂5#炉后屏出口联箱与二减联箱之间的导汽管北数第一根弯管处发生爆管。爆口距起弯点 150mm，距二减联箱短管焊口 520mm。导汽管材料为12Cr1MoVG 钢，规格尺寸为 ϕ159mm×12mm，累计运行 136569h，爆管时载荷为2.5MPa，管壁温度为 514℃。该类导汽管一般设计寿命为 15 万~20 万 h。

8.4.2 失效分析过程

1. 爆管断口分析

（1）宏观分析　爆管形貌如图 8-24 所示。爆口位于导汽管弯头部位，从弯头的两侧近弯曲中缝处开裂，爆口长度为 620mm，最宽处为 240mm，爆口两端宽度分别为 175mm 和 180mm。爆口周边无明显塑性变形，边缘粗糙，厚度为12mm 和 11~11.5mm。

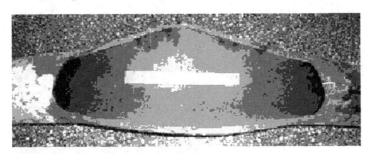

图 8-24　爆管形貌

爆口的宏观开裂形貌显示，断面内壁一侧齐平，与管壁垂直，断面粗糙；外壁一侧从裂口断面可以看到明显的最后爆裂时管壁由于撕裂形成的撕裂边（断裂时的剪切唇形态），与管壁表面呈近45°，如图8-25所示。最后撕裂边的宽度在整个断口上分布很不均匀，最小的部位只有约1.6mm。

管内壁

剪切唇
管外壁

层状形态

图8-25　爆口断裂边断口形貌

　　由此可以确定：裂纹起源于导汽管内壁，裂纹的形成部位为弯头的近中性圆弧处，在导汽管弯头的两侧起裂，在管内水汽压力作用下各自沿管壁壁厚方向和沿管壁轴向扩展。当裂纹扩展到一定尺寸，剩余的管壁厚度不足以承受管内压力的作用，即形成爆管。

　　在管壁断口上，可以观察到裂纹扩展时形成的层状现象。

　　（2）微观分析　将断口表面用稀盐酸+钝化剂清洗，在扫描电子显微镜下观察断口的微观形貌（由于断口表面氧化比较严重，清洗后观察不如新鲜断口那么清楚，但其形貌还是比较清晰）。断口表面微观形貌表明，整个管壁断裂基本以微孔型韧性断裂为主，大多数区域的微孔小且分布不均匀，在断面上也可以观察到存在的空洞、裂纹和局部小的解理面，如图8-26~图8-28所示。

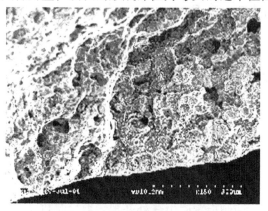

图8-26　断口表面微观形貌

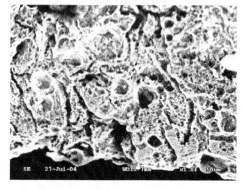

图8-27　断裂面上的空洞和裂纹

　　断口上的空洞有两种情况：一是许多空洞近乎连成串，在低倍下观察时，可见到类似裂纹的形貌，在高倍下观察，可以看到一个一个的空洞及其空洞周边的变形和开裂情况，以及其他小的微孔（见图8-27）；另一是单个较深较大的孔，在这些孔的周围，金属的断裂不同于其他部位，金属在这些地方以滑移变形为主，形成类似于解理断裂的微观形态（见图8-28）。

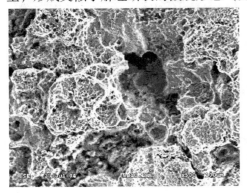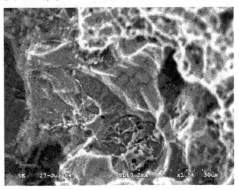

图 8-28　断面上的空洞结构和局部小的准解理面

从整个断面观察，在管壁内侧金属断口上的微裂纹、空洞数量要多于外侧，在外侧基本是微孔型断裂。

2. 导汽管的化学成分、组织与性能分析

为了进一步明确导汽管开裂的原因，在开裂的导汽管及其相邻的北2管上取样，分别分析其金相组织和室温力学性能。导汽管取样部位如图8-29所示，试样编号与此相同；在北2管的弯头凸侧和边侧分别取样，编号为6、7，位置与图8-29中编号2、3相同，在北2管直段取样，编号为8。

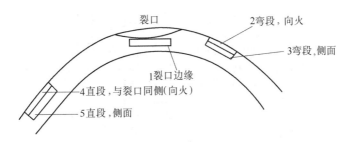

图 8-29　导汽管取样部位

（1）导汽管的化学成分与组织分析　用化学分析方法分析，导汽管的化学成分符合国家标准规定的12Cr1MoVG钢的要求。

按常规制样方法制备金相试样，在光学显微镜下观察导汽管各部位试样的组织，如图8-30~图8-32所示。

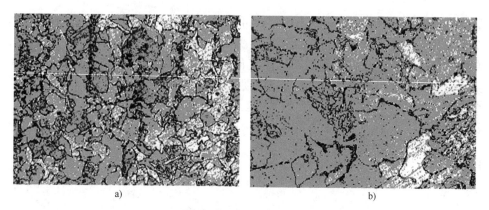

a)   b)

图 8-30   爆口附近组织
a）200×   b）500×

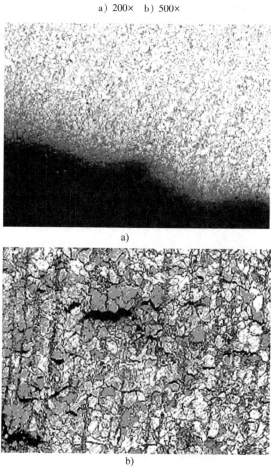

a)

b)

图 8-31   爆口边缘形貌和断面附近（垂直于断面）组织中的微裂纹
a）50×   b）100×

 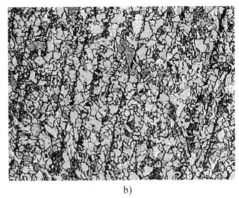

a)   b)

图 8-32　带状组织（100×）
a）爆口边缘　b）试样 2 部位

图 8-30 所示组织为铁素体和主要以沿晶分布的碳化物，尚可观察到很少量的原珠光体区域形态，但已观察不到珠光体。在铁素体晶界上碳化物已聚集，且有蠕变空洞。

从珠光体区域形态分析，该部位的珠光体球化应为 4~5 级，但考虑到铁素体晶界的碳化物聚集和蠕变空洞的形成，应定为珠光体球化为 5 级。

图 8-31 所示为爆口边缘的微观形貌。爆口边缘微观组织形态清晰，与管内组织形态相同，未发现脱碳、沿晶氧化现象。

在爆口断面附近的部位，在管内壁表面有平行于断面的小裂纹，如图 8-31b 所示。由图 8-31b 看出，微裂纹有从表面形成的，多数是在内部形成的。结合图 8-30 中观察到的蠕变，可以确定这些微裂纹基本上应是蠕变空洞连接形成的微裂纹。

组织中的铁素体晶粒粗大。珠光体沿铁素体晶界形成且分布不均，珠光体易于分解，碳化物聚集。在碳化物颗粒附近产生无沉淀区（带），产生较大应力集中，蠕变空洞择优在这些部位形核，空洞连接即形成沿晶裂纹。蠕变裂纹沿晶扩展，最后导致导汽管开裂。

爆管不同部位的金相组织分布极不均匀，有的部位的组织呈明显的带状组织。观察发现，其带状程度管内壁侧比管外壁侧严重。

（2）导汽管的室温拉伸性能　在导汽管上取样，制成拉伸试样，测试其室温拉伸性能，测试结果见表 8-3。

从试验结果来看，各段试样的强度均高于一般 12Cr1MoVG 钢的性能要求，但各段试样性能有较大差别。弯头处的强度低于直线段的强度，最大差别达 100MPa；向火侧的强度略低于侧面，但差别不大，只有几兆帕。材料强度的

表8-3　各部位试样拉伸性能测试结果

试样	规定塑性延伸强度 $R_{p0.2}$/MPa		抗拉强度 R_m/MPa		断后伸长率 A(%)	
	测试值	平均值	测试值	平均值	测试值	平均值
1-1	382.2		514.3		28.9	
1-2	377.6	379.9	516.9	519.1	26.6	28.3
1-3	379.8		526.3		29.4	
2-1	309.6		481.1		29.4	
2-2	322.2	319.3	487.0	487.1	29.5	30.0
2-3	325.3		493.0		31.1	
3-1	358.9		496.0		32.4	
3-2	367.8	369.2	498.1	501.3	31.3	32.9
3-3	381.0		509.7		35.0	
4-1	384.9		535.9		26.3	
4-2	382.2	385.3	560.9	552.7	29.5	27.1
4-3	388.7		534.4		25.4	
5-1	436.0		591.4		25.3	
5-2	439.7	435.8	589.6	587.8	27.8	26.3
5-3	431.8		582.4		25.8	
6-1	398.1		571.7		27.8	
6-2	400.0	397.1	557.7	559.9	28.6	28.6
6-3	393.2		550.4		29.5	
7-1	428.9		576.2		25.1	
7-2	397.6	410.5	538.2	561.3	22.6	23.9
7-3	405.0		569.4		24.0	
8-1	421.7		564.0		23.0	
8-2	359.8	392.0	527.6	545.6	32.2	28.8
8-3	394.6		545.3		31.2	
GB/T 5310—2023	≥255		470~640		≥21	

差别与前段组织分析的结果是相对应的。1区、2区试样的拉伸断口形貌如图8-33、图8-34所示。

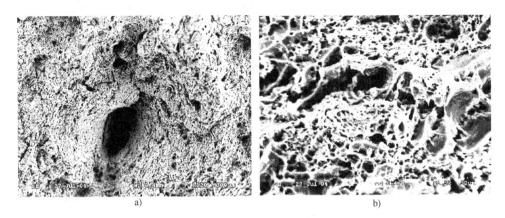

图 8-33 1 区试样的拉伸断口形貌

a）微坑断裂形态 b）微坑放大形貌

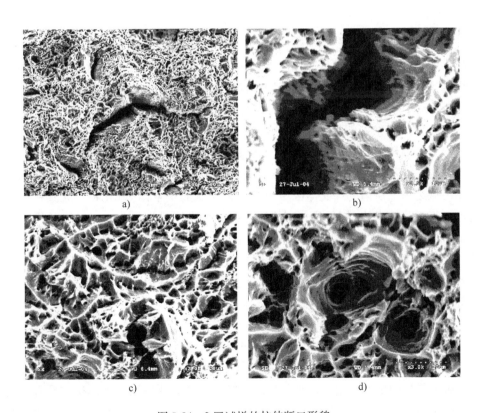

图 8-34 2 区试样的拉伸断口形貌

a）微坑区域的二次裂纹 b）二次裂纹放大形貌 c）微坑区域的空洞 d）空洞的放大形貌

从拉伸试样断口上可以看出，拉伸断裂形成的断口形貌与爆口断面的形貌类似（基本相同），为微孔型韧性断裂为主。在断口上同样可以观察到空洞和微裂纹。与金相组织观察分析结果比较分析得出：这些空洞应该是组织中的蠕变空洞，断口上的微裂纹则是这些蠕变空洞连成串形成的微裂纹在拉伸时扩展形成的。

此次爆管分析的两根导汽管，组织为大块不均的铁素体和分散分布的珠光体区域组织。所谓的珠光体区域组织为板条状的铁素体+碳化物，尤其在弯头附近，组织为铁素体+细条状分布的珠光体，珠光体呈带状分布（见图 8-32）。此类组织在一般分析时不容易判断其球化级别。由于细条状的珠光体区域球化后，在这些区域残留的是细小的条带状（板条状）铁素体，碳化物容易聚集和形成蠕变空洞，而这些的细小的铁素体+碳化物区域往往易被看作珠光体区域。

8.4.3 结论与点评

1. 结论

1）此次导汽管爆管为长期过热脆性爆管。导汽管在长期运行过程中，组织发生了明显变化，钢中的珠光体已完全球化，形成碳化物。爆口附近的碳化物已经出现聚集，出现蠕变空洞，局部区域蠕变空洞已经连成串形成微裂纹。

2）爆口的开裂从管内壁开始，裂纹沿壁厚和轴向方向扩展，当扩展到一定程度（实测的管壁一侧的最后瞬间断裂区只有约 2.4mm）时，剩余管壁厚度不足以承受管内压力，裂纹迅速扩展，管壁瞬间开裂，形成爆管。

3）此次爆管分析的两根导汽管，组织为大块不均的铁素体和分散分布的珠光体区域组织。所谓的珠光体区域组织为板条状的铁素体+碳化物，尤其在弯头附近，组织为铁素体+细条状分布的珠光体，珠光体呈带状分布。对这类组织的12Cr1MoVG 钢的球化、蠕变过程的研究较少，资料不多。从现有的试验情况来看，此类组织形态的 12Cr1MoVG 钢球化和出现蠕变空洞的温度和时间要低于正常的铁素体+珠光体组织，尤其是呈带状分布严重的细条状珠光体，建议加强对该批管子的监督检验。

2. 点评

这类爆管分析时，确定爆管开裂的过程十分重要。由于爆管处于高温运行状态，一旦开裂，断裂面很容易被严重氧化。采用断面裂纹放射线、人字纹等分析方法难以得到明确的结论。仔细分析爆口管壁内外面的特征，可以找到最后开裂形成的类似"剪切唇"的剪切面，则可以判定爆管是从内壁开始的还是从外壁开始的。内外壁不同起裂则对应不同的因素。同时，该实例分析中，对弯管部位和直管段部位的分析，对进一步提高导汽管的使用寿命也有一定的参考作用。

8.5 供热管道不锈钢波纹管膨胀节失效分析

8.5.1 概况

金属波纹管膨胀节作为现代热补偿技术已广泛应用于国民经济的各个部门，管道的热变形、机械变形、各种振动、大型贵重设备与管道间的柔性连接等都离不开波纹管膨胀节。波纹管膨胀节的设计制造具有投资小、利润高、见效快等特点。U 形波纹管膨胀节是其中最为常用的一种形式。随着波纹管膨胀节在供热管网中的大量应用和适用范围不断增加、扩展，膨胀节腐蚀失效的现象也随之增加。对已经发生失效的波纹管进行深入分析研究，确定波纹管失效的原因，对于保障热力管道的安全运行具有重大的现实意义。

在一主供热管道发现有两个部位的波纹管出现泄漏。该管道已经投入运行 13 年，采用外压式波纹管膨胀节，材料为 1Cr18Ni9Ti（不锈钢旧牌号，GB/T 20878—2024 中无该牌号）。波纹管主要参数：设计压力为 1.6MPa，设计温度为 150℃，额定位移量为 350mm，轴向刚度为 390N/mm，许用疲劳次数为 1000 次，波根直径为 1272mm，波高为 64mm，波距为 82mm，波数为 5+5+5，层数为 5，单层厚度为 1.0mm。外压式波纹管膨胀节的结构如图 8-35 所示。

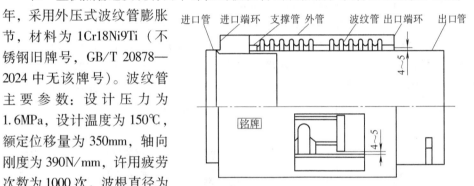

图 8-35 外压式波纹管膨胀节的结构

供热管线常年供热，最高水温约为 120℃，日平均供水水温约为 90℃，供水压力约为 0.8MPa。每年停水检修一次，检修时间为 7~15 天。运行参数远低于设计许用值，完全正常。在波纹管不同部位取样，其化学成分分析见表 8-4，基本符合相关规定要求。

表 8-4 各段波纹管不锈钢的化学成分分析

编号	化学成分（质量分数,%）							
	C	Si	Mn	P	S	Cr	Ni	Ti
1-1	0.05	0.57	1.54	0.022	0.005	18.22	8.57	
1-2	0.05	0.44	1.29	0.027	0.006	18.14	8.57	

（续）

编号	化学成分（质量分数,%）							
	C	Si	Mn	P	S	Cr	Ni	Ti
2-1	0.08	0.71	1.37	0.020	0.010	17.91	8.55	0.49
2-2	0.05	0.57	1.39	0.023	0.013	17.54	8.24	0.60
2-3	0.10	0.71	1.16	0.022	0.010	17.03	8.60	0.66
2-4	0.06	0.56	1.35	0.024	0.012	17.31	8.35	0.54
2-5	0.11	0.72	1.18	0.023	0.009	17.26	8.64	0.63
3-1	0.09	0.89	1.59	0.020	0.009	17.85	8.78	0.55
3-2	0.08	0.88	1.42	0.023	0.005	17.87	8.30	0.42
3-3	0.08	0.65	1.45	0.023	0.009	18.36	8.00	0.52

整个波纹管膨胀节安装在管线设置的地下小室内，管线距地面高度为600～800mm。供热管道运行介质为除氧水，波纹管外表面与运行水接触，内表面暴露在小室大气环境。设计要求小室内干燥，但在较大的雨季或雪天，难以避免小室内有路面污水流入，并导致波纹管部分浸泡在污水中。发生泄漏的波纹管外观和外表面点蚀坑（斑）如图8-36所示。三个波纹管打开后在波纹管外层表面均发现有点状腐蚀斑点和腐蚀坑，腐蚀坑周边有黄色锈蚀斑。

a)   b)

图8-36　发生泄漏的波纹管外观和外表面的点蚀坑（斑）
a）波纹管外观　b）外表面的点蚀坑（斑）

8.5.2　失效分析过程

1. 失效波纹管开裂分析

将泄漏的波纹管从管线上取出，按层分割开。从分隔开的波纹管每一段每一层可以看出，接触大气的波纹管内表面都有不同程度的腐蚀，大部分表面已丧失金属本色，有大量的腐蚀坑和裂纹，靠近出口端环的一组波纹管腐蚀最严重。腐蚀严重的波纹管管段从内层向外已有 3 层完全腐蚀透，这些部位的波纹管完全没有金属材料的本性，形似"树皮"。表面腐蚀形貌和裂纹如图 8-37 所示。局部位置清除腐蚀产物后，可见裂纹形貌曲折分叉，部分主裂纹旁丛生许多网状裂纹（见图 8-38）。两层波纹管间有棕黑色腐蚀产物和白色沉积物，内层内表面附着一层棕黄色水锈，波间局部位置有泥土及污水。

图 8-37 表面腐蚀形貌和裂纹　　　　　　图 8-38 裂纹形貌和分叉走向

失效波纹管的裂纹断口表面形貌如图 8-39 所示。在断口表面可以观察到起裂表面的台阶形貌，这是多裂纹起源的形貌特征。断口表面微观形貌主要为解理断裂，在断口上可观察到明显的解理台阶、涟波和河流花样（见图 8-40），也可以观察到准解理（韧窝）特征（见图 8-41）。

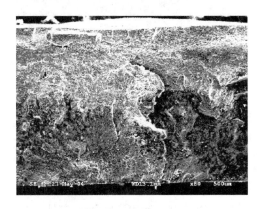 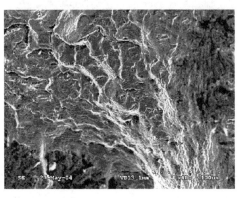

图 8-39 裂纹断口表面形貌　　　　　　图 8-40 断裂的解理断口形貌

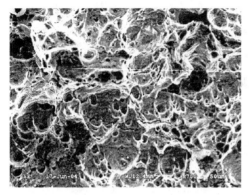

图 8-41　断口表面的准解理（韧窝）特征　　　　图 8-42　部分裂纹的微观走向

　　抛光试样经王水腐蚀后，在显微镜下观察，发现裂纹发展均为穿晶型（见图 8-42），未发现晶间腐蚀迹象。从裂纹的微观走向和典型的分叉形态来看，裂纹的形成和扩展具有不锈钢应力腐蚀裂纹的一般特征。

　　裂纹断口除具有解理断裂特征外，还可以观察到腐蚀疲劳条带特征，如图 8-43 所示。由于表面腐蚀产物的影响，这些疲劳条带变得模糊不清。在分析观察的所有试样中，类似疲劳的断裂并非简单地从波纹管表面形成，而是直接与表面已形成的蚀坑或应力腐蚀裂纹有关。绝大多数的裂纹是从表面的蚀坑处起裂的，如图 8-44 所示，而且在一个穿透形的断口表面往往可以观察到应力腐蚀与腐蚀疲劳的混合断裂过程。

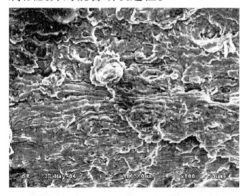

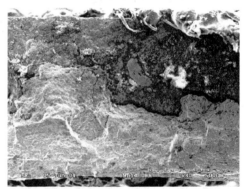

图 8-43　断口表面的疲劳条带特征　　　　　　图 8-44　裂纹从表面的蚀坑处起裂

2. 腐蚀产物和介质分析

　　在波纹管内层表面取腐蚀产物、管内的沉积物、出口管表面内的附着物，用 X 射线荧光分析、X 射线能谱分析和 X 射线衍射分析，腐蚀产物中主要元素为

O、Fe、Cr、Ni、Ti、Zn、Ca、Si、Mg、Al 等，所有腐蚀产物中均含有害元素 Cl、S，沉积物中主要含有 Fe、Ca、Zn、Si、Al、Na、Mg、Cr、Mn、Ni、S、Cl、Ti 等元素，波纹管上沉积物主体为 $CaCO_3$ 和 α-FeO·(OH)、β-FeO·(OH)、α-SiO_2、α-Fe_2O_3，出口管上腐蚀物主体为 Fe_3O_4、α-Fe_2O_3 和少量 α-FeO·(OH)。

典型的腐蚀产物的 X 射线衍射定性分析图谱如图 8-45 所示。取波纹管内沉积的泥土、残留水样，采用硝酸银滴定法、硫酸钡比浊法等，对沉积物和残留水样中的氯离子、硫酸根离子、碳硝酸根离子、pH 值分别进行定量测试，结果显示在这些残留物和介质中有较高含量的 Cl^-、SO_4^{2-} 及 CO_3^{2-}，其最高含量分别为：6826mg/kg、78487mg/kg 和 5585mg/kg，pH 值为 8.5~9.5。

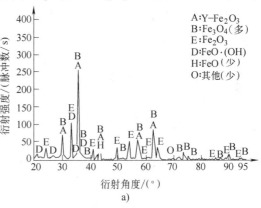

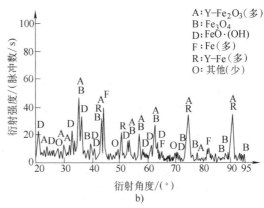

图 8-45 腐蚀产物的 X 射线衍射定性分析图谱
a）图谱 1 b）图谱 2

3. 波纹管失效原因分析

通过对失效波纹管的宏观分析，可以确定波纹管的失效原因是不同类型的腐蚀所致。腐蚀首先从波纹管最内层开始，由内向外发展。因此，内三层波纹管腐蚀最重，第 4 层次之，第 5 层最轻。在波纹管内介质干湿交替的部位腐蚀最严重，不仅靠近出口端环的波纹管此部位已腐蚀成"树皮"状，而且中间组波纹管、靠近进口端环的一组波纹管相对应的部位同样腐蚀较重。可以认为，破损波纹管腐蚀过程如下：波纹管内层介质干湿交替的部位发生点蚀，部分点蚀引发应力腐蚀裂纹以及腐蚀疲劳，裂纹不断发展穿透波纹管最内层；腐蚀性溶液从穿透的裂纹处进入第 1 层与第 2 层间隙中，继而发生腐蚀，腐蚀从第 2 层内表面向外发展，也有从第 1 层外表面向内发展；第 2 层波纹管穿透后，腐蚀介质进入第 2 层和第 3 层波纹管缝隙，如此这般直至波纹管穿透第 5 层波纹管，波纹管发生破裂。

1Cr18Ni9Ti 不锈钢在腐蚀性介质中易于发生局部腐蚀，其主要腐蚀形式为点蚀、应力腐蚀、晶间腐蚀、缝隙腐蚀和腐蚀疲劳开裂。由图 8-35 可知，波纹管出口端环处波纹管与主管之间 4~5mm 的间隙。当安装波纹管膨胀节的小室内有积水时，这些含有氯离子的污水、泥土或工业废水即可通过这一间隙流进波纹管，从而导致波纹管内表面与这些腐蚀性介质直接接触。由于工业排放、冬季除冰等原因，地面上的水中氯化物、硫化物的含量越来越高，这就为不锈钢波纹管的局部腐蚀提供了合适的条件。由于波纹管介质温度较高，使得波纹管内表面的水分蒸发，含有游离氧的腐蚀介质在波纹管内表面会浓缩，加速了腐蚀发生的速率。

波纹管加工过程中的残余应力和管道运行中的介质压力为波纹管发生应力腐蚀开裂提供了必需的拉应力条件。

波纹管在运行中承受冷热收缩-膨胀变形以及热管中水和水蒸气的热冲击，因此，具备了发生疲劳开裂的力学条件。由于腐蚀介质的存在，所以发生腐蚀疲劳开裂。

点蚀坑、应力腐蚀、腐蚀疲劳的共同作用，使得波纹管裂开。因此，在分析、设计和选材时，对于这一类波纹管应系统考察各种因素的影响，避免导致消除了一种影响而加重了另一种影响的作用。

8.5.3 结论与点评

1. 结论

分析的三段破损波纹管的失效形式为点蚀、应力腐蚀、腐蚀疲劳开裂，在三种局部腐蚀的共同作用下，波纹管开裂，导致波纹管的泄漏。腐蚀首先从波纹管最内层开始，逐步向外扩展，直至 5 层波纹管全部腐蚀。

导致不锈钢波纹管腐蚀的介质因素主要是与管内壁接触的 Cl^-、SO_4^{2-}。这些腐蚀性成分主要来自于从地表流入安放波纹管膨胀节的小室污水。由于波纹管输送热水温度较高，导致这些成分的局部浓缩，加速了腐蚀。

波纹管的金相组织存在不均匀和带状的铁素体，波纹管加工过程中形成较大的加工硬化，以及应力腐蚀、腐蚀疲劳对波纹管失效的作用等，这些因素对波纹管腐蚀的影响还应做进一步的研究。

2. 点评

该实例中波纹管有 5 层结构，初步分析时，只能观察最外层的失效特征。根据相关技术和经验，从波纹管接头外层外表面腐蚀特征，可以推断内次层及再内层的腐蚀状况，从而提出分析计划；否则，不可能得到使用方的同意而解剖整个波纹管接头（工作量很大）。通过对 5 层波纹管自内而外的腐蚀状态分析，可以明确腐蚀自最内层开始，泄漏后介质接触次层，逐层腐蚀；而通过对腐蚀程度和波纹管接头应力状态的分析，可以得出其失效并非单一腐蚀因素引起的，而是多种腐蚀过程同时进行引起的。

8.6 潜水泵叶轮腐蚀破裂分析

8.6.1 概况

作为矿山和动力工业的主要设备,潜水泵通常用来提供冷却水或循环水。一般潜水泵的主要失效原因为腐蚀、磨损和断裂。一旦叶轮被腐蚀,潜水泵的工作效率将受到很大影响。通常,在高速旋转的叶片表面的主要腐蚀形式为空化腐蚀或磨损腐蚀。

下面分析的潜水泵叶轮的腐蚀主要发生在叶轮根部和导柱的表面,最终导致断裂,而在叶轮的整个表面腐蚀还不严重。

失效的潜水泵为3级泵,提升高度为60m,无污泥转速为3000r/min。叶轮材料为HT200,实测的化学成见表8-5。

表 8-5 铸铁的化学成分

部位	化学成分(质量分数,%)					
	C	Si	Mn	S	P	备注
叶轮本体	3.22	2.35	0.99	0.12	0.10	腐蚀轻微
叶轮根部	3.20	2.36	0.97	0.11	0.10	腐蚀严重

潜水泵工作的井深为-60m,叶轮所处位置为-20m。

地下水成分分析结果为:Cl^-的质量分数为$40\times10^{-4}\%$,$CaCO_3$的质量浓度为210mg/L,$Ca(HCO_3)_2$的质量浓度为114 mg/L,SO_3^{2-}的质量分数为$36\times10^{-4}\%$,还含有铁离子、钠离子、钾离子、钙离子等。

8.6.2 失效分析过程

1. 腐蚀与失效形态

潜水泵叶轮的腐蚀状况统计见表8-6。

表 8-6 潜水泵叶轮的腐蚀状况统计

潜水泵	运行时间/d	腐蚀深度/mm				失效
		叶轮根部	叶轮本体	导柱	锥体	
泵1	100	2.66	0.15	2.97	2.80	未失效
泵2	130	3.13	0.20	3.30	3.45	破裂
泵3	170	3.32	0.20	3.24	4.20	破裂

运行仅仅 4~5 个月的叶轮的腐蚀深度已经达到 3mm，而且叶轮已经破碎。潜水泵叶轮和腐蚀的叶轮外形如图 8-46 所示。叶轮的腐蚀特征如下：①泵的中心柱的底部和顶部表面腐蚀最严重；②在叶轮上表面根部和下表面根部的中心部位存在两个"死区"，在这些地方产生严重的局部腐蚀；③在水流冲刷最严重的叶轮体表面却几乎没有腐蚀，基本保持原来的叶轮几何尺寸。

a)

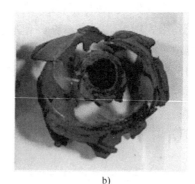
b)

图 8-46　潜水泵叶轮和腐蚀的叶轮外形
a）潜水泵叶轮　b）腐蚀的叶轮外形

由此可以说明，叶轮的腐蚀与其几何结构有密切关系，或者说腐蚀的主要控制因素是叶轮的结构或水的流动状态。发生严重腐蚀的两个"死区"部位的水的流速比叶轮整体表面其他部位要低得多，这与产生空化腐蚀或磨损腐蚀的条件是明显不同的。

2. 腐蚀表面形貌和腐蚀产物结构

（1）叶轮腐蚀表面形貌特征　在腐蚀部位的金属表面，沉积着一层 2~3mm 黏附物，金属表面的形貌类似于"蜂窝状"，坑点大小约 0.7mm，且分布均匀。用扫描电子显微镜观察金属表面，如图 8-47 所示。其表面形貌为"泥状"且有不同的斑点。大量的研究表明，由于水流冲刷和空化腐蚀的作用，在发生腐蚀的潜水泵叶轮的腐蚀表面有明显的塑性变形的痕迹。因此，分析的叶轮表面严重腐蚀的部位没有受到水流的冲刷作用。上述的腐蚀形貌特征主要应是由于腐蚀产物、污物导致的垢下腐蚀以及石墨腐蚀造成的。下面对此做进一步的分析。

（2）金属腐蚀表面的微观分析　将保留在叶轮上的腐蚀产物清除，在扫描电子显微镜上观察分析腐蚀的金属表面，其微观形貌如图 8-48 所示。金属的腐蚀表面微观形貌基本上与基体金属（灰铸铁）一致，条状石墨形态基本没有变化，但是周围的铁素体上覆盖着一层疏松的腐蚀产物，可以看到在铁素体表面上有许多的腐蚀坑。

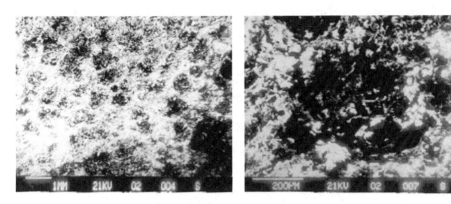

图 8-47 叶轮表面的微观形貌

图 8-48 金属腐蚀表面的微观形貌

　　铸铁在发生腐蚀时，铁作为阳极而加速腐蚀，而石墨作为阴极受到保护。因此，铸铁中的石墨是导致潜水泵叶轮发生严重局部腐蚀的重要因素，但是，还不能断定这就是叶轮严重腐蚀的基本原因，因为在相同的工矿条件下，大多数都是使用铸铁泵。这里可以明确在叶轮的腐蚀过程中，高速流动的水流产生的机械力对叶轮的腐蚀没有产生什么大的作用。

（3）腐蚀产物结构分析　在扫描电子显微镜上用能谱对腐蚀产物进行分析，与一般铸铁中的主要元素相同，为 Fe、Si、S 和 Al 等，但 Ca^{2+} 却比正常条件下高得多。

腐蚀产物的 X 射线衍射定性分析图谱如图 8-49 所示。在腐蚀产物中，除了常见的 Fe、石墨和 Fe_3O_4，还含有大量的 $FeCO_3$ 和 $CaCO_3$。由于腐蚀产物中的 Fe 及其氧化物含量较低，所以其衍射峰在衍射曲线上被覆盖。

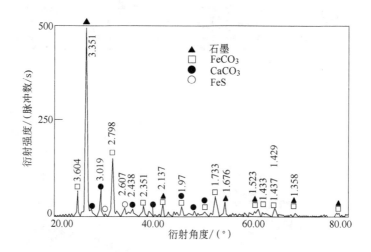

图 8-49　腐蚀产物的 X 射线衍射定性分析图谱

3. 讨论

（1）叶轮的腐蚀机理　按照热力学原理，Fe 能够被氧化而后溶解到一般的水中。Fe 的腐蚀过程可以写为

阳极反应　　$Fe + 2H_2O \rightarrow Fe(OH)_2 + 2H^+ + 2e^-$

阴极反应　　$2H^+ + \dfrac{1}{2}O_2 + 2e^- \rightarrow H_2O$

总反应　　　$Fe + \dfrac{1}{2}O_2 + H_2O \rightarrow Fe(OH)_2$　　　　　　（8-1）

由于叶轮工作在 -20m 的水下，水中的氧含量较低，因此，只有部分 $Fe(OH)_2$ 能够被进一步氧化成 $Fe(OH)_3$，而部分的 $Fe(OH)_3$ 与 $Fe(OH)_2$ 发生反应：

$$\begin{cases} Fe(OH)_2 + \dfrac{1}{4}O_2 + \dfrac{1}{2}H_2O \rightarrow Fe(OH)_3 \\ 2Fe(OH)_3 + Fe(OH)_2 \rightarrow Fe_3O_4 + 2H_2O \end{cases} \quad (8\text{-}2)$$

于是形成黑锈。

同时，由于有大量的 $CaCO_3$ 在上述区域分解成 HCO_3^- 离子，HCO_3^- 离子与 $Fe(OH)_2$ 按下式发生中和反应：

$$Fe(OH)_2 + HCO_3^- + H^+ \rightarrow FeCO_3 + 2H_2O \qquad (8\text{-}3)$$

上述的反应表明：有部分的 $Fe(OH)_2$ 通过反应式（8-2）的反应被氧化成了 $Fe(OH)_3$，然后转化为 Fe_3O_4 沉淀。事实上，大多数的 $Fe(OH)_2$ 被水中分解出的 HCO_3^- 中和为 $FeCO_3$ 沉淀。在所有的反应中，由于 HCO_3^- 加速了 $Fe(OH)_2$ 的转变，反应式（8-1）的反应平衡被破坏，所以这一反应能够连续不断地进行，Fe 的腐蚀也就被加速了。

由于潜水泵叶轮的结构所致，在叶轮根部会形成"真空带"，这一区域水的流动速度相对其他部位低得多。由于这些部位的压力较低，水中的 $CaCO_3$ 和溶解氧以及 CO_2 等气体很容易向这些区域运动并析出，因而导致局部的 HCO_3^- 和溶解氧浓度增加（偏聚）。结果是各种离子的存在形成了良好的电解质，高浓度的溶解氧导致反应式（8-1）和反应式（8-2）能够快速、持续地进行。

（2）腐蚀叶轮表面锈层中 $CaCO_3$ 的作用　通常的研究表明，在中性水中，沉积的锈层中含有一定量的 $CaCO_3$ 对 Fe 的腐蚀有减缓作用，尤其是在供水管道和锅炉中，但前提是锈层必须是均匀的和致密的。但在本例中，如上所述，叶轮表面形成的锈层是疏松的，而且有大量的孔洞和微细管，这样 $CaCO_3$ 不仅不能阻止腐蚀的进行，相反，却对腐蚀的过程起了一个加速的作用。在这里用图 8-50 来描述这一作用和腐蚀的过程。在此情况下，由于氧和其他离子的扩散受到一定的阻滞，处于疏松的沉积物（锈层）底部的金属和周围的金属形成一个宏观电

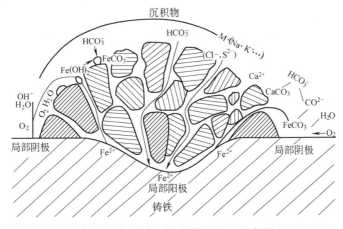

图 8-50　沉积物下金属腐蚀机理示意图

池腐蚀系统。锈层底部的金属成为阳极而加速腐蚀，周围的金属成为阴极而得到了保护。于是，在锈层底部就产生了严重的局部腐蚀，形成腐蚀坑。疏松的锈层中的孔洞、微细管又为 O_2、Fe^+ 和 HCO_3^- 提供了通道，因而 Fe 的腐蚀不断被加速进行。

8.6.3 结论与点评

1. 结论

1）在叶轮根部和导柱表面发生严重的局部腐蚀，腐蚀使叶轮根部严重减薄，最终破裂；在叶轮的其他部位腐蚀轻微。控制腐蚀的主要因素是叶轮的几何形状和水的流动状态。

2）叶轮腐蚀的电化学过程为：水中的 Fe 被氧化成 Fe^{2+}，进而与水中析出的 HCO_3^- 反应生成 $FeCO_3$ 沉淀。

3）在水流缓慢的局部区域，HCO_3^- 的析出和聚集是加速叶轮表面金属腐蚀的主要因素。在水中 $CaCO_3$ 含量较高的区域，建议使用铜或其他材料制造的叶轮或改善叶轮结构，不使叶轮根部形成水的缓流，以防止 HCO_3^- 的析出。

4）含有的疏松锈层不能阻止金属的腐蚀，反而在锈层底部和周围形成宏观腐蚀电池而加速锈层底部金属的腐蚀。

2. 点评

潜水泵的工作环境必然存在腐蚀。值得注意的是，该潜水泵叶轮的腐蚀主要发生在叶轮根部和导柱，而叶轮叶片的腐蚀还不严重。通常，在液体和工件表面处于相对高速运动状态且液体的压力分布不均匀时，在相对速度变化较大的区域会造成空化腐蚀。空化腐蚀的形貌特征是存在气蚀坑，这在叶轮表面可以观察到。在腐蚀严重部位形成了表面沉积和疏松产物，这就有必要对产生的腐蚀条件进行进一步的分析。

8.7 凝汽器铜管腐蚀失效分析

8.7.1 概况

凝汽器铜管泄漏是火力发电厂安全、经济生产的重要威胁之一。导致凝汽器铜管泄漏的主要因素是铜管的腐蚀。按照凝汽器铜管运行环境和循环水水质状况，凝汽器铜管的腐蚀形式有沉积物下腐蚀、管端冲蚀、氨蚀和应力腐蚀等。国内许多电厂都发生过类似的腐蚀，并进行了大量的研究分析工作和采取了相应的对策。本例中，实际使用的凝汽器管为 BFe30-1-1 铜管，运行不到一年即发生严重腐蚀。

8.7.2 失效分析过程

1. 腐蚀宏观分析

运行中的白铜管的腐蚀均发生在管内壁。沿管内壁圆周上腐蚀程度明显不同，如图 8-51 所示。按其腐蚀严重程度可以分为三个部分：管上部（运行中的位置，下同）腐蚀轻微，与其他部位相比，可视为轻微腐蚀区；中部为弱腐蚀区，腐蚀相对上部较重，但比下部要弱；管底部为严重腐蚀区域，腐蚀表面的宏观形貌如图 8-52 所示，在表面形成大量腐蚀坑，管内表面凹凸不平，腐蚀坑最深处的铜管剩余厚度只有 0.4mm。

图 8-51　腐蚀区域示意图

图 8-52　腐蚀表面的宏观形貌

从腐蚀的宏观形貌和铜管的使用环境可以初步判断，凝汽器铜管的腐蚀为沉积物（黏附物）在铜管内表面下部沉积导致的垢下腐蚀。对许多电厂的凝汽器管腐蚀分析也表明，垢下腐蚀对凝汽器铜管的腐蚀严重。日本栗田工业公司是国际上著名的水处理技术公司，自 1949 年开始经营锅炉水处理技术，在他们的研究中特别注重冷却水系统中的结垢处理，以防止结垢对冷却水管道系统的腐蚀。

问题是沉积物的存在，能够促进腐蚀或者说使腐蚀加快，但能否导致如此严重的腐蚀结果，即有无其他的因素作用，这有必要进行更进一步的试验分析。

2. 腐蚀的微观分析

（1）腐蚀的表面形貌　在扫描电子显微镜上对腐蚀表面的形貌进行微观分析，并对腐蚀表面（产物）进行选区衍射分析。

图 8-53 所示为铜管腐蚀坑底形貌。铜管表面附着物呈团絮状（见图 8-53a），腐蚀坑底形态有条状（见图 8-53b）和呈圆状破裂的团絮状（见图 8-53c）。在这些部位都检测到 Cl 和 S。图 8-53c 所示形态类似于氯化物。

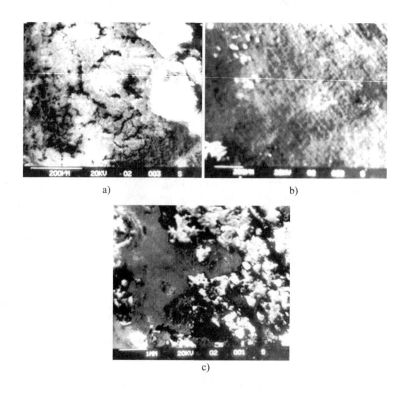

a)　　　　　　　　　　b)

c)

图 8-53　铜管腐蚀坑底形貌

a）铜管内表面的形貌　b）对应于图 a 中的暗区（条状）

c）对应于图 a 中的暗区（团絮状）

（2）腐蚀产物分析　在 X 射线衍射仪上，对从腐蚀比较严重的两段铜管上取下的表面腐蚀产物和黏着物进行粉末衍射。其 X 射线衍射定性分析图谱如图 8-54 所示。腐蚀产物中的主要成分为 Cu_2O，有少量的 $CaCO_3$、SiO_2、$FeCO_3$ 和复合物 $Mn_{1.00}Al_{1.11}S_{1.89}$ 等。

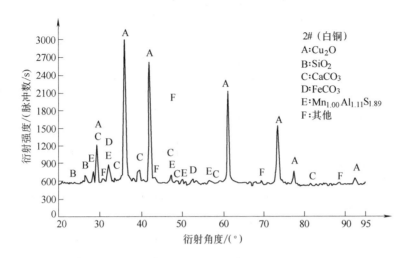

图 8-54 白铜腐蚀物样品的 X 射线衍射定性分析图谱

对应于图 8-53 各位置进行微区能谱分析，分析结果见表 8-7。

表 8-7 能谱成分定量分析结果

分析位置	化学成分（质量分数,%）							
	Cu	Ni	Fe	Ca	K	Si	S	P
暗区	68.984	28.992	1.077	0.485	0.059	0.339	0.064	—
亮区	20.165	10.014	13.450	15.572	4.911	15.046	3.303	3.708

注：暗区和亮区分别对应腐蚀表面清洗后微区中的凹区和凸区，即在扫描电子显微镜下显示暗和亮的
　　不同微区部位。

由表 8-7 可见，在腐蚀表面微区成分分析中，除去白铜原有的元素成分之外，尚有 Ca、K、Si、S、P 等外来元素，以及表 8-8 中未列出的元素 Cl、O、Mn、Ti 等。

从 X 衍射分析和能谱分析结果可知，腐蚀应以 Cu 的氧化为主。阳极反应为 Cu 失去电子成为离子，而阴极反应主要是氧的去极化过程，但有 S、Cl 等参与电化学腐蚀过程，促进了阴极去极化，加速了铜的腐蚀。同时，腐蚀产物中有部分的 $CaCO_3$。$CaCO_3$ 在一定条件下可以分解，生成 CO_3^{2-} 或 HCO_3^-，进而与 Cu 或 $Cu(OH)_2$ 生成 $CuCO_3$，这也是水管中铜腐蚀的一种重要形式。

3. 管材化学成分和内表面残碳分析

应用 X 射线电子能谱（XPS）分析铜管内表面的残碳。样品分别用超声波清洗 10min。刻蚀条件为：Ar^+ 刻蚀、$2.6 \times 10^{-4}Pa$、4keV。分析结果见表 8-8。

表 8-8 铜管表面残碳 XPS 分析结果（半定量）

管别	处理	元素	灵敏度因子	面积/μm²	摩尔分数（%）	碳的质量分数①（%）
未使用管	表面	Cu2p	1.600	41750.000	27.57	33.40
		C1s	0.493	33792.000	72.43	
	刻蚀 4min	Cu2p	1.600	69378.000	77.84	3.62
		C1s	0.493	6086.000	22.16	
	刻蚀（4+6）min	Cu2p	1.600	81489.000	89.86	1.43
		C1s	0.493	2833.000	10.14	
使用管	表面	Cu2p	1.600	27676.000	32.17	27.00
		C1s	0.493	17977.000	67.83	
	刻蚀 4min	Cu2p	1.600	77379.000	69.34	5.52
		C1s	0.493	10543.000	30.66	
	刻蚀（4+6）min	Cu2p	1.600	73393.000	70.99	5.22
		C1s	0.493	9242.000	29.01	
		C1s	0.493	15504.000	50.49	
		C1s	0.493	3940.000	7.18	

注：Cu 的摩尔质量取 64g/mol，C 的摩尔质量取 12g/mol。

① 根据白铜化学成分实测值和本表前列测试数据计算所得值。

凝汽器铜管的主要化学成分分析结果见表 8-9。除使用管的碳含量略高外，其余成分均符合 GB/T 5231—2022 的规定要求。

表 8-9 凝汽器铜管的主要化学成分分析结果

管别	化学成分（质量分数,%）				
	Cu	Ni	Fe	Mn	C
未使用管	67.8	31.5	0.76	0.65	0.044
使用管	68.2	30.9	0.60	0.71	0.095
BFe30-1-1（GB/T 5231—2022）	余量	29.0~32.0	0.5~1.0	0.5~1.2	≤0.05

4. 管材的常规力学性能

在电控 WE600 万能材料试验机上进行了铜管常规力学性能测试、扩口试验（GB/T 242—2007）和压扁试验（GB/T 246—2017），测试结果见表 8-10。未使用过的铜管的常规力学性能均满足电力行业标准 DL/T 712—2021 的规定。已运行的铜管，表面有腐蚀现象发生，其力学性能比未使用管有所下降。尽管其强度仍可达到标准要求，但分散度较大。断后伸长率已降低到标准要求以下。

表 8-10　铜管的常规力学性能测试结果

管别	组号	规定塑性延伸强度 $R_{p0.2}$/MPa	抗拉强度 R_m/MPa	断后伸长率 $A_{11.3}$（%）	扩口试验	压扁试验
未使用管	1	210.2	494.5	36.8	无裂纹	无裂纹
	2	210.2	495.0	37.2	无裂纹	无裂纹
	3	213.4	496.4	35.6	无裂纹	无裂纹
	平均	211.3	495.3	36.5		
未使用管（库存）	1	228.3	514.4	35.0	无裂纹	无裂纹
	2	219.2	504.8	36.6	无裂纹	无裂纹
	3	226.1	507.8	30.0	无裂纹	无裂纹
	平均	224.5	509.0	33.9		
使用管	1	199.0	457.2	19.9	开裂	无裂纹
	2	194.7	412.5	15.1	开裂	开裂
	3	201.9	475.9	22.2	开裂	无裂纹
BFe30-1-1（DL/T 712—2021）		≥490		≥10	退火至1/2硬	
		≥370		≥30	软化退火	

5. 试验研究

在铜管上取样，分别在日用自来水和5%（质量分数）NaCl 水溶液中进行恒电位极化曲线测试。测试面为管内表面，试样暴露在介质中的面积为 $1cm^2$，其余部分用环氧树脂封涂。用恒电位暂态方法测试试样的电化学阳极极化和部分阴极极化曲线，电位间隔为 20mV，每一电位下的稳定时间是 3min。参比电极为饱和甘汞电极，辅助电极是 Pt 片，测试仪器为 PS-1 型恒电位/恒电流仪。应用 Tafel 直线法确定腐蚀电流密度，以此来对比各管在两种介质中的腐蚀速度以及 NaCl 对铜管腐蚀的影响。各条件下测得的腐蚀极化曲线（恒电位极化曲线）如图 8-55 所示。

从图 8-55 可以看出，试验的白铜在两种介质中的腐蚀电化学行为过程相似，但不完全相同。在较低的极化范围内，铜管在自来水和5%NaCl 水溶液中均处于活化极化状态，随着极化过电位的增加，极化电流密度不断增加。当极化过电位达到 100～150mV 时，腐蚀过程趋缓，铜管的腐蚀开始出现钝化状态。盐水中的铜管的钝化趋势比自来水中要明显一些，但其维钝电流密度却比水中大得多，而且即使进入钝化段，其腐蚀过程也不稳定，NaCl 对腐蚀试样表面的作用同时显示在极化曲线的波动上。在自来水中，白铜管的腐蚀电位为 +100～+200mV；在 5%NaCl 水溶液中，铜管的腐蚀电位变负，变为 −100mV。腐蚀速度比在自来水中明显增加，达到 5～8 倍。从腐蚀电位和腐蚀电流密度可以明显看出，铜管在盐水中的耐蚀性已经明显下降。

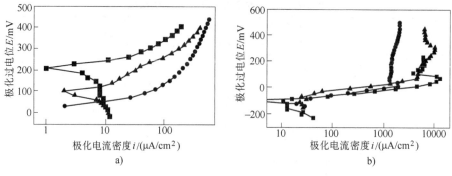

图 8-55   腐蚀极化曲线

a）日用自来水中   b）5％NaCl 水溶液中

■—未使用管   ▲—未使用管（库存）   ●—运行管

另外，使用管和未使用管的腐蚀速度表现出一定的差别。在自来水中，由于水的腐蚀性较弱，铜管表面缺陷（腐蚀造成的不均匀和黏附残余附着物）引起的腐蚀差别是很明显的。使用管的腐蚀电位比未使用管低 100～200mV，腐蚀电流则高 1 倍以上。在 5％NaCl 水溶液中，由于盐水的腐蚀性较强，因此这一差别不明显，管的腐蚀电位和腐蚀电流密度相差不大。使用管与未使用管的差别只有管表面的状态，显然使用管表面的原有附着物促进了试验条件下铜的腐蚀。

8.7.3   结论与点评

1. 结论

从上述试验和分析可知，汽轮机凝汽器铜管的材质符合相关标准的规定，在一般水中具有较高的耐蚀性。从上述试验分析结果并结合相关文献提供的数据可以确定：

1）所分析的汽轮机凝汽器铜管在使用中的腐蚀不同于 BFe30-1-1 在一般水中的腐蚀。凝汽器铜管材料在自来水和 5％NaCl 水溶液中的腐蚀行为符合 BFe30-1-1 材料的要求。管材表面的残碳对使用条件下的腐蚀影响不大。

2）由于凝汽器铜管内表面形成大量的沉积物沉积。由此引起的沉积物下的腐蚀是导致凝汽器铜管腐蚀失效的主要因素。

3）凝汽器铜管内循环水流速不够，导致了管下部的沉积物沉积。因此，在使用中应调整水的流速，并适当减少水中的杂质含量。

2. 点评

该实例的腐蚀形貌类似于 8.6 节实例，但其原因又明显不同。从铜管腐蚀部位（见图 8-51）可见，腐蚀具有明显的局域性，显然与管中介质的成分不均有关。该凝汽器设计管中水流速度为 1.1m/s，技改过程中调整为 0.8～0.9m/s。由于凝汽器铜管中水流速变缓，水中的有害物质在管中局部位置产生沉积，造成微观上的成分浓聚，导致形成腐蚀坑继而发展为腐蚀孔。经过严控水质处理和恢复水流速到 1.1m/s，在同一单位再未见严重腐蚀现象。由此可见，了解设备运行的历史状态对准确地进行失效分析是十分有益的。

8.8 卧式离心机叶片开裂失效分析

8.8.1 概况

某电化厂由国外引进的一台 IHI 型卧式离心机，在运行 10 个月后螺旋叶片发生断裂，断裂的离心机叶片如图 8-56 所示。

螺旋推进器是离心机的心脏部分，它是由一根 $\phi400mm\times2000mm$ 的不锈钢管和焊接在该管子上的螺形刀片（叶片）组成的。浆料被螺旋叶片由管子的进料口送入另一端。

图 8-56　断裂的离心机叶片

离心机的主要技术参数为：

1）输送物料：聚氯乙烯（PVC）淤浆。

2）输送量：淤浆输送量为 $12.9m^3/h$，PVC 输送量为 3500kg/h。

3）脱水块水分：15%~20%（质量分数）。

4）叶片转速：960r/min。

5）叶片材料：SUS304 镍铬不锈钢（相当于 06Cr19Ni10）。

6）物料的 pH 值：>6。

断裂发生在自淤浆投料口到脱水块侧旋转一周的叶片上，该叶片有 1/4 圆周发生断裂。此处是圆锥部大径侧对叶片载荷较大的部位。叶片断裂的总长度约为 400mm。

叶片断裂后发生很大的扭曲变形。

据现场了解，叶片断裂前曾发生多次阻转，淤浆的酸度超过要求，pH 值降至 3.4。

将此断裂情况告知外商后，外商认为是应力腐蚀开裂引起的。为了确切搞清叶片的断裂原因，进行了如下分析。

8.8.2 失效分析过程

1. 常规检验

（1）化学成分检验　由叶片上取样，进行化学成分检验，其结果为（质量分数,%）：C0.04，Si0.69，Mn0.8，Ni7.70，Cr17.98，S0.005，P0.028。由此可见，钢材的学成分除磷含量稍偏高外，无明显差错。

（2）力学性能检验　由叶片的不同部位取样，进行力学性能检验，实测值见表8-11。

由表8-11中的测试结果可以看出，叶片的外缘部分受到严重的腐蚀损伤，使材料的强度指标和塑性指标明显下降。在试件的拉伸断口上可以看到约占2/3出现腐蚀现象。对叶片进行的着色检测也发现，在距叶片周边18~20mm的区域存在着严重的腐蚀现象，腐蚀的深度为叶片厚度（6mm）的1/2~2/3。在叶片的根部（叶片与钢管的焊接部位）未见明显的腐蚀现象，其力学性能指标均属正常。

表 8-11　钢材力学性能实测值

取样位置	叶片外缘		叶片根部
硬度　HBW	144	138	141
下屈服强度 R_{eL}/MPa	490	585	601
断后伸长率 A(%)	34.4	37.1	54.2
断口特点	严重腐蚀	严重腐蚀	无腐蚀

（3）金相检验　在叶片的外缘及叶片根部分别取样进行金相检验发现，在与腐蚀损伤对应的部位，可见大量树根状沿晶发展的微裂纹。由此可见，此处叶片所发生的腐蚀是应力腐蚀。在焊接附近所进行的金相检验，未见异常现象，组织为单一的奥氏体，晶粒度为1~2级。

以上常规检验表明，在叶片的外缘部位，材料受到严重的应力腐蚀损伤，其力学性能因而发生明显的下降现象。这与外商提出的应力腐蚀致断的论点是一致的。但这一结论是不是不容置疑了呢？这还不能这样说，请看下面进一步的分析结果。

2. 断口分析

对叶片的断口从轴向及径向两个角度进行观察。

（1）轴向观察　按图8-57进行叶片断裂部位的轴向观察。

根据轴向观察与测量，叶片断裂部位的总长度约为400mm，其中在焊缝区开裂的长度占1/2稍多一点。由裂纹扩展过程中留下的锯齿状缺口及二次微裂纹可以知道：叶片的起始裂纹在图 8-57 中①处附近起裂，按箭头所示的方向朝两侧相反的方向扩展；图 8-57 中②点是焊缝开裂与叶片开裂的分界点；图 8-57 中③点在应力腐蚀区。也就是说，裂纹在图 8-57 中①处起裂后，先在焊缝区及叶片体扩展相当大的一段距离后，才通过应力腐蚀区并随后引起断裂。由此可见，叶片的断裂不能认为主要是由于应力腐蚀引起的，还应寻找其他致断因素。

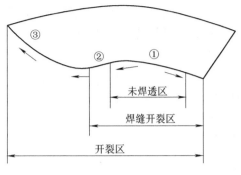

图 8-57 轴向观察

（2）径向观察 从径向角度观察，断口的宏观形貌如图 8-58 所示。

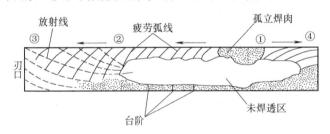

图 8-58 断口的宏观形貌

从径向断口上可以看出，在叶片的焊缝开裂区内约有 160mm 长的未焊透区，焊接厚度仅有 1mm。由断口上的台阶花样可知，起始裂纹正是在此处薄弱地区首先产生，并很快穿透焊缝，随后按箭头所指的方向扩展，在扩展过程中可见疲劳弧线及表示扩展方向的放射花样。从径向断口的形貌也可以看出，微裂纹首先在未焊合区起裂，通过焊缝及叶片本体，然后才是应力腐蚀区，直至断开。由此可见，叶片的焊接质量不良——存在大面积的未焊合区，由此而引起的强度不足是叶片发生疲劳断裂的主要原因。

8.8.3 结论与点评

1. 结论

（1）关于叶片断裂的原因 根据上述分析，叶片的断裂是焊缝内存在的大面积未焊合区的缺陷引起的。在此区内的孤立的焊肉及微裂纹的缺陷，极易成为疲劳裂纹的萌生地，叶片在工作过程中，此处产生较大的应力集中，促使微裂纹的快速扩展，直至断裂。

（2）过载对断裂的影响 叶片在工作过程中曾多次出现过载（阻转）现象，

由于该机有过载保护，每次阻转均及时停机。因此，过载不是这次断裂的主要原因，过载仅使焊缝质量不良的问题暴露出来了。但在正常情况下应严防过载。

（3）应力腐蚀的影响　应力腐蚀虽不是这次叶片断裂的主要原因，但叶片的外缘在使用仅 10 个月就发生严重的应力腐蚀现象是应当引起注意的。该叶片如果不是由于焊缝质量不良而过早地发生断裂失效，可以预见在不久的将来将会出现应力腐蚀开裂失效。因此，在工作中应严格控制物料的 pH 值，减少介质的腐蚀破坏。

2. 点评

从开裂叶片分析可以看出，该叶片在运行过程中存在过载、介质 Cl⁻ 超标等实际问题，而且运行温度高于 50℃，叶片表面有明显的腐蚀坑，符合奥氏体不锈钢应力腐蚀的条件，定为应力腐蚀也是可以的。但经过断口的仔细分析，裂纹源起源于焊接缺陷处，并非腐蚀坑或应力腐蚀处，因此做出上述分析结论。由于该设备为进口设备，如定为应力腐蚀，则完全是使用方的责任（原分析如此）。按上述分析，经与外方研判，制造方接受该结论，并给予赔偿。该分析充分体现了"从现象到本质"的失效分析原则。

8.9　高压气缸外缸螺栓断裂分析

8.9.1　概况

火力发电厂气缸紧固螺栓的材料为 25Cr2MoVA 钢，规格尺寸（mm）为 M100×4×1085；螺母材质为 35CrMoA 钢，规格尺寸（mm）为 M100×4。该气缸大修拆卸两年多后，开机达到 1000r/min 时，发现开裂，螺栓头（连带螺母）从气缸上直接掉落，如图 8-59 所示。

图 8-59　断裂螺栓与后续试验取样部位

8.9.2　失效分析过程

1. 断口分析

（1）断口宏观分析　螺栓断裂发生在螺栓与紧固螺母连接的最外一圈螺纹

扣部位。断裂螺栓断口齐平，与螺栓轴向垂直，裂纹沿螺纹扣形成并扩展，如图 8-60 所示。

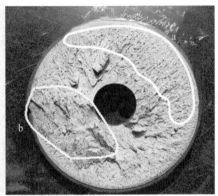

图 8-60　断裂螺栓的断口形貌

从断裂螺栓的断口宏观形貌可以看出，螺栓属于脆性断裂，断口与力轴方向垂直，断面粗糙，断口周围无塑性变形。

从断口形貌可以确定，断裂是在轴向载荷作用下瞬间发生的，断口上无疲劳断裂特征。断裂起源于螺纹扣周边多个部位，在外载荷作用下，裂纹迅速扩展，多处裂纹会合而形成台阶。

图 8-60 所示 a 区域为断裂起始区，在此区域范围，裂纹较为细密，裂纹源更加密集，断面较为平坦，其上可以观察到裂纹扩展形成的放射状花样，如图 8-61 所示；在图 8-60 所示 b 区域可以

图 8-61　螺栓开裂起裂边缘的宏观形貌

看到，裂纹快速扩展、多个裂纹面汇合形成的台阶，以及快速断裂形成的二次裂纹。

由此可知，该螺栓断裂性质为典型的脆性断裂，断裂面垂直于轴向，裂纹沿螺纹根部形成。由于存在一定的偏载，裂纹首先在螺栓的一侧起裂，然后迅速扩展，形成静载过载脆性断裂。

（2）断口微观分析　在断口边缘部位取样，在扫描电子显微镜上对断口进

行微观分析。断口各处的 SEM 图像如图 8-62 所示。从断口最边缘处一直到裂面深处，断裂的微观机制均为解理断裂，并伴随大量的沿晶裂纹和二次裂纹，属于典型的脆性断裂。

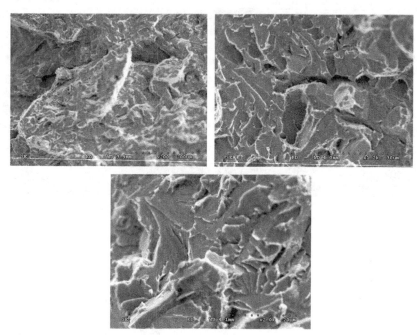

图 8-62　断口各处的 SEM 图像

2. 力学性能试验

（1）拉伸试验　从断裂的高温螺栓断裂面靠近杆体侧沿纵向取样（见图 8-59），进行室温拉伸试验，拉伸试验按照 GB/T 228.1—2021 执行，在 CSS-44300 电子拉伸试验机上进行，采用 ϕ10mm×50mm 拉伸试样，试样数量为 3 个。试验结果和 DL/T 439—2018《火力发电厂高温紧固件技术导则》中 25Cr2MoVA 钢的室温拉伸性能同列于表 8-12。试验后断裂的拉伸试样如图 8-63 所示。断裂螺栓的拉伸性能各项指标均高于 DL/T 439—2018 的规定要求，只有断后伸长率接近规定值。其规定塑性延伸强度和抗拉强度平均值比规定值分别高出 124.6MPa 和 160.1MPa，屈强比增加到 0.86。

表 8-12　气缸螺栓材料的拉伸试验结果

试样编号	规定塑性延伸强度 $R_{p0.2}$/MPa	抗拉强度 R_m/MPa	断后伸长率 A(%)	断面收缩率 Z(%)
1	844.9	989.1	15.1	54.8
2	790.0	929.3	17.2	59.0

（续）

试样编号	规定塑性延伸强度 $R_{p0.2}$/MPa	抗拉强度 R_m/MPa	断后伸长率 $A(\%)$	断面收缩率 $Z(\%)$
3	797.0	916.9	16.2	59.5
平均	810.6	945.1	16.2	57.8
DL/T 439—2018	≥686	≥785	≥15	≥50

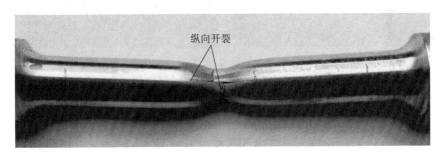

图 8-63　断裂的拉伸试样

试样上有明显径缩，断后伸长率也较高，但断裂面上没有通常韧性材料拉伸时形成的三个区，即裂纹形成区（纤维区）、放射区和瞬断区，而只有粗大的放射区且有较深的纵向开裂裂纹（见图 8-64）。

在扫描电子显微镜上对拉伸试样断口进行微观分析，与断裂螺栓的微观形貌进行比较分析。拉伸试样断口的 SEM 图像如图 8-65 所示。

拉伸试样的微观断裂机制为微孔聚集和准解理断裂，与实际断裂螺栓的断裂机制不同。

图 8-64　拉伸试样的断口形貌

（2）冲击试验　与拉伸试样取样相同，冲击试样也从断裂的高温螺栓断裂面靠近杆体侧沿纵向取样，进行室温和低温（-20℃）冲击试验。冲击试验按照 GB/T 229—2020《金属材料　夏比摆锤冲击试验方法》执行，在 JNB-300B 试验机上进行，采用标准 U 型和 V 型缺口冲击试样，试样数量各为 3 个。试验结果和 DL/T 439—2018《火力发电厂高温紧固件技术导则》中 25Cr2MoVA 钢的室温冲击性能同列于表 8-13。气缸螺栓材料 U 型缺口试样的室温冲击吸收能量值高于

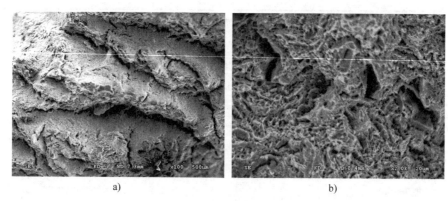

a)   b)

图 8-65　拉伸试样断口的 SEM 图像

a）试样断口边缘　b）断口心部

DL/T 439—2018 的规定值，但低温冲击吸收能量值降低幅度较大。V 型缺口试样的冲击吸收能量值要比 U 型缺口试样低得多。但 DL/T 439—2018 中没有规定 V 型缺口试样冲击吸收能量值，难以对比。但由于螺栓根部的形状近似于 V 型缺口，所以 V 型缺口试验值应具有较好的参考价值。

表 8-13　气缸螺栓材料的冲击试验结果

试样编号	-20℃低温冲击吸收能量/J		常温冲击吸收能量/J	
	U 型缺口	V 型缺口	U 型缺口	V 型缺口
1	18.0	7.4	52.0	14
2	31.0	10.2	54.0	17.8
3	27.0	11.0	60.0	22.7
平均	25.4	9.6	55.2	18.2
DL/T 439—2018		—	≥47.0	—

在扫描电子显微镜上对冲击试样断口进行微观分析，与断裂螺栓的微观形貌进行比较分析。冲击试样断口的宏观形貌如图 8-66 所示，冲击试样断口 SEM 图像如图 8-67 所示。

冲击试验试样微观断裂机制为沿晶和解理断裂，其特征与实际断裂螺栓断裂机制相同。对比分析图 8-62 和图 8-67 可以明显看出，两者断裂微观形貌完全相同，均为典型的解理断裂特征，只是冲击试样冲击速度快，解理面大。

图 8-66　冲击试样断口的宏观形貌

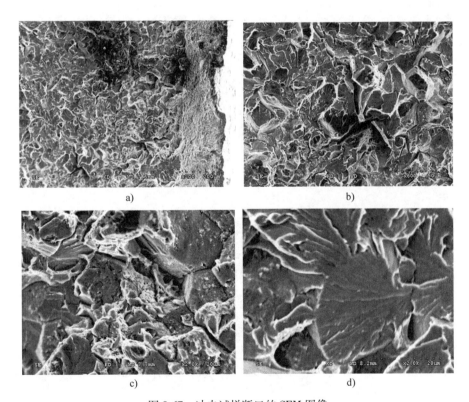

图 8-67　冲击试样断口的 SEM 图像

a）冲击试样断口边缘　b）冲击试样断口次边缘　c）、d）冲击试样断口扩展区

（3）硬度试验　从断裂高温紧固螺栓上取硬度试样进行洛氏硬度试验和布氏硬度试验，试验在横截面上 1/2 半径处进行。布氏硬度检验 3 个点，只有一个在 DL/T 439—2018 要求范围，其余两个点都超出标准要求，平均硬度值超出标准要求。

3. 金相分析

利用光学显微镜及维氏硬度计对气缸螺栓试样进行显微组织（横向、纵向）、维氏硬度试验分析。

（1）显微组织　高温紧固螺栓的纵向和横向金相组织如图 8-68 和图 8-69 所示。金相组织分析显示，螺栓微观组织为回火贝氏体+索氏体，但组织不均匀，存在较严重组织偏析。金相组织中可明显的观察到网状分布的黑色区域。经分析，黑色区域的组织类型与白色区域相同，但要比白色区域的组织细小得多。由于其组织更细小，晶界增加，所以腐蚀时容易腐蚀，显得比其他区域发黑，同时硬度也较高。

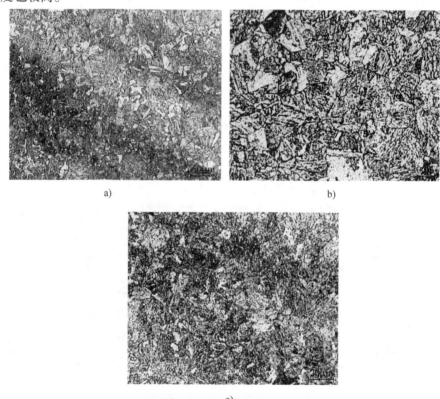

a)　　　　　　　　　　　　　　　　　b)

c)

图 8-68　高温紧固螺栓的纵向金相组织

a）纵向金相组织　b）纵向金相组织的白色区域组织　c）纵向金相组织的黑色网状组织

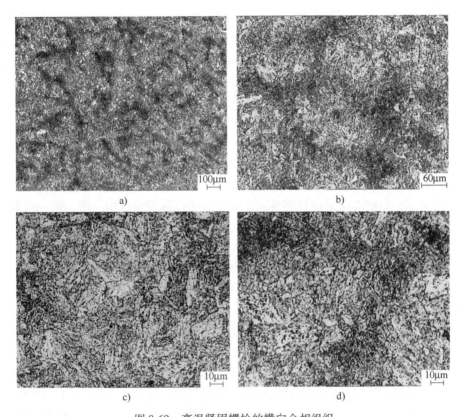

图 8-69 高温紧固螺栓的横向金相组织

a）、b）横向金相组织　c）横向金相组织的白色区域组织　d）横向金相组织的黑色网状组织

（2）硬度　对断裂的高温螺栓进行维氏硬度试验，试验面平行于纵向，试样采用4%的硝酸乙醇腐蚀，试验载荷为200gf（1.96N），加载时间为20s，试验结果见表 8-14。黑色区域的维氏硬度平均值为 394HV0.2，比白色区域的 323HV0.2 高出 71HV0.2。

表 8-14　高温紧固螺栓的维氏硬度试验结果

测试区域	维氏硬度 HV0.2			
	1	2	3	平均
黑色区域	420	390	372	394
白色区域	333	341	294	323

4. 分析讨论

（1）螺栓断裂过程　螺栓属于脆性断裂，宏观无塑性变形，微观断裂机制为解理断裂。断裂发生在螺纹根部，是在极短时间内完成的。虽然断裂属于多源起裂，沿螺纹根部—周都是起裂区，但可以观察到整个断面上的起裂有稍许的先后不同。因此，可以确定螺栓受到较大的冲击载荷，且具有一定的偏心（不完全平行于轴向）或受到横向冲击作用。在偏心冲击载荷作用下，螺栓沿螺纹根部起裂并快速断裂。

导致螺栓较大冲击载荷的原因可能是：停机开机时提速太快，螺栓由无载荷状态突然提升到较大载荷，受到冲击；同时，停机卸载后螺栓处于松弛状态，与螺母的配合不够紧密，突然加载，螺栓与螺母的配合在整个圆周上并不完全一致，所以造成偏载；也不排除停机检修时的人为因素，即在拆卸、安装过程中受到横向的人力敲击。

尽管试验数据表明螺栓材质各项指标尚处于标准规定范围之内，但经过长时间运行，各项指标已经处于规定的下限，螺栓已不能完全承担开停机时的冲击，所以说受到的较大冲击是相对的。

（2）微观组织问题　虽然各项检验指标基本符合 DL/T 439—2018 的要求，但螺栓组织存在不均匀和回火不充分的实际问题。25Cr2MoVA 钢对热处理敏感，不同的热处理工艺可以得到不同的组织，因而其热强性也不同。研究表明，均匀的回火贝氏体组织具有最高的热强性和稳定性，而不均匀组织可以明显降低其热强性。

从金相组织分析可以看出，断裂螺栓金相组织不均匀，存在较严重的组织偏析。这对螺栓的高温性能尤其塑性和韧性是不利的。其形成的原因可能是热处理奥氏体化不充分，化学成分均匀度不够，也可能是锻造时终锻温度偏低。同时，组织回火不充分，这也会使得钢的热稳定性降低。关于不均匀组织的形成、不均匀组织对螺栓使用的影响等问题，需要深入研究。

8.9.3　结论与点评

1. 结论

1）螺栓材料的力学性能除布氏硬度略高于 DL/T 439—2018《火力发电厂高温紧固件技术导则》的要求外，其余指标符合要求。但螺栓整体性能已接近到则规定值的下限范围，螺栓存在开裂的潜在风险。

2）螺栓的断裂属于脆性断裂。螺栓断裂时受到较大的冲击力作用，且有一定的横向载荷或偏心载荷作用。

3）建议在气缸检修时，注意对螺栓拆卸、安装的操作控制，严格避免使其受到冲击载荷作用。

4）建议在停机开机过程中，严格操作，严格避免急停、急启，避免螺栓受到大的冲击载荷作用。

5）螺栓显微组织中存在较明显的组织偏析，这在一定程度上影响螺栓的热强性和降低螺栓的使用寿命。具体影响程度需要进一步研究。

2. 点评

该实例中螺栓运行时间已经很长，材料组织已经出现脆化。断口呈现典型的脆性状态，与螺栓组织状态相对应。从宏观分析难以确定开裂原因。拉伸断裂断口虽然表现出一定的脆性，但与螺栓断口特征不吻合。冲击试验断口微观形态特征与螺栓一致，表明螺栓属于冲击断裂性质。而实际上，螺栓在运行过程中不存在冲击载荷，只有在检修时，会产生冲击载荷，由此确定螺栓的断裂原因和防止措施。该分析表明，断裂断口微观特征的分析与冲击断口微观特征的一致性是确定此次螺栓断裂原因的唯一要素。

8.10 磨煤机变速箱高速轴断裂分析

8.10.1 概况

磨煤机电动机的功率为 780kW，转速为 990r/min。磨煤机高速轴的材料为 37SiMn2MoV 钢，运行转速为 150r/min，使用环境温度（油温）≤60℃。

断裂的高速轴如图 8-70 所示。断裂发生在轴承内侧，断口形貌如图 8-71 所示。断裂面裂纹从轴表面起裂，与轴的轴向垂直，扩展到约 $R/3$ 处裂纹开始转向与轴向成一定角度扩展。在断裂表面可以观察到粗大台阶，这是高应力低周疲劳断裂的一个特征，如图 8-72 所示。此次变速箱高速轴的断裂属于疲劳断裂。

图 8-70 断裂的高速轴

8.10.2 失效分析过程

1. 断口损伤情况和断裂过程

断口的两个面均有较大损伤。图 8-71 所示 A 端损伤较 B 端轻，凸起的部分有明显的摩擦，其他部分上尚保留完整；B 端整个面几乎已经完全磨平，在其上

有明显的摩擦磨痕。两个面上均
有不同程度的烧伤。B 端烧伤严
重，轴承内套圈与轴发生焊合。
将套圈锯开后发现，套圈与轴已
经焊合为一个整体，之间形成冶
金结合，已没有原先的机械配合
面。这说明在断裂过程中两者之
间产生了严重的干摩擦，摩擦生
热，温度达到钢的熔点，以至于
两个配合面发生焊合。

图 8-71　断口形貌

　　轴承套圈烧伤严重，表面有
高温形成的氧化皮，滚珠与轴承圈之间也发生严重的摩擦磨损，平面滚珠上有较
深的磨损沟。

　　相对于 B 端，A 端的断口表面氧化轻，中间部位由于摩擦传热，形成蓝色，
轴断口表面温升不高，轴承也基本上处于正常状态。

　　从断轴的损伤情况来看，断
轴在断裂过程中发生了严重的干
摩擦现象。如果没有人为的加热
烧伤，上述断口的形成过程为：
减速箱高速轴转动过程中，在断
裂部位产生疲劳开裂。裂纹起裂
区的疲劳台阶如图 8-72 所示。
由于表层裂纹的形成，破坏了轴
的平衡和与轴承的同心度状态，
致使轴承发生偏载，轴承转动受

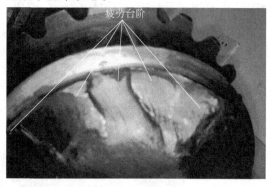

图 8-72　裂纹起裂区的疲劳台阶

阻，并逐渐加重，产生较大的摩擦热，致使轴承温度升高，形成更严重的干摩
擦，摩擦扭矩增大，发生轴承抱死，高速轴断裂。断裂的轴在一侧电动机带动
下，继续转动，断裂面之间产生摩擦。由于 B 端温度高，强度严重降低，形成了
严重的摩擦面。

2. 金相分析

　　在断轴断面上取样进行金相分析，如图 8-73～图 8-76 所示。

　　组织分析表明：在断轴 A 端的金相组织为回火的贝氏体组织，组织比较粗
大；断轴 B 端的表层有一层低碳钢，其金相组织为铁素体加少量珠光体，硬度很
低，在此表层下为轴的基体材料，金相组织为马氏体加贝氏体。

图 8-73 轴 A 端断面附近的金相组织

图 8-74 轴 A 端轴承套圈的金相组织

图 8-75 轴 B 端断面附近的金相组织

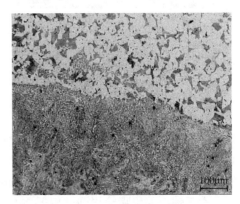

图 8-76 轴 B 端断面附近表层的金相组织

显然，在断裂轴的 B 端安装轴承部位的轴表面有一层后来喷涂的低碳钢，该层低碳钢的碳含量偏低，只有极少量的珠光体。

轴两端的金相组织明显不同，其形成过程为：A 端属于 37SiMn2MoV 钢正常淬火组织。由于轴的尺寸较大，在加热后冷却时，冷却速度不足以形成马氏体组织，而是形成了下贝氏体和少量粒状贝氏体。B 端的组织应当是在后来热喷涂过程中形成的，也可能是在断裂过程中形成的。喷涂热或摩擦热使得轴表层温度升高到相变点以上，由于只是表层加热，因而后续的冷却速度较大，使得表层形成马氏体组织。

在断轴 B 端的试样上观察到多条小裂纹，如图 8-77、图 8-78 所示。这些小裂纹有得平直，有的弯曲，裂纹两侧有明显的脱碳现象。从裂纹脱碳说明，裂纹是在整个轴断裂之前形成的。裂纹形成后，在后续的加热过程中，导致裂纹两侧脱碳。至于裂纹是在淬火之前形成的，还是在淬火之后形成的，目前的试验难以准确判定，尚须进一步的试验研究。但从裂纹走向和形态分析认为，后来形成的可能性大。脱碳可能是在热喷涂过程中形成，也可能是由于后来的摩擦热所致。

图 8-77　断轴 B 端近表层的小裂纹

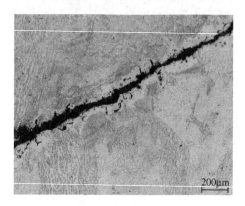

图 8-78　小裂纹两侧的脱碳现象

8.10.3　结论与点评

1. 结论

综合以上试验分析结果，该轴的断裂原因为：喷涂层硬度偏低，疲劳强度偏低，在轴表面产生疲劳裂纹；裂纹扩展后破坏轴的转动平衡，轴承部位与轴的同心度发生变化，导致轴承转动受阻，轴承升温，形成干摩擦，扭矩增大；同时热量传导至轴基体，导致轴升温，基体轴的强度下降，加速裂纹扩展，最终断裂。

由于轴承部位喷涂层硬度偏低，在轴的运行过程中，轴承套圈与这一层低硬度的表面之间产生松动和摩擦，而低硬度的表面首先被磨损导致尺寸减小，轴承的配合和平衡被破坏，轴承产生附加载荷，使得疲劳裂纹更易形成。

2. 点评

该轴断裂的原因与 8.1 节实例相同，都是轴磨损后尺寸存在偏差，采用喷涂方式补足。在该分析中，断口微观形态已经无法分析，只能从宏观上的台阶判定疲劳断裂及其疲劳源。分析过程中，轴的两端都发生断裂，这是引起争议的问题。从轴的运行维修历史可知，经过维修，轴的振动偏大，而且 A 端轴承严重烧伤，说明该端早期断裂，致使轴偏离中心线，B 端承受更大且振动的载荷，造成 B 端快速断裂。

参 考 文 献

[1] 钟群鹏，赵子华．断口学 [M]．北京：高等教育出版社，2006．

[2] 范金娟，刘杰，隋晓燕．复合材料单向板的拉伸失效 [J]．失效分析与预防，2015，10（3）：139-143．

[3] 钟群鹏，张峥，傅国如，等．失效学的哲学理念及其应用探讨 [J]．机械工程学报，2011，47（2）：25-30．

[4] 中国特种设备安全编辑部．关于 2009 年全国特种设备安全状况的情况通报 [J]．中国特种设备安全，2010（9）：1-2．

[5] 中国特种设备安全编辑部．关于 2010 年全国特种设备安全状况的情况通报 [J]．中国特种设备安全，2011（8）：1-2．

[6] 张墨新．2011 年全国特种设备事故情况 [J]．中国特种设备安全，2012（6）：68．

[7] 中国特种设备安全编辑部．2012 年全国特种设备基本情况及事故情况 [J]．中国特种设备安全，2013（8）：69-70．

[8] 中国特种设备安全编辑部．国家质检总局关于 2013 年全国特种设备安全状况情况的通报 [J]．中国特种设备安全，2014，（6）：1-4．

[9] 中国特种设备安全编辑部．国家质检总局关于 2014 年全国特种设备安全状况情况的通报 [J]．中国特种设备安全，2015，（6）：1-5．

[10] 李金灵，朱世东，屈撑囤，等．API J55 油套管失效分析与预防 [J]．热加工工艺，2015，44（10）：241-245．

[11] 王广生，石康才，周敬恩，等．金属热处理缺陷分析及案例 [M]．2 版．北京：机械工业出版社，2007．

[12] 张建宏．复杂力学环境中 MEMS 安全系统失效机理与分析方法研究 [D]．北京：北京理工大学，2014．

[13] 温新林，温鹏，花广如，等．20CrMo 钢齿轮轴早期断裂分析 [J]．热处理，2009，24（3）：70-73．

[14] 刘红福，周先忠，于秋明，等．汽车发动机曲轴扭转疲劳失效形式与原因分析 [J]．失效分析与预防，2015，10（1）：61-65．

[15] 王晓辉，边翙，金康，等．精锻齿轮模具失效分析 [J]．热处理技术与装备，2013，34（3）：44-47．

[16] 刘梦莹，徐岳．基于失效树的连续刚构桥体系可靠度研究 [J]．合肥工业大学学报（自然科学版），2014，37（11）：1341-1345．

[17] 王桥利．石油化工装备计算机辅助失效分析系统研究 [D]．大庆：东北石油大学，2014．

[18] XING H Y, FAN J M, XU M Q, et al. MMM testing and failure analysis of fastening bolts on reciprocating compressor cylinder cover [J]. Journal of Harbin Institute of Technology（New Series），2011，18（2）：13-16．

［19］ MA X, SHI T H. Study on failure possibility of full containment LNG storagetanks with API 581 risk-based inspection ［J］. International Journal of Plant Engineering and Management，2016，21（2）：75-83.

［20］ 耿亮，叶剑，卢晓婕，等. PA5 柴油机连杆断裂失效分析 ［J］. 柴油机，2012，34（2）：54-56.

［21］ 杜金星，柏云，王匀，等. 激光冲击对热作模具钢残余应力场的影响规律研究 ［J］. 热加工工艺，2016（2）：134-137.

［22］ 李延平，赵万华，卢秉恒. 热喷涂涂层和基体中残余应力预报与控制研究 ［J］. 工程力学，2005，22（5）：236-240.

［23］ 李四杰. 超声冲击处理消除焊接接头残余应力的数值模拟 ［D］. 镇江：江苏科技大学，2013.

［24］ 许振琦，朱世范，果春焕，等. 基于示波冲击实验材料动态断裂韧度测试技术的研究 ［J］. 机械强度，2015，37（1）：149-153.

［25］ 中国机械工程学会热处理分会. 热处理手册：第 1 卷 工艺基础 ［M］. 5 版. 北京：机械工业出版社，2023.

［26］ 中国机械工程学会热处理分会. 热处理手册：第 2 卷 典型零件热处理 ［M］. 5 版. 北京：机械工业出版社，2023.

［27］ 中国机械工程学会热处理分会. 热处理手册：第 3 卷 热处理设备与工辅材料 ［M］. 5 版. 北京：机械工业出版社，2023.

［28］ 中国机械工程学会热处理分会. 热处理手册：第 4 卷 热处理质量检验和技术数据 ［M］. 5 版. 北京：机械工业出版社，2023.

［29］ 杨建虹，雷建中，叶健熠，等. 轴承钢洁净度对轴承疲劳寿命的影响 ［J］. 轴承，2001（5）：28-30.

［30］ 孟波，戴静君，穆青. 初始缺陷对轴承钢疲劳性能影响的定量分析 ［J］. 北京石油化工学院学报，2010，18（2）：13-17.

［31］ 王文健，刘启跃. PD3 和 U71Mn 钢轨钢疲劳裂纹扩展速率研究 ［J］. 机械强度，2007，29（6）：1026-1029.

［32］ 张峥. 失效分析思路 ［J］. 理化检验（物理分册），2005，41（3）：158-161.

［33］ 刘东，张红林，王波，等. 动态故障树分析方法 ［M］. 北京：国防工业出版社，2013.

［34］ 吕琛. 故障诊断与预测：原理、技术及应用 ［M］. 北京：北京航空航天大学出版社，2012.

［35］ 王礼军. 模糊神经网络专家系统在故障诊断中的应用 ［J］. 重庆交通大学学报（自然科学版），2012，31（3）：469-472.

［36］ 梁铁柱. 故障树分析法诊断柴油发动机的常见故障 ［J］. 价值工程，2011，30（13）：42-43.

［37］ 石传美，张亚新. 压力容器的故障树分析和可靠性分析 ［J］. 化工装备技术，2009，30（1）：19-21.

［38］ 田志豪. T23 钢回火脆性的试验研究 ［J］. 锅炉技术，2010，41（5）：56-58.

[39] 李友荣 . 20CrMnMo 钢紧固螺钉断裂失效分析 [J]. 理化检验（物理分册），2002，38（4）：169-171.

[40] 陈昭运，李伟光，滕奎 . 0Cr17Ni 钢回火脆性机理分析 [J]. 钢铁，2008，43（11）：86-89.

[41] 方丙炎，王俭秋，朱自勇，等 . 埋地管道在近中性 pH 和高 pH 环境中的应力腐蚀开裂 [J]. 金属学报，2001，37（5）：453-458.

[42] 张良 . X80 管道近中性 pH 环境应力腐蚀开裂影响因素研究 [D]. 西安：西安石油大学，2015.

[43] 王志英 . X70 管线钢在近中性 pH 值溶液应力腐蚀开裂行为的研究 [D]. 沈阳：中国科学院金属研究所，2007.

[44] 张国英，张辉，方戈亮，等 . Al-Zn-Mg-Cu 系铝合金中不同区域电子结构及应力腐蚀机理分析 [J]. 金属学报，2009，45（6）：687-691.

[45] 张静武，牛建平，刘文昌，等 . YB70 钢氢致韧性损伤研究 [J]. 钢铁，2012，47（10）：66-69.

[46] 张英，白涛 . 碳氮共渗处理时氢脆问题的探讨 [J]. 热加工工艺，2010，39（14）：194-196.

[47] 胡杰，杨其全，邹定强 . 20CrMnMo 吊杆螺栓断裂失效分析 [J]. 铁路技术创新，2016（2）：78-80.

[48] 刘昌奎，臧金鑫，张兵 . 30CrMnSiA 螺栓断裂原因分析 [J]. 失效分析与预防，2008，3（2）：42-47.

[49] 钟平，凌斌 . 高合金二次硬化钢氢脆敏感性研究 [J]. 金属热处理，2000（2）：29-30.

[50] 邱冬 . 浅谈火力发电厂高温紧固件在金属监督中存在问题的分析 [J]. 橡塑技术与装备，2015（20）：84-85.

[51] 任耀剑，张绪平，孙智 . 25Cr2Mo1V 钢在高温服役中的组织和性能研究 [J]. 徐州建筑职业技术学院学报，2009（6）：41-43.

[52] 卿辉，任耀剑，孙智 . 生物质燃料锅炉 20G 钢低温过热器管爆裂失效分析 [J]. 金属热处理，2014（4）：144-147.

[53] 史月丽，周华茂，孙智 . M5-36-11No20.5 风机轴断裂分析 [J]. 理化检验（物理分册），2002，38（9）：398-400.

[54] 董世运，石常亮，徐滨士，等 . 重型汽车发动机曲轴断裂分析 [J]. 失效分析与预防，2009，4（3）：138-142.

[55] 张宏伟，王艳丽，郑喜平 . 减速器齿轮轴的断裂失效分析 [J]. 煤矿机械，2016，37（2）：67-69.

[56] 晁国强 . 大型养路机械走行齿轮箱齿轮渗碳层质量控制 [J]. 轨道交通装备与技术，2010（6）：11-13.

[57] 唐大放，张永忠，孙智 . 振动压路机驱动桥齿轮的失效分析 [J]. 金属热处理，2003，28（11）：60-62.

[58] 张鹏 . EK1100/ZUD 型汽轮机转子叶片断裂故障分析 [J]. 炼油与化工，2016，27（3）：42-46.

[59] 张敏，晁利宁，李继红，等．某焦炉煤气风机叶轮断裂失效分析［J］．热加工工艺，2011，40（12）：190-193．

[60] 王小迎，白小云，王克运．俄罗斯机组汽轮机叶片断裂失效机理分析［J］．陕西电力，2007，35（3）：21-24．

[61] 高殿奎．复合凹凸模失效分析与工艺改进［J］．金属热处理，2002，27（8）：55-57．

[62] 王久林，李萍，赵宾，等．杯形件等温压扭复合成形模具失效分析及改进［J］．哈尔滨工业大学学报，2015，47（11）：113-117．

[63] 高安江，王明坤，孙文超，等．H13铝型材挤压模具失效分析及改进［J］．轻合金加工技术，2014，42（1）：34-38．

[64] 陈再良，吕东显，付海峰．模具使用寿命与失效分析中一些问题的探讨［J］．理化检验（物理分册），2009，45（9）：553-558．

[65] 马毅．奥氏体不锈钢的应力腐蚀研究［D］．大连：大连理工大学，2009．

[66] 王毓麟，王淑霞，贾伟．镀铬对0Cr13Ni4Mo钢疲劳强度的影响［J］．兵器材料科学与工程，2002，25（2）：49-52．

[67] 张涛，高云鹏，田峰，等．电站汽动给水泵0Cr13Ni4Mo不锈钢主轴断裂失效分析［J］．理化检验（物理分册），2015，51（10）：725-729．

[68] 丰崇友，刘向东，李洪波．08X18H10T多轴低周疲劳变形显微结构的研究［J］．兵器材料科学与工程，2007，30（3）：40-43．

[69] 刘道新，何家文．喷丸强化因素对Ti合金微动疲劳抗力的作用［J］．金属学报，2001，37（2）：156-160．

[70] 李康．湿喷丸强化Ti-6Al-4V合金的微动磨损和微动疲劳行为及其机理研究［D］．大连：大连理工大学，2016．

[71] 赵少汴．抗疲劳设计手册［M］．2版．北京：机械工业出版社，2015．

[72] 宋昊婷．浅析煤矿机械磨损失效分析方法和抗磨措施［J］．山东煤炭科技，2015（5）：113-114．

[73] 孙智，张绪平，陈涛．碳钢在煤水两相介质中的腐蚀行为［J］．腐蚀科学与防护技术，2001，13（2）：116-118．

[74] SUN Z，DONG X W. Study on the Corrosion Behavior of Vane Wheel of Submersible Pump［J］，WORLED PUMPS，2000（7）：24-27．

[75] SUN Z，KANG X Q. Experimental System of Cavitation Erosion with Water-jet［J］. Materials and Design，2005，26（1）：59-63．

[76] 康学勤，孙智，李晓伋．低频率下波纹管膨胀节腐蚀疲劳行为模拟［J］．压力容器，2008，25（9）：1-3．

[77] 赵鑫．电解铝铝锭铸模热疲劳失效的原因探究及改进［D］．徐州：中国矿业大学，2013．

[78] 何敏，孙智，韩伟红．铸铁磷共晶微裂纹形成机理研究［J］．热加工工艺，2011，40（1）：50-52．

[79] 安会芬．35CrMo钢缸盖螺栓断裂失效分析［J］．热加工工艺，2012，41（8）：223-224．

[80] 王学，张学伦，曾华锋，等.ZG20MnMo 锅炉汽水管道焊接裂纹失效分析 [J].机械工程材料，2003，27（10）：49.

[81] 龚丹梅，余世杰，袁鹏斌，等.V150 高强度超深井钻杆断裂失效分析 [J].金属热处理，2015，40（10）：205-210.

[82] 黄怡添.某厂汽轮机凝汽器铜管泄露原因分析及防治措施 [J].腐蚀科学与防护技术，2013，25（1）：79-81.

[83] 任跃斌，王伟，平韶波.高温再热器用 T23/TP347H 异种钢焊接管接头失效分析 [J].金属热处理，2016，41（3）：199-203.

[84] 张绪平，韩伟红，任耀剑.发电厂锅炉短管焊接接头开裂失效分析 [J].机械工程材料，2006（11）：95-98.

[85] 潘安霞，徐罗平，刘仕远，等.紧固件失效分析与案例 [M].北京：机械工业出版社，2019.

[86] 王荣.失效分析应用技术 [M].北京：机械工业出版社，2019.

[87] 王荣.失效机理分析与对策 [M].北京：机械工业出版社，2020.

[88] 黄诗鹏.X65 管线钢在近中性土壤中的腐蚀行为研究及失效时间分析 [D].成都：西华大学，2023.

[89] 许进，白云龙，徐大可，等.土壤环境中管线钢硫酸盐还原菌腐蚀 [J].表面技术，2019，48（7）：263-270.

[90] BEN S, MOHAMED E A, BEHROOZ E, et al. Reliability analysis of low, mid and high-grade strength corroded pipes based on plastic flow theory using adaptive nonlinear conjugate map [J]. Engineering Failure Analysis, 2018, 90：245-261.

[91] KESHTEGAR B, BEN S, MOHAMED E A, ZHU S P, et al. Reliability analysis of corroded pipelines：Novel adaptive conjugate first order reliability method [J]. Journal of Loss Prevention in the Process Industries, 2019, 62：103986.

[92] CHENG Y F. Pipeline corrosion [J]. Corrosion Engineering, Science and Technology, 2015, 50（3）：161-162.

[93] 谢飞，吴明，陈旭，等.SO_4^{2-} 对 X80 管线钢在库尔勒土壤模拟溶液中腐蚀行为的影响 [J].中南大学学报（自然科学版），2013，44（1）：424-430.

[94] 黄少波.X90 管线钢焊接技术研究 [D].成都：西南石油大学，2016.

[95] 鲁明程，肖寒，左兵.基于青岛 "11.22" 中石化输油管道泄漏爆炸事故预防研究 [J].科技视界，2017，220（34）：149，154.

[96] GIRGIN S, KRAUSMANN E. Historical analysis of U. S. onshore hazardous liquid pipeline accidents triggered by natural hazards [J]. Journal of Loss Prevention in the Process Industries, 2016, 40：578-590.

[97] 王钰滔，吕延鑫，杨万里，等.国内外输气管道事故研究综述 [J].化工设备与管道，2022，59（4）：78-84.

[98] 马曼曼，李志农，陈玲，等.金属断口图像处理研究进展 [J].失效分析与预防，2018，13（3）：196-202.

[99] 韩太坤，李志农．基于灰度共生矩阵与局部线性嵌入的金属断口图像识别方法研究 [J]．机械强度，2014，36（1）：129-133.

[100] 余丽萍，黎明，杨小芹，等．基于灰度共生矩阵的断口图像识别 [J]．计算机仿真，2010，27（4）：224-227.

[101] 李凌，黎明，鲁宇明．基于模糊灰度共生矩阵与隐马尔可夫模型的断口图像识别 [J]．中国图象图形学报，2010，15（9）：1370-1375.

[102] 李志农，孙熠，闫敬文，等．基于 Grouplet-RVM 的金属断口图像识别方法研究 [J]．仪器仪表学报，2014，35（6）：1347-1353.

[103] 李志农，陈康，闫敬文，等．基于 Grouplet-KPCA 金属断口图像识别方法研究 [J]．机械强度，2016，38（1）：1-5.

[104] 黎明，邢冬冬，汪宇玲，等．多特征融合的金属断口图像分类 [J]．模式识别与人工智能，2018，31（5）：453-461.

[105] 王孟嬉．基于卷积神经网络的冷轧薄板表面缺陷分类算法研究 [D]．武汉：华中科技大学，2017.

[106] 陈立潮，闫耀东，张睿，等．融合迁移学习的 AlexNet 神经网络不锈钢焊缝缺陷分类 [J]．智能系统学报，2021，16（3）：537-543.

[107] 王楚涵．基于 N-Net 的金属断口图像识别及 FPGA 硬件实现 [D]．大连：大连交通大学，2023.

[108] 闫涵．金属断口图像识别方法研究 [D]．大连：大连交通大学，2020.

[109] 马曼曼，李志农，陈玲，等．金属断口图像处理研究进展 [J]．失效分析与预防，2018，13（3）：196-202.

[110] 余春平．金属断口的图像识别研究 [D]．南昌：南昌大学，2009.

[111] 米晓希，汤爱涛，朱雨晨，等．机器学习技术在材料科学领域中的应用进展 [J]．材料导报，2012，35（15）：15115-15124.

[112] 李桌汉，有移亮，赵子华，等．人工智能技术在失效分析领域的应用 [J]．航空材料学报，2024，44（5）：1-16.

[113] 李绪尧．基于机器学习的腐蚀管道剩余强度预测 [D]．杭州：杭州电子科技大学，2024.

[114] 马高，王瑶．基于机器学习的钢管混凝土剪力墙破坏模式预测与解释 [J]．地震工程与工程振动，2022，42（3）：143-152.

[115] CHEN Z, YAN S, YE H, et al. Double circular arc model based on average shear stress yield criterion and its application in the corroded pipe burst [J]. Journal of Petroleum Science and Engineering, 2017, 149：515-521.